"十二五"职业教育国家规划教材
经全国职业教育教材审定委员会审定

（第2版）

木制品生产技术

Technology for Production of Wood Products

张晓明　李丹丹　主编

中国林业出版社

图书在版编目（CIP）数据

木制品生产技术 / 张晓明，李丹丹主编．—2 版．—北京：中国林业出版社，
2014.12

"十二五"职业教育国家规划教材

ISBN 978-7-5038-7753-7

Ⅰ．①木…　Ⅱ．①张…　②李…　Ⅲ．①木制品－加工工艺－高等职业教
育－教材　Ⅳ.①TS65

中国版本图书馆 CIP 数据核字（2014）第 281858 号

中国林业出版社 · 教育出版分社

责任编辑：杜　娟

电　　话：（010）83280473　83220109

E-mail：jiaocaipublic@163.com

出版发行：中国林业出版社（100009　北京西城区德内大街刘海胡同 7 号）
　　　　　电话：（010）83224477
　　　　　http：//lycb.forestry.gov.cn
经　　销：新华书店
印　　刷：中国农业出版社印刷厂
版　　次：2007 年 5 月第 1 版（第 1 版共印 2 次）
　　　　　2014 年 12 月第 2 版
印　　次：2014 年 12 月第 1 次印刷
开　　本：787mm×1092mm　1/16
印　　张：16.5
字　　数：451 千字
定　　价：36.00 元

序

为了推动林业高等职业教育的持续健康发展，进一步深化高职林业工程类专业教育教学改革，提高人才培养质量，全国林业职业教育教学指导委员会（以下简称"林业教指委"）按照教育部的部署，对高职林业类专业目录进行了修订，制定了专业教学标准。在此基础上，林业教指委和中国林业出版社联合向教育部申报"高职'十二五'国家规划教材"项目，经教育部批准高职林业工程类专业7种教材立项。为了圆满完成该项任务，林业教指委于2013年11月24~25日在黑龙江省牡丹江市召开"高职林业工程类专业'十二五'国家规划教材和部分林业教指委规划教材"（以下简称规划教材）编写提纲审定会议，启动了高职林业工程类专业新一轮教材建设。

2007年版的高职林业工程类专业教材是我国第一套高职行业规划教材。7年来，随着国家经济发展战略的调整，林业工程产业结构发生了较大的变化，林业工程技术有了长足进步，新产品、新工艺、新设备不断涌现，原教材的内容与企业生产实际差距较大；另一方面，基于现代职教理论的高职教育教学改革迅速发展，原教材的结构形式也已很难适应改革的要求。为了充分发挥规划教材在促进教学改革和提高人才培养质量中的重要作用，根据教育部的有关要求，林业教指委组织相关院校教师和企业技术人员对第一版高职林业工程类专业规划教材进行了修订，并补充编写了部分近几年新开发课程的教材。

新版教材的编写全部以项目为载体。项目设计既注重必要专业知识的传授和新技术的拓展，又突出职业技能的提高和职业素质的养成；既考虑就业能力，又兼顾中高职衔接与职业发展能力。力求做到项目设计贴近生产实际，教学内容对接职业标准，教学过程契合工作过程，充分体现职业教育特色。

项目化教学的应用目前还处于探索阶段，新版教材的编写难免有不尽完善之处。但是，以项目化教学为核心的行动导向教学是职业教育教学改革发展的方向和趋势，新版教材的问世无疑是林业工程类专业教材编写模式改革的有益尝试，此举将对课程的项目化教学改革起到积极推动作用。诚恳希望广大师生和企业工程技术人员在体验和感受新版教材的新颖与助益的同时，提出宝贵意见和建议，以便今后进一步修订完善。

此次规划教材的修订与补充，得到了国家林业局职业教育研究中心和中国林业出版社的高度重视与热情指导，在此致以衷心的感谢！此外，在教材编写过程中，还得到了黑龙江林业职业技术学院、辽宁林业职业技术学院、湖北生态工程职业技术学院、广西生态工程职业技术学院、云南林业职业技术学院、陕西杨凌职业技术学院、江苏农林职业技术学院、江西环境工程职业学院、中南林业科技大学、大兴安岭职业学院、博洛尼家居用品（北京）股份有限公司、圣象集团牡丹江公司、广东华润涂料有限公司、广西志光办公家具有限公司、广东梦居装饰工程有限公司、柳州家具商会等院校、企业及行业协会的大力支持，在此一并表示谢忱！

全国林业职业教育教学指导委员会

2014 年 6 月

第 2 版前言

中国林业出版社于 2007 年 1 月出版发行的《木制品生产技术》(第 1 版)内容及编写状况获得同行的认可,使用面较广,曾被全国各高等林业职业院校广泛采用。但随着我国高等职业教育的发展、职业教育理念的改变、木材加工技术及家具设计与制造专业人才培养目标的变化,《木制品生产技术》(第 1 版)在教材编写的体例、教学方法、教学内容等方面已经不适应今天的高等职业教育,为此我们组织编写了《木制品生产技术》(第 2 版)。

第 2 版是在第 1 版的基础上编写而成的,但进行了大幅度的修改,与第 1 版相比,在以下方面有了较大的变化:第一,在教学理念和教学方式上,第 2 版以最新的"工学结合"职教理念为指导,并采用行动导向的方式;第二,在教学方法上,第 2 版摒弃了传统的纯课堂教学方法,采用了项目化教学法;第三,在教学内容上,第 2 版删减了不必要的理论,增加了大量的技能训练;第四,在编写体例上,第 2 版摒弃了传统的章、节编写方式,而按项目任务的方式进行编写,任务与任务之间既独立又相互联系,在教学中可根据各地区和各校的实际情况进行选取;第五,在编写人员组成上,参与第 2 版编写的都是各校教授本课程的第一线教师,具有丰富的教学经验,同时还增加了在企业工作多年的技术人员。

本书由张晓明、李丹丹教授任主编,倪贵林教授任副主编。课程导入和项目 1 由黑龙江林业职业技术学院贾淑芳讲师编写;项目 2 由黑龙江林业职业技术学院李丹丹教授编写;项目 3 和木制品生产综合训练案例由黑龙江林业职业技术学院张晓明教授编写;项目 4 由辽宁林业职业技术学院倪贵林教授和天津桦成木业有限公司褚振友高级工程师编写;项目 5 由陕西杨凌职业技术学院张英杰副教授和辽宁林业职业技术学院祁飞讲师编写;全书由张晓明统稿。

本书以项目引导、任务分解的形式,介绍了木制品及其零部件的设计、加工、装配等过程，可操作性强，指导具体，尤其注重实用技能的训练，实现了"教学做"一体化，可做为高等林业职业院校的教材，也可供从事木制品生产的专业人员参考。

由于编者水平所限，存在不足之处，敬请指正。

编 者

2014 年 9 月

第 1 版前言

本教材是教育部教研课题"全国林业工程类教育教学内容和实践教学体系的研究"阶段性成果之一，是根据高等职业教育《木材加工技术专业教学计划》和《木制品生产技术教学大纲》编写的。本书以木家具为主要产品对象，以木家具生产工艺为主要内容，以材料、结构、设计及工艺过程为框架展开编写。在编写过程中，编写人员收集和研究了大量的专业资料，并围绕培养社会需要的高技能型专门人才这一目标要求，对教学内容进行了认真、细致的组织和编排。

本教材由张晓明教授任主编，并编写第 2 章，同时负责全书统稿工作；冷雪峰副教授任副主编，并编写第 3、8 章；孙成财副教授任副主编，并编写第 1、7 章；周景斌副教授编写第 4、9 章；栾凤艳副教授编写第 5、6 章。

本教材由东北林业大学材料科学与工程学院于伸教授任主审并提出了许多宝贵意见。

湖北生态职业技术学院梅启毅副教授和黑龙江林业职业技术学院朱忠明副教授为教材的编写提供了大量资料并给予大力支持，在此表示衷心的感谢。

由于编者水平所限，加之时间紧迫，书中难免存在不足之处，恳请专家和读者批评指正。

张晓明

2006 年 10 月

目 录

序
第 2 版前言
第 1 版前言

课程导入 ·· 1

项目 1　木制品设计 ··· 24
任务 1　实木门的设计 ··· 24
任务 2　实木椅的设计 ··· 34
任务 3　实木桌的设计 ··· 43
任务 4　板式柜类家具设计 ····································· 50

项目 2　实木方材零件加工 ······················· 80
任务 5　锯材配料 ··· 80
任务 6　方材毛料机械加工 ····································· 103
任务 7　方材净料机械加工 ····································· 111

项目 3　板式零部件的制备与加工 ··········· 131
任务 8　板式零部件的裁板加工 ······························ 131
任务 9　板式零部件边部处理加工 ·························· 147
任务 10　板式零部件的钻孔和装件加工 ················· 160

项目 4　曲木零部件加工 ··························· 170
任务 11　方材弯曲加工 ··· 170

　　任务 12　薄板胶合弯曲加工 ⋯⋯⋯⋯⋯⋯⋯⋯⋯⋯⋯⋯⋯⋯⋯⋯⋯⋯⋯⋯⋯⋯ 179

　　任务 13　开槽胶合弯曲和折板成型加工 ⋯⋯⋯⋯⋯⋯⋯⋯⋯⋯⋯⋯⋯⋯⋯⋯⋯ 189

项目 5　木制品装配 ⋯⋯⋯⋯⋯⋯⋯⋯⋯⋯⋯⋯⋯⋯⋯⋯⋯⋯⋯⋯⋯⋯⋯⋯⋯⋯⋯ 198

　　任务 14　实木门的装配 ⋯⋯⋯⋯⋯⋯⋯⋯⋯⋯⋯⋯⋯⋯⋯⋯⋯⋯⋯⋯⋯⋯⋯⋯ 198

　　任务 15　木制椅子的装配 ⋯⋯⋯⋯⋯⋯⋯⋯⋯⋯⋯⋯⋯⋯⋯⋯⋯⋯⋯⋯⋯⋯⋯ 209

　　任务 16　木制桌子的装配 ⋯⋯⋯⋯⋯⋯⋯⋯⋯⋯⋯⋯⋯⋯⋯⋯⋯⋯⋯⋯⋯⋯⋯ 214

　　任务 17　板式柜类的装配 ⋯⋯⋯⋯⋯⋯⋯⋯⋯⋯⋯⋯⋯⋯⋯⋯⋯⋯⋯⋯⋯⋯⋯ 218

木制品生产综合训练案例 ⋯⋯⋯⋯⋯⋯⋯⋯⋯⋯⋯⋯⋯⋯⋯⋯⋯⋯⋯⋯⋯⋯⋯⋯ 234

　　案例一：实木椅的加工制作 ⋯⋯⋯⋯⋯⋯⋯⋯⋯⋯⋯⋯⋯⋯⋯⋯⋯⋯⋯⋯⋯⋯ 234

　　案例二：小壁柜的加工制作 ⋯⋯⋯⋯⋯⋯⋯⋯⋯⋯⋯⋯⋯⋯⋯⋯⋯⋯⋯⋯⋯⋯ 241

参考文献 ⋯⋯⋯⋯⋯⋯⋯⋯⋯⋯⋯⋯⋯⋯⋯⋯⋯⋯⋯⋯⋯⋯⋯⋯⋯⋯⋯⋯⋯⋯⋯ 253

课程导入

1　木制品设计的原则和步骤

1）木制品的功能和作用

木制品首先应满足人类的物质生活需求，从一般意义而言，所有木制品都必须具有直接的功能作用，即满足人们在某一方面的直接用途或特定用途，如柜子用于存放物品、椅子用于坐、桌子用于写字阅读等。同时人们在使用木制品的过程中，会不可避免地对它进行审视、触摸、品评和欣赏，因此家具不仅是一种简单的功能性物质产品，而且是一种广为普及的大众艺术品。这也就是人们常说的家具功能的两重性——既具有物质性，又具有精神性。

通常，木制品是在一定场合、一定环境中使用的，如木制家具产品常布置在室内环境里，因此对室内空间有较大的影响。

（1）木制家具产品的使用功能

家具的使用功能即家具的实用性，这是家具最基本的功用，它能为人们工作、学习、生活、活动和休息等，提供基本的物质保证。从使用特点看，家具的功能可分为支承功能和贮物功能两大类。

支承功能是指家具支承人体和物品的功能。其中支承人体功能的家具主要有椅、凳、沙发、床等，它与人们的生活关系最为密切，与人体直接发生关系，因此，它必须尽可能符合人的活动特征，提供可靠、舒适的支承。支承物品功能的家具主要有桌、柜台、茶几、架等，这类家具主要用于支承和放置物品，其中大多数产品与人的活动有较为密切的关系，所以应根据人体工程学的原理，使家具符合支承、放置物品和便于人们使用双方面的要求。

贮物功能是指家具在贮存物品方面的作用，这类家具主要有柜、橱、箱等。

（2）木制家具产品的精神功能

家具文化是物质文化、精神文化和艺术文化的综合。家具的产生和发展是人类物质文明和精神文明不断发展的结果，同时，家具又影响人们的物质生活与精神生活，影响着人们的审美观点和情趣。作为物质文化，家具是人类社会发展、物质生活水准和科学技术发展水平的重要标志，其发展史是人类物质文明史的一个重要组成部分。作为精神文化和艺术文化，家具具有教育功能、审美功能、对话功能、娱乐功能等。家具以其特有的功能形式和艺术形象长期地呈现在人们的生活空间中，人们在接触它的过程中会受到潜移默化的感染和熏陶，从而能提高审美鉴赏能力。家具也以艺术形式直接或间接地反映当时的社会与宗教意识，实现象征功能与对话功能。随着家具的发展，人们的审美情趣也会随之不断地改变。也正是人的审美观的改变，才促进了家具艺术的发展。

（3）木制家具产品在室内空间环境中的作用

家具除了具有独立的使用功能与审美功能外，在室内环境中，家具还具有如下作用：

分隔空间——在现代建筑中，为了提高内部空间的灵活性和利用率，常常采用可以二次划分的大空间，如具有通用空间的办公楼、具有灵活空间的标准单元住宅等。这类空间的分隔任务，常常由家具来完成。在许多别墅、住宅设计中，常利用家具将厨房与餐厅组合成相隔又相通的形式，这不仅有利于使用，也增进了空间的情趣。在大空间办公室中，一般是利用家具组成各种功能空间，如组成兼有写字台、打字、复印、计算、贮存文件、照明、通讯（电话、传真）、遮挡视线等办公单元；还可根据需要组成小型接待室、会议室等。家具分隔了空间，并且也充分利用了空间。

组合空间——在一个较大的空间内，把功能不同的家具按使用要求安排在不同的区域，空间就形成了相对独立的几个部分，它们之间虽然没有高大的家具或构配件阻挡交通和视线，但是空间的独立性仍可为人们所感知。例如用沙发围成憩坐交谈区域，用矮柜或写字台围成一个相对独立的学习区域等，均可达到组织空间、组织人流的作用。

填补或均衡空间——室内空间是拥挤闭塞还是杂乱无章，是舒展开敞还是统一和谐，在很大程度上取决于家具的款式、数量和配置。因此，调整家具的数量和布置形式，可以取得室内空间构图上的均衡。例如，当室内某个部分感到空旷时，可以用家具加以填补，就会使人感到均衡；当室内窄小，安排足够的家具有困难时，也可以在过道、门后、墙角等一切可以利用的地方填补上一些小件家具，既满足了使用要求，也充分利用了闲置空间。

烘托室内气氛，创造意境——家具的风格与特色，在很大程度上影响甚至决定了室内环境的风格与特色。家具可以体现民族风格，如中国明式家具的简练典雅、路易式家具的豪华、北欧家具的圆润自然等；家具可以体现地方风格，不同地区由于地理气候条件、生产生活方式、风俗习惯的不同，家具的材料、工艺和款式也有所不同；家具还能体现主人或设计者的风格，因为家具的设计、选择和配置，在很大程度上能反映出主人或设计者的文化修养、性格特征、职业特点及审美倾向等。上述民族风格、地方风格、个人风格等都可以在室内形成一定的气氛，例如朴实、自然、清新、庄重、典雅、华贵等。创造意境，是指家具能够引发人们产生联想，能给人以强烈的艺术感染力，使人得到启发与教益。历史上常用家具的纹样图案、构件的曲直变化、线条的刚柔并用、尺度大小的改变、装饰的繁复与简练等家具语言来表达一种思想、一种风格、一种情调，造成一种氛围。当今社会流行的怀旧情调的仿古家具、回归自然的乡村家具、崇尚技术的抽象家具等，同样在追求一种新的意境。

2）木制品设计原则

家具在生产制作之前要进行设计。优秀的家具设计应当是功能、材料、结构、造型、工艺、文化内涵、鲜明个性与经济效益的完美结合。因此，完美合理的家具设计，原则上应兼顾使用和生产两方面的要求。对消费者来说，希望获得实用、安全、舒适、方便、外形美观新颖、结构稳固、价廉物美的家具；对生产者而言，家具必须具有良好的工艺性、较高的生产效率、合理的经济指标。要达到上述要求，家具设计需遵循以下原则：

（1）使用安全，讲究实用性

使用安全、讲究实用性是家具设计的基本要求。家具设计首先必须满足它的直接用途，适应于使用者的特定需要，而且坚固耐用。例如，餐桌用于进餐，通常西餐为分餐制，所以，西餐桌可以采用长方桌；而中国人的用餐习惯不适合长方桌，一般采用圆桌或方桌。

家具的形状和尺度，应符合人的形体特征，适应人的生理条件，以满足人的不同的使用要求，给工作和生活创造便利、舒适的条件。便利、舒适是现代工作、生活的需要，这也是设计价值的重要体现，因此，家具设计必须运用人体工程学的原理，并对工作性质、生活方式有细致的观察和分析，才能设计出实用而优良的家具。如海星脚型办公椅，不但旋转和向任意方向移动自如，而且特别稳定舒适，人体重心转向任何一个方向都不会引起倾倒，与传统的靠背办公椅相比，它给人一种心旷神怡的感觉，并能提高工作效率。

（2）结构合理，讲究工艺性

家具的结构必须保证其形状稳定并具有足够的强度，还要适合生产加工。结构是否合理直接影响家具的品质，而工艺性则是生产制作的需要，为了保证质量、提高生产效率、降低制作成本，所有家具零件的结构都应尽可能满足机械加工或自动化生产的要求。家具结构与工艺技术是紧密结合的，结构形式、制作工艺都要适应现有的生产状况。例如，固定结构的家具应考虑是否能实现装配机械化、自动化；拆装式家具应考虑使用最简单的工具就能快速装配出符合质量要求的成品家具。从一定意义上讲，家具设计除造型之外，实际上代表了家具的结构设计与工艺流程设计。

讲究工艺性还包括家具设计时应尽量充分使用标准配件。随着社会化分工合作的深入与推广，专业化分工合作生产已成为家具行业的必然趋势，因为这种合作方式可以做到优势互补，为企业在某一领域的深入发展创造条件。使用标准件可以简化生产、缩短家具的制作过程、降低制造费用，并能满足现代多功能、多用途、多组合、多变化的需要。

（3）造型美观，讲究艺术性

家具是一种具有物质功能和精神功能的复合体。家具的造型设计不仅要符合艺术造型规律，还要符合科学技术的规律；不仅要考虑造型的风格与特点（如民族的、地域的、时代的特点），还要考虑功能、用材、结构、设备和加工工艺，以及生产效率和经济效益。总而言之，家具造型要美观、简洁、流畅、端庄优雅，既要体现时代感，还要将流行美与永恒美有机结合起来。如北欧家具造型简练实用、朴实无华、圆润自然，称得上是家具造型的一种典范。

讲究家具的艺术性，除造型外，还表现在装饰和色彩等方面。装饰要明朗朴素、美观大方、能体现某种风格特征，或符合时代潮流。色彩也是造型艺术的重要方面，家具色彩的变化与形体造型应协调和相辅相成。家具色彩的处理，应从家具功能要求、室内环境的要求、人们的心理感受、时代流行色的变化、工艺与材料等方面来考虑，或文雅、凝重、古朴，或明快、清新、高雅等等。

（4）节约资源，讲究经济性

经济性将直接影响到家具产品在市场上的竞争能力。家具设计者都要考虑所设计的产品应有较低的成本和合理的经济指标。木材始终是制作家具的首选材料，但木材的生长周期很长，由于需求与资源生长量的尖锐矛盾，因此在家具设计过程中要有节省资源的意识。

讲究经济性，主要从材料、结构和加工等方面考虑。

节省和合理利用材料资源，可从三方面着手：①在设计时合理确定产品尺寸。零件的尺寸最好与木材毛料和人造板的尺寸相适应，或成近似倍数关系，这样便于合理用料。比如，标准抽屉的深度不大于 470mm，利用宽度规格为 915mm 的人造板来配料（此处已考虑其他设计因素）比较适宜，既省工又省料。②根据木材品种的质量和家具的档次合理选料。一般家具的外表面要用好材，内部零件可用次等材，以节省贵重木材的用量。③木制品配料时，在保证加工质量的前提下，应尽量缩小加工余量。

家具结构在满足要求的情况下应尽量简单，便于加工，便于机械化、自动化生产，这样可减少工时消耗，达到降低加工成本的目的。

（5）满足需求，讲究系统性

满足需求是设计的根本目的。需求是人类进步过程中不断产生的新的欲望与要求，满足需求的原则就是如何及时地去满足人们不断增长的新要求。家具设计者应经常深入消费群体中广泛地进行调查研究，获取需求的准确信息。特别需从生活、生产方式以及社会的变革中预测和推断出潜在的社会需求，将此纳入产品的开发之中。

家具的系统性体现在两个方面：一是配套性，二是标准化的灵活应变体系。

配套性是指一般家具都不是独立使用的，而是需要考虑与室内（或周围）其他家具配套使用时的协调性与互补性。因此，家具设计的广义概念，应该延伸至整个室内环境的感觉效果与使用功能。

标准化灵活应变体系，主要是协调小批量多品种的社会需求与现代工业化生产高质高效之间的矛盾。标准化灵活应变体系就是以一定数量的标准化零部件和家具单体构成某一类家具系统，通过灵活有效的组合来满足人们对家具的功能、式样等各种不同的需求，以不变应万变。这种方法也能同时缓解品种多、批量小给生产系统所造成的压力。

3）木制品的造型设计

木制品造型就是"创造形象"。由于木制品是以实用性为基础的，因此木制品造型属于实用与审美相结合的造型，即它是内受功能效应制约、外以美的形象来体现的物质用品或造型物品。

设计一件优美的木制品，就必须运用一定的手段，对木制品的形态、质地、色彩、装饰以及构图等方面进行综合处理。对设计者来说，必须掌握一定的构成法则，学会运用多种表现手段和方法，以构成美的主体形象。木制品的构图法则与建筑很相似，诸如统一、变化、比例、尺度、均衡等，都是说明一定的构图法则的基本概念，这些概念是人们在社会实践中的知识结晶，但家具也有它自己的特点。从功能方面看，木制品比建筑要简单一些；从造型方面来看，由于木制品受材料、结构、工艺和使用要求的制约要比建筑严格得多，因此造型的发挥远不及建筑那样宽广。这就形成了木制品造型构图法则的特定内容。

（1）比例与尺度

① 木制品造型比例的内涵：木制品的比例包括多方面的比例关系，即家具外形宽度、深度、高度之间的比例。它涉及木制品表面分割的比例，如抽屉的面板宽度与高度的比例，开放空间的尺度与封闭空间的尺度比例等；木制品部件与部件之间的比例；木制品的部件与整体之间的比例；木制品的外形尺寸与室内空间尺寸的比例。这些比例都是尺寸与尺寸之间的数值比，比例恰当的形体，给人以美的享受，设计成功的家具，对以上的比例关系都处理得比较好，与人们对比例美的认识相一致。

② 几何形状的比例关系：包括两个方面，即几何形状本身的比例关系；几何形状之间组合的比例关系。人们通过长期的社会实践，已总结出许多具有良好比例关系的结构，现介绍如下。

对于形状本身而言，可分为肯定的外形和不肯定的外形两种。肯定的外形是指正方形、圆形、等边三角形（图 0-1），对于这些几何形状，其外形尺寸比例是固定的，正方形边长比率永远等于 1，圆形的圆周率永远是 3.1416，等边三角形其边长比值也是恒等于 1；这些几何形状在家具造型设计的应用中，只能按一定的比例放大和缩小，而外形尺寸的比率是改变不了的。长方形及其他几何形状则是不肯定的形状，其长度与宽度的比值有很多，被家具造型设计所采用的比例类型，有黄金比长方形、根号长方形、整数比长方形以及级数比长方形等。

图 0-1　肯定外形的几何形状

　　黄金比长方形　将已知线段作大小两部分的分割，使小的部分与大的部分之比等于大的部分和全体之比，这就叫做黄金比，图 0-2 所示为黄金比的作图法。

　　设小段 $|EB| = 1$，大段 $|AE| = x$，则有

$$1 : x = x : (x+1)$$
$$x^2 = x+1$$
$$x = \frac{1+\sqrt{5}}{2} \approx 1.618 \text{（舍去负值）}$$

即黄金比值约等于 1.618。

　　把长边与短边的比值为黄金比值的长方形，称为黄金比长方形，它是优美长方形的典型，多用于家具和室内空间的分割和构成设计中。

　　根号长方形　设正方形的一边为 1，用其对角线 $\sqrt{2}$ 作图，可画出短边为 1、长边为 $\sqrt{2}$ 的长方形，简称 $\sqrt{2}$ 长方形；又以 $\sqrt{2}$ 长方形的对角线 $\sqrt{3}$ 用同样方法作图，也可画出长边为 $\sqrt{3}$ 的长方形；依次类推，可以顺次画出无限多个根号长方形，如图 0-3 所示。从审美的角度看，根号长方形被认为各具有不同的美感，如 $\sqrt{2}$ 长方形具有豪华感，$\sqrt{3}$ 长方形具有轻快感，$\sqrt{4}$ 长方形具有俊俏感，$\sqrt{5}$ 长方形具有向上感等。因此，根号长方形在造型设计中也被广泛应用。

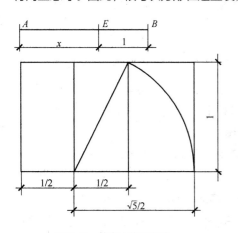

图 0-2　黄金比的作图法

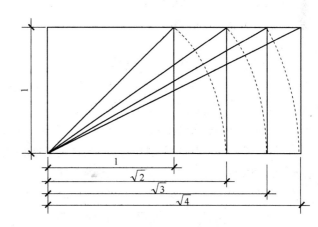

图 0-3　根号长方形的作图法

　　级数比长方形　这是从级数关系中获得比例美的。级数比的方式很多，常用的有等差和等比两种。等比级数比，由 2：4：8：16：32……构成，即在开头一项与紧接着的一项出现等比关系时，便可获得各种数值。这种等比级数比的增加率大，具有较强的节奏感（图 0-4）。

　　整数比长方形　把 1：2：3……以及 1：2、2：3 这样由整数形成的比例叫做整数比。这是一种易于理解的数列关系，因而应用甚广，实用价值较高。整数比具有文静而整齐的明快感（图 0-5）。

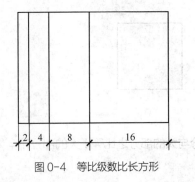

图 0-4 等比级数比长方形

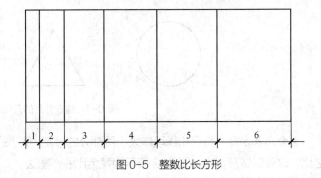

图 0-5 整数比长方形

对于若干几何形状之间的组合或者相互包容，如果具有相等或一定的比率变化规律，也能产生明快的家具外观形状，特别是在组合家具的空间处理以及空间的表面分割方面的造型设计中，更应注意到这一点。比如长方形之间对角线相互平行或相互垂直（图 0-6，图 0-7）。

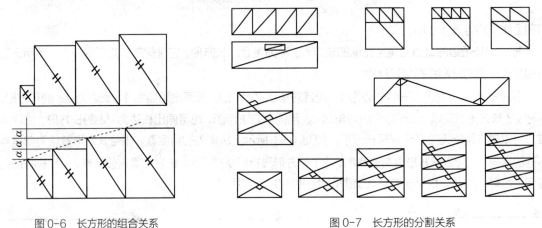

图 0-6　长方形的组合关系　　　　　　　　图 0-7　长方形的分割关系

③ 影响木制品比例的因素：这些因素较多，木制品设计时，必须考虑的因素主要有以下方面：

功能　功能是决定比例的主要因素，不同类型的家具有不同的比例，同类型家具由于使用对象不同也有不同的比例。比如，儿童床与成人床的长、宽、高尺寸就有不同的比例。这些比例是数千年来逐渐形成的，由于普遍被人们使用接受，这样其功能的比例也就转化为美的比例。

材料　制作木制品所用的材料、结构、力学指标以及工艺条件是构成比例的物质基础。在这方面，家具的比例关系是变化的，目前随着人造板材料、新型连接件等在家具设计与生产中的应用，对家具的比例赋予了新的内涵，正逐渐向家具的标准化、系列化、通用化方向发展。

生活环境和习惯　不同地区、不同民族的生活环境和生活习惯造成了木制品的不同比例。例如，南方的餐桌与北方的炕桌高度差异较大，其主要原因在于生活习惯的差异；再如西藏的藏式家具，除了多功能的特点外，在外观上的特点就是低矮，比例自然就特殊了，这也是适应藏居层高较矮的室内空间需要。在中外家具发展史上，由于某种社会意识或宗教意识的影响，促使人们把这些思想观念融贯于家具造型中，他们有意识地采用艺术夸张的手法，扩大或缩小家具某些零部件的相对尺寸，以造成庄严、华贵、雄伟的气氛。例如我国封建王朝皇帝的宝座，采用较大的座椅尺寸，其目的就是显示皇帝至高无上的权力象征。

④ 尺度及尺度感：尺度是指木制品造型设计时，根据人体尺度和使用要求所形成的特定尺寸范围。

木制品的整体尺寸与零部件尺寸之间、木制品的空间尺寸与存放物品或支承物体的尺寸之间、木制品的整体尺寸与室内环境尺寸之间可获得一种大小印象，不同的大小印象给人以不同的感觉，如舒畅、沉闷、协调、拥挤等，这种感觉就是尺度感。

为了使设计的木制品产品获得良好的尺度感，在尽可能合理地确定相应的尺度范围外，还要从审美角度出发，调整家具的零、部件及整体的尺寸，使家具能与特定条件或特定环境相协调。例如，有两个面积不同的大小卧室，在家具设计时，大空间的卧室应设计尺度较大的家具，而小卧室则应设计尺度较小的家具，否则大卧室将产生空旷的尺度感，而小卧室则显得过于拥挤、沉闷。

（2）均衡与稳定

木制品是由一定的体量构成的实体，常常给人以重量感。所谓稳定，一般是指木制品产品整体上下的轻重关系；而均衡则是指木制品产品前后、左右各部分之间的相对重量感。因此我们说均衡与稳定的概念同属一个范畴。

① 均衡：也称平衡。当两个物体的重量被一个支点支撑，保持力学上的平衡时，就可以称为取得了均衡。在造型艺术中，当物体本身各部分的轻重感如能在视觉上获得力的平衡，则可称为均衡。

自然界静止的物体都遵循力学的原则，以平静安稳的形态出现，如山、树木等。均衡就是基于这一自然现象的美学法则。在木制品造型设计中，要求木制品产品在特定的空间范围内，使其形体各部分之间在视觉上获得重量的平衡。

均衡是求得物体稳定感的有效手法，大致可分为静态均衡、动态均衡，如图0-8所示。

静态均衡　静态均衡有两种基本形式：一种是对称均衡；另一种是非对称均衡。

对称均衡也叫正规平衡，是依据轴线或支点的相对端，以同形、同量的形式出现的一种平衡状态。用对称平衡格局创造出来的物体具有庄严、严格、端庄安定的效果。常见的对称平衡有左右对称平衡和放射对称平衡。

左右对称平衡就是在左右或上下之间以一根直线为中心，两边完全相等，它容易得到一种静止的力感和安定的效果，如图0-9所示。

放射对称平衡也称非正规平衡。如均衡中心的每地一边在形式上虽不等同，但在视觉上却有某种等同感时，就可以说是非对称均衡。非对称均衡比对称均衡更需要强调均衡中心，其产生的心理感觉是自由、有趣、活泼和动势。

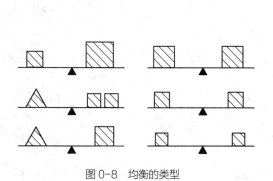

图0-8　均衡的类型

图0-9　对称均衡应用示例

动态均衡　是依靠运动来得到的一种均衡形式。如旋转着的陀螺、展翅飞翔的鸟就属于这种形式的均衡，特别是风车形成的平面，更是明显地体现出动态均衡的某些特征。动态均衡所产生的心理感觉是轻巧活泼、生动变化。

在木制品造型特别是家具造型中，如果说古代家具往往着重从正前方来考虑家具的均衡问题，那么现代家具则更多地考虑到从各个方向来看家具的均衡问题。因此，动态均衡对于静态均衡来说，更能体现现代家具的时间感、运动感以及整体的协调感。

② 稳定：自然界的物体为了维护自身的稳定，靠地面的部分往往重而大。分析自然界的物体现象我们可以得出一些规律，如重心低的物体是稳定的，底面积大的物体也是稳定的。纵观中外的古典建筑，它们都明显符合这些规律。这些事物给人以永恒的印象，那就是美的事物必然是稳定的结构。

家具的稳定要求包括两方面，即使用中要求的稳定，和视觉印象上的稳定。家具使用中的稳定，通过力学原理的应用，在家具设计中很容易达到，但视觉上的稳定，除采用重心靠下或具有较大底面积的原则外，还应利用材料质地、色彩以及空间虚实等的不同重量感，来取得这一效果。

家具的稳定与轻巧是家具构图法则之一，也是家具形式美的构成要素之一。在保证使用稳定的前提下，应通过重心、体量、比例、尺度感、色彩等变化，赋予产品以轻巧的感觉。

（3）重复与韵律

① 韵律：是指艺术表现中有规律地重复和有组织地变化的一种现象。家具造型设计中应用某些功能构件、木质花纹、外形特征以及装饰图案等要素加以重复应用，可以形成一定的韵律效果。重复则是韵律的条件，没有重复就没有韵律可言，只有有规律的重复，才能产生韵律的艺术效果。

常见的韵律，有连续的韵律、渐变的韵律、起伏的韵律、交错的韵律等几种（图0-10，图0-11）。

连续的韵律　是指在造型中由一种或几种组织部分连续重复的排列而产生的韵律。这种韵律主要是靠这些组成部分的重复或它们之间的距离重复而取得的。连续韵律是形状的重复，其间距可以改变，而不破坏韵律。反过来，间距尺寸相等，单元的大小或形状可以变化，韵律也依然存在。运用同一形式重复排列，可以取得一种简单的连续韵律；运用两种或两种以上的构件交替地重复排列，也可以取得一种比较复杂的连续韵律。简单的连续韵律，易使人感觉沉重、单调，复杂的连续韵律，则常给人轻快、活泼的感觉。

渐变的韵律　是指连续重复的组成部分在某一方面作有规律的增加或减少时产生的韵律。

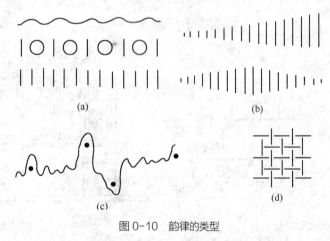

图 0-10　韵律的类型

（a）连续的韵律　（b）渐变的韵律　（c）起伏的韵律　（d）交错的韵律

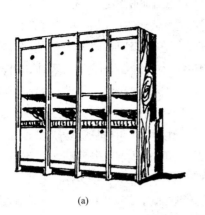
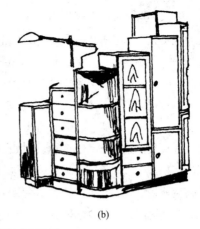

(a)   (b)

图 0-11　韵律的应用示例

起伏的韵律　是各组成部分呈有规律的增加或减少的变化所产生的韵律。

交错的韵律　是指各组成部分有规律地纵横穿插或交错而产生的韵律。它和上述三种韵律的区别在于：前三者都是在某一方面的变化，而交错韵律则常常是纵横两个方向或多方向的变化，它们在各组成部分之间，更着重于彼此联系和相互牵制，因而是一种比较复杂的韵律形式。

② 重复：就是指相同的事物多次的出现。自然界中有许多事物和现象都是有规律地重复变化，在基本造型中，如果没有一定数量的重复，便不能产生韵律。但是只有重复而缺乏有规律的变化，则会造成枯燥和单调。因此，在家具造型中如有大量重复构件出现的情况下，遵循韵律的原则加以恰当的处理，使其有规律、有组织又富有生动的变化是十分重要的。

（4）统一与变化

统一与变化是适应于任何表现形式的一个普遍规律，在家具造型中，应从变化中得到统一，在统一中有变化，力求变化与统一得到完美的结合，使其表现形式是丰富的，而不是单调的，是有规律的，而不是杂乱无章的。这是家具设计所必须遵循的重要原则。

统一是指性质相同或类似的东西并置在一起，造成一种一致的或具有一致趋势的感觉，是一种秩序的表现，它比较严肃、庄重、有静感。统一的手法一般借助于稳定、均衡、调和、呼应等形式法则，所以说，统一是治乱、治杂、增加形体的条理、和谐宁静的美感。但过分的统一又会显得刻板单调、没有趣味，美观也不能继续持久，其原因是对人的精神和心理无刺激之故，因而还需要有变化。

变化是指性质相异的东西并置在一起，造成显著对比的感觉。它是一种智慧、想象的表现，能发挥种种因素中的差异性方面，造成视觉上的跳跃，产生新异感。其特点是生动活泼有动感。变化主要借助于对比的形式法则，是刺激的源泉，能在单纯呆滞的状态中重新唤起活泼新鲜的韵味，但必须受一定的规律法则的限制，否则会导致混乱、庞杂，从而使精神上感到骚动、陷于疲乏，所以变化必须从统一中产生。变化的主要目的是取得生动的多变的活泼的效果。以变化手法进行造型设计，可以收到丰富别致的构图效果，这一规律反映到各种艺术创作和应用造型设计上，便形成了统一与变化的法则。

统一与变化的原则是自然界中的基本规律，也是木制品造型设计应遵守的原则和基本规律。家具造型设计中无论是单件或成套的造型式样、构图、色彩方面的考虑都离不开它，在统一中求变化、在变化中求统一，就是设计创造的着眼点以至全过程。

木制品是由一系列互相关联的部件组成的，每个部件由不同的线条、形体、质地和色彩组成。但几何形体不能完全代替艺术形象的美，采用变化的目的是对几何形体、自然材料的再加工，用提炼、概括、夸张的手法使形体与艺术美有机地结合起来，使各部件之间通过某种结构形式和连接方法，造成一个完整的家具式样。其中，就木制品中各个组成部分和单体组合与室内环境之间的区别和多样性而言，这是造成木制品造型的变化。长短、大小、曲直、方圆、宽窄属形状的变化；浓淡、明暗、强弱、冷暖是一种色的变化；主从、疏密、虚实、纵横、高低、繁简、开合、呼应等是排列构图上的变化。所以说，木制品造型的变化主要是指通过线条的曲直、形状的多样、颜色和材料质地的差异来处理好上述各种关系，防止造型的呆板和枯燥。以简单的橱柜设计为例，如果是正方形体的，长宽高都完全相等，各边也都是直线，形体没有变化，给人的印象就是单调平淡，缺乏趣味和美感，要使其样式美观，就要在形体上适当的加以变化，如把进深改小、立面呈黄金比长方形，这样既能满足贮物的要求，又给人比较丰富的印象。给人以美感是变化的主要目的。

家具造型中的统一是指家具各组成部分之间及单体家具组合、陈设、布置之间与室内环境设计的联系和整体性，它要求内容和形式的一致性，有条理、有组织、有秩序而不杂乱。一件完美的家具造型应该是丰富的、有规律和有组织的，从造型、纹样、排列、结构、色彩各个组成部分，以及从整体到局部均应取得多样统一的效果。多样变化是为了达到丰富耐看的目的；整体统一是为了获得和谐含蓄的效果。统一与变化是对立的，又是相互依存的，变化是绝对的，统一是相对的，这是矛盾的两个方面。单体或成套家具的造型总是具备统一与变化这两方面的因素，在设计中应力求使之完美地结合起来。变化中求统一，主要是在构成造型美感的诸如线条、色彩、质地等因素中去发掘它们一致性的东西，去寻找相互间的内在联系；统一中求变化，主是利用美感因素中的差异性，即引进冲突或变化，通常用对比、强调、韵律等形式法则来表现造型中美感因素的多样性变化，这样才能使整体统一，局部变化，局部变化而又服从整体，使之相互制约，互相补充。

木制品造型的变化虽然能使其形状美观，但并不是说一定要把造型搞得很复杂、繁琐，形成很多式样。恰恰相反，变化多样的家具任意放在一起并不能统一，只有给以适应性安排，经过艺术加工处理，使变化的因素得到统一，才能收到良好的效果。由于木制品所选用的材料和生产方式的不同，就要求在某一具体的造型设计中，有意识地较多地倾向其中的一个方面。如使用现代新型材料、采用大批量生产现代化家具，外型都很简洁、整齐、大方，造型趋向于统一，而传统手工生产的木制家具则形式多样，造型趋向于变化。由此可以看出，家具造型变化要自然得体和简练含蓄，不能片面地追求造型的形式变化而忽视整体的统一协调，整体和谐也是造型美的重要因素之一。特别是室内环境设计中，配套家具及其装饰造型的总体设计必须运用这种手法，才能达到既互相呼应、又有丰富变化的室内环境的整体效果。家具造型表现出来的整体艺术效果是很重要的，它能代表造型的特点，并形成一定的风格式样，因为造型的整体要统一在一个基本调子即造型基调里，它是由线、形、空间、色彩、质地等各种因素组合起来在造型上表现出来的基本特点，在这些因素中形状变化和线条变化的运用对确定家具造型的基调起着主要作用。在室内环境设计中，不但家具造型本身有统一的基调，室内装修和陈设布置以及其他的局部处理均应服从整体基调的要求，在这个前提下，处理好局部与室内各个装修装饰部分，认真推敲和反复研究，有助于完整地表现造型设计意图和形成一定的室内装饰风格特点。

（5）调和与对比

调和与对比是各种艺术设计的一类重要条件，它们反映和说明事物同类性质之间相似或差异的程度。对比是变化的一种形式，调和则是统一的体现，它们之间的关系可以在比较对象的尺寸和形式以及比较它们布置的特点、色彩、材料、表面处理等差异时发现，二者要掌握适当的程度，只注意调和会感到枯燥、沉闷、过于强调对比又易产生混乱刺激的感觉。

在实用美术品造型的各种因素中，把同一因素不同差别程度的部分组织在一起，产生对照和比较即称为"对比"，也就是把产品诸因素中的某一因素，如线条的曲直、开头的方圆，按显著差异程度组织在一起进行对照，以显示和加强外型的感染力。其方法很多，具体应用时可分为线条对比、外型对比、色彩对比、明暗对比、分量对比、材料对比、质地对比等，根据构思及用途可侧重某一方面在调和中求对比，但要注意程度上恰如其分，灵活运用。由此可见，对比是强调同一因素中不同程度的差别，以达到互相衬托彼此表现不同作用的特性，更鲜明地突出各自的特点。

通过一定的处理手法把对比的各部分有机地结合在一起，使造型有完整统一的效果则称之为"调和"。调和即"整齐划一，多样统一"，也就是彼此相似、彼此和谐、互为联系，有完整统一的效果。具体内容包括表现手法的齐一、开头的相通、线面的共调、色彩的和谐等。表现在互相制约于对立中求得一致，其形状的大小、方圆、位置等力求适合美的法则，这种调和的美就是多样的统一、变化的统一。所谓多样，是指具有不同的要素的各种部分，起码是对两个以上部分不同形态而言，只要这些部分以构成某一造型对象为前提而存在，或被选择、被采用、被预定，就必须具有一些共通的要素，即假若将各个部分一一分析的话，则都应该同时包括异质的要素和等质的要素，而要素的多少，根据情况可以有所不同。如果集合大部分相互极其异质的要素，则将招致混乱，作为一个统一体很难把握；相反，完全是等质的部分的集合，则由于单调而容易显得无力，适当的变化，而且作为整体被紧紧结合的东西才是美好的。通俗地说，所谓调和就是适合，反之就是不适合。在家具造型设计中调和是家具各部分的体量、空间、形状以及线条、色彩、质感等在基于统一的手法下，所产生的完整而和谐的主调效果。

在成套家具设计中常通过缩小差别程度的手法寻求同一因素中不同程度的共性，把各个对比的部分有机地结合在一起，以达到互相联系彼此协调、表现共同的性质，使整体和谐一致，使人的心理有种安定的感觉。其具体做法有两种：

① 统一调和法：利用家具的各部件的线、形、色彩、质地、组合、排列等方面的"同一"与"类似"的方法造型。如桌面以圆或接近圆形的形状组成，形状大小一样，色彩类似、质地相同或相近的都可得到调和效果；组合家具是调和的，因为它有一个统一的模数，使上下左右均能扩大组合，这一规律可以取得安静、严肃而少变的效果。但过分地调和也会产生单调、平淡而缺乏生命活力。

② 对比调和法：采用调和法造型一方面要以调和为主，另一方面还要有些对比的变化，使家具各部分之间能得到适合、舒适、安定完整的状态。全部采用直线造型的家具，形体会枯燥、单调，要用硬线软化或用材料质感与色彩的变化来补救，解除单调感；对以长方形、方形为构图的家具，形体刚劲，若以斜线、折线交错配置，可以得到静中有动、同中求异的调和效果；在以直线为主的造型中，转折部分用少量弧线或选用圆形的断面，会形成曲线与直线对比的调和。

采用对比法造型是在不削弱家具的主要格调下运用与统一手法相对的变化手法来衬托或丰富调和效果的，由此造成各种变化，可以取得醒目、突出、生动的效果。其对比要素如下：

线条——长：短；曲：直；水平：垂直；粗：细。

形状——大：小；方：圆；宽：窄；凸：凹。

色彩——浓：淡；冷：暖；明：暗；轻：重；强：弱。

排列——高：低；疏：密；虚：实；开：启；集中：分散；奇数：偶数；离心：向心。

质地——光滑：粗糙；透明：非透明；发光：不发光。

感觉——多：少；软：硬；动：静；刚：软；锐：钝；厚：薄；清：浊；上升：下降；严肃：活泼。

在家具设计造型设计中，采用对比手法并不在乎数量的多少或面积的大小，因为有一些材料往往以其色彩、光泽、质感的特征而占优势，即便是居于少数也不逊色，而仍然能恰如其分的在对比中显示出它的主要性质。例如，在一面黑色无光或深色的木制柜门上，装上一个小巧别致的金色拉手，柜门四周再镶上金色的线角装饰，在这种情况下，金色并不以其少而失去应有作用，正是由于大面积深色的陪衬，更显示了它的光泽而居于主位。

统一与变化、调和与对比是互相紧密联系的，常常是以相互制约、相互补充和转化的状态出现。

统一：统一即能调和。

变化：变化可以产生对比，很少统一时，处理好也可以得到调和效果。

调和：凡是统一的造型都是调和的，处理得好的变化与对比就可以得到调和。

对比：凡是对比就必有变化。

可以看到，统一和对比是两种性质不同的处理手法，二者是互相不依存的。有对比就不能统一，既统一就不能有对比，但通过变化可以做到调和，因而形成家具造型设计两个基本类型：即对比法造型和统一法造型。在具体设计中，根据不同方法应作相应处理，掌握在什么条件下应该显示和强调这些关系，而在什么情况下则应相反地缓和或避免这种关系。对比法因以对比为主，其形式式样倾向于变化，在具体设计中应注意调和。统一法因以统一为主，已有统一基础，因此在具体设计中应注意变化，所以这两个类型均可运用变化和调和手法，使家具造型设计达到美观和谐的效果。

（6）模拟与仿生

模拟与仿生是借助生活中常见的某种形体、形象或依照生物的某些原理与特征，进行创造性的构思，设计出神似某种形体或符合某种生物学原理与特征的木制品。模拟与仿生都属模仿的范畴，模拟是模仿某种事物的形象或暗示某种思想情绪；仿生是模仿某种自然物合理存在的原理，用以改进产品的结构性能，同时也以此丰富产品造型形象。模拟与仿生是家具造型设计上具有举足轻重地位的构图法则，但它也不能离开家具的功能性原则，虽然表现技法较多，但在运用时应务求适当、准确、恰如其分，而不能过于牵强附会。

模拟　在木制品造型设计中，模拟的形式和内容主要有如下三方面：在整体造型上进行模仿；在局部装饰上进行模拟；在功能件上进行图案描绘与形体的简单加工。在整体上进行模仿就是将木制品的整体当成一件艺术作品，将家具外形模仿成其他物体的形象，模仿的对象有人头像、人体、人体的某一部分，动物、植物形象，其他自然物如古建筑。在局部装饰上进行模拟，模拟的主体一般是家具的某些功能件或附加的装饰品，模拟的对象除了人体外就是动植物，如狮、虎、龙、凤等。附于家具的图案与名称寓意深远，是人们丰富想象的结果，如"八仙"桌这一名称与八仙的图案，便给人带来健康长寿、团聚安定、吉祥如意的美好意象。为了能使人们在桌的四周都能进行欣赏，而不致有头足倒置的不适感，又常将八仙的人物形象代之以八仙传说中使用的"神物"——葫芦、渔鼓、花篮、玉板、荷花、宝剑、扇子、洞箫的图案，再辅之以圆形寿字与祥云图案。

仿生　仿生的应用设计一般是先从生物的现存形态中受到启发，然后在原理方面进行深入研究，在理解的基础上再应用于产品某些部分的结构与形态。如生物的壳体结构（蛋壳、龟壳、蚌壳等），虽然壳体壁都很薄，但却有很强的抵抗外力的能力，设计师们便利用这一原理和塑料成型工艺，制造出许多形式多样、工艺简单、使用方便的薄壳快餐椅；又如海星的放射状多足结构形体，具有特别的稳定性，设计师们就根据这一特殊结构特性，设计出海星脚型的办公椅（可旋转的、能向各方向移动自如的），结构特别稳定。

（7）错觉及其应用

眼睛是人们感知世界万物的重要感觉器官，它的视觉效果与其他感觉效果相互联系在一起，就能较全面地反映物体的整体。但人们在观察客观事物的过程中，由于环境、光、形、色等因素的不同，以及心理和生理上的原因，人们对物体的认识往往会发生感觉错误，这就是错觉。我们把与物体的形状、尺度以及色彩等有关的错觉称为视错觉。在家具造型设计中，认识错觉的根本目的，是更好地在设计中"利用错觉"与"矫正错觉"来达到家具造型的效果。

人们观察物体时，由于种种原因，产生许多错觉。对家具设计来说，有必要认识以下错觉现象：

线段长短错觉　由于线段的方向与附加物的影响，同样长的线段会产生长短不等的错觉。图 0-12 中，A、B 线段等长，但由于附加线的影响，一般总感到 A 线段长于 B 线段。

面积大小错觉　由于形、色或方向、位置的影响，会使面积相同、形状相同的图形产生大小不等的感觉，如图 0-13 所示。其一般规律是：明度越高越显大，反之则越小。

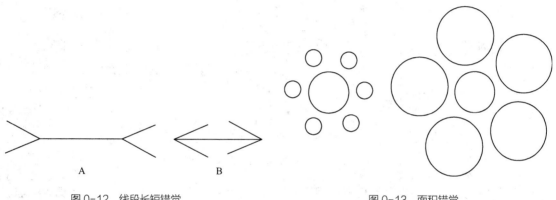

图 0-12　线段长短错觉　　　　　　　　　　　　　　图 0-13　面积错觉

分割错觉　同一几何形状、同一尺寸的东西，由于采用不同的分割方法，就会使人感到它们的形状与尺寸都发生了不同的变化，这就是分割错觉。一般说来间隔分割较多，物体会显得比原来宽些或高些。如图 0-14 所示，A、B 是两个边长相等的正方形，由于多条线段的分割，人们总认为 A 显得更宽，B 显得更高。

对比错觉　对比错觉是对同一形、色在两种相对立的情况下，如大小、长短、高矮、深浅等方面由于双方差异太大，便直接影响人们对于同一形或色的认识，导致作出错误的判断。如图 0-15 所示，A、B 两图中间的圆直径是相等的，由

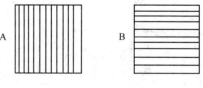

图 0-14　分割错觉

于 A 图中四周的圆直径较大，而 B 图中四周的圆直径较小，在它们的衬托对比下，A 图中间的圆就显得比 B 图中间的圆小。

图形变形错觉　指由于其他线形对原有线形的干扰或相互干扰，在感觉上对原来的线形造成歪曲的感觉。如图 0-16 所示，图中 A、B、C、D 四条线段是平行的，但由于其他线段的干扰，直线看上去似乎成了弧线，平行线也就不平行了。

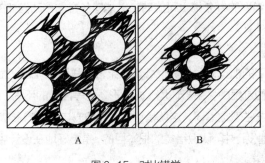

图 0-15　对比错觉

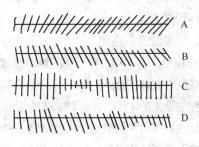

图 0-16　图形变形错觉

　　透视变形　家具由于是三维空间的物体，人们在实际观察家具时所产生的印象，通常是在透视规律作用下的效果，它与设计图的形状和尺寸有一定的差距，这就称为透视变形。透视变形分为竖向透视变形、断面形状不同的透视变形、透视遮挡变形等几种，如图 0-17 所示。

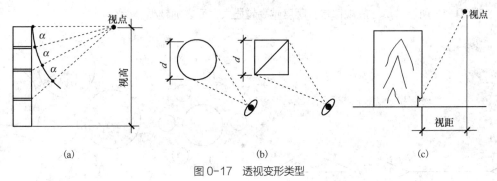

图 0-17　透视变形类型

（a）竖向透视变形　（b）断面形状不同的透视变形　（c）透视遮挡变形

　　认识上述错觉现象，就是为了更好地利用这一现象，为家具造型设计服务，使设计的家具达到理想的视觉效果。通常应用方法有两种，即利用错觉和矫正错觉。

　　例 1. 零件的断面形状不同，对它的大小感觉会产生视觉的误差。如方桌的脚，当圆形断面脚的直径与方形断面脚的边长相等时，往往方材感觉比较粗壮，易得到平实刚劲的视感效果；圆材感觉比较纤细，易得到挺秀圆润的美感效果。

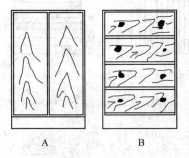

图 0-18　表面分割的视觉诱导

　　例 2. 柜类家具中采用不同的表面分割，同样表面尺寸的柜面能产生不同的视觉效果，如图 0-18 所示。A、B 两柜面尺寸相同，由于采用不同的表面分割，A 柜面显得更高，B 柜面显得更宽。在家具设计时，当柜面宽度受到室内空间限制而显得宽度尺寸偏小时，柜面的分割就可以采用屉面分割，以增大其宽度的视觉效果。

　　例 3. 组合柜体的包脚高度，由于受透视遮挡的透视变形影响，总显得脚部高度不足。设计时一方面可以适当增加脚部高度，另一方面可以通过线型附加来突出脚部位置，改变视觉效果。

　　以上所述为家具造型构图法则的基本原理，它们是创造家具形式美的一般规律，在进行家具造型设计时应辩证地加以应用，以便提供具有美感效果的家具产品。但我们知道，美来源于社会实践，人们在设计时有时会利用构图法则以外的内容，甚至采用违犯构图原则的构图方法，如许多后现代式的家具设计不受功能的约束，也不拘泥于传统的审美情趣，在造型方面表现出一种前所未有的变异、夸张与随心所欲，使产品富于个性与人情味，也能被人们所接受。这就说明在家具造型设计时，在掌握造型构图法则的基础上，借鉴一些新的艺术处理手法应用于设计也是必要的。

（8）重点与一般

在若干要素组成的整体中，如果每一要素在整体中所占的比重和所处的地位都相同，不分主次将会影响到整体的统一性。因此，木制品造型设计中，一般都应恰当地考虑到一些既有区别、又有联系的各个部分之间的重点与一般的关系，这样有主有从、重点突出、形象鲜明的家具才能体现出来。家具造型设计时，突出家具重点主要表现在功能、体量、视觉等方面。比如，以主要功能部件作为重点处理的椅子的靠背和坐面、桌面、柜面等，可以使这些部位形体突出，引人注目。重点处理是家具造型的重要构图法则之一，采用这种手段可以加强表现，突出中心，丰富变化。重点是对一般而言，没有一般，重点就无从突出，也就达不到对比的效果。

家具造型常以主要功能部件作为重点，如椅子的靠背以各种形状作重点处理，可使它形象鲜明，成为椅子的趣味中心，从而达到了突出重点的目的。

有时重点处理家具的视觉主要部位。例如，床头采用加大体量和雕刻装饰、软包装饰等方法给以突出形象的处理；方形的组合柜采用带弧形的玻璃门框和同形的门、屉面线脚装饰，达到了丰富视觉形象的效果。

有时还可以重点处理家具形体的关键部位，如桌子的脚架、柜子的帽头（顶）部位和脚架等，通过增加装饰成分和装饰比例的方式来突出表现。这种局部的强调和艺术处理要防止堆砌。生拉硬扯的效果，只会造成形体松散、杂乱无章，达不到美的效果。必须使整体形象和谐一致，决不能因追求局部效果而破坏整体统一。

（9）装饰与点缀

装饰就是对家具形体表面的美化。它在整个加工过程中所占的比例一般较小，而良好的装饰又能大大加强产品的美感。现代家具的生产已逐步走向板式、拆装、组合、多用的设计道路，它们普遍的特点就是外表造型简洁，因此，巧妙地加以装饰，能收到画龙点睛、事半功倍的效果，可以极大地丰富产品的花色品种。

家具装饰的形式和装饰的程度，应根据家具的风格和产品档次而定。对于现代家具而言，主要是通过色彩和肌理的组织对家具表面进行美化，达到装饰的目的。对于传统家具而言，主要是应用特种装饰工艺（如雕刻、镶嵌、镀金、烙花等），有节制地对家具的某些部位进行装饰，体现出某种装饰风格和艺术特色。目前，家具的装饰主要体现在线型、线脚、脚型、图案、五金件、涂饰及贴面等方面。

家具造型设计，除了运用上述形式美的法则以外，还要考虑家具与色彩、家具与环境等关系，以便使所设计的家具效果能尽量完美。

4）木制品设计的程序和方法

家具是人类维持正常生活、从事生产实践和开展社会活动必不可少的一类用具，它的产生和发展具有悠久的历史，但是在我国家具设计作为一门学问的历史还是很短的。家具生产是从手工业方式发展起来的，在过去，设计与生产往往交叉在一起，也没有形成一套完整的设计体系。到了工业化时代，大工业的生产方式，使得家具的生产制作不是少数几个人就可以完成，而是需经过多道工序甚至多种专业的配合，并以现代化生产流程的方式完成。从当今家具消费的发展趋势来看，家具的生产以小批量、多品种、多风格为主。因此，家具设计是建立在工业化生产方式的基础上，综合功能、材料、结构和造型等诸方面因素后，以图样（图纸）形式表示的设想和意图。

家具设计是科学技术与文化艺术相结合的一门交叉学科，它涉及面广，横跨理工、文史与艺术等诸多专业领域，极具综合性与创造性。家具设计师既要有一定的艺术修养与创作设计能力，又要有广泛的工程技术方面的知识与从事生产实践的能力。从事家具设计时，正确的思维方式、科学的程序和工作方法是非常重要的。下面介绍家具设计的一般程序与方法。

（1）设计准备

设计前需要做一些准备工作，主要内容是设计调查、资料整理与分析，然后进行市场预测与产品决策。

设计调查就是家具设计前要进行综合调查研究。第一，要对消费者的购买意向进行调查研究，了解消费者对产品的功能、造型、结构、色彩、装饰、包装运输以及对使用维护等方面的要求。第二，对产品的有关技术进行调查研究，主要调查有关产品的技术现状、产品种类情况，需要收集现有同类产品的图片、图纸和资料，产品制作的相关工艺技术、设备、工艺装备等方面的资料，国内外有关产品生产的材料与配件方面的文件资料，人体工程学的资料，有关产品的标准文献等。第三，对市场进行专题调查研究，主要从经济、文化等方面调查市场需求状况，就商品价格、流通、市场竞争与经营效果等方面着眼。

对调查资料要进行整理、分析与综合研究，以便于指导设计。做好调研资料的整理与分析工作，是设计顺利进行的坚实基础。

市场预测不能完全被动地接受市场的引导，因为隐性需求是市场中看不到的。对消费者来说，往往都存在着只能意会、难于言传的需求，这时，特别需要设计师从生活、生产方式以及社会的变革中预测和推断出潜在的社会需求，将此纳入新产品的开发之中。设计师同时必须清楚地认识到市场预测的复杂性和不可控性，任何对市场的预测都是带有一定风险的，因此，市场预测要尽量严谨。

在完成了设计调查、资料整理、分析以及市场预测工作的基础上，最后进行产品决策，即确定开发什么大类的产品，产品的档次、销售对象、市场方向等。至此，设计工作已经具备了从事初步设计的基础。

（2）初步设计

初步设计即在设计准备阶段的基础上，广泛地参考各种有关的参考资料，构思新产品，并分别用效果草图、结构草图、立体模型等形式，作出多种方案。然后集中设计师、工艺技术员、销售工程师等，对初步方案从功能、新材料及新工艺的应用、标准化程度、经济效益、竞争能力等方面进行综合评估，确定出最佳方案。

（3）模型制作

虽然初步设计的方案图已经将设计意图充分地表达出来了，但是透视效果图和三视图都是纸面上的图形，而且是以一定的视角绘制的，难免会存在不全面和假象，因此需要制作模型，辅助推敲整体效果，从而完成设计。模型制作一般使用简单的材料和加工手段，采用缩小的比例（1∶5或1∶10）。作为设计研究之用的模型，无需制作得过于精细，只要能反应出造型、结构就可以了。这种模型既可以作为设计师进一步推敲、改进设计之用，又可以用来征求别人对设计的意见。经过模型制作阶段，可以将设计中的不足加以改进，改进后的结果、方案再落到三视图上，这样设计方案就进一步完善了。根据需要还可以制作仿真模型，即不但按比例而且采用设计所指定的表面装饰材料进行装饰，在色彩和肌理上完全反映产品的装饰效果。模型比效果图更真实可信。因此可以从不同角度将模型拍成幻灯片，以供评估。

（4）施工设计

施工设计包括绘制各种有关施工图纸和编制各种技术性文件。用于指导生产的施工图纸类型，大致包括结构装配图、部件图、零件图、大样图、设计效果图、拆装示意图及裁板配料图等。有关施工的技术性文件，一般包括工艺卡片、检验卡片、全部零件与配件的清单、各种材料用料明细表、成本核算表、产品设计说明书、包装设计及零部件包装清单、产品装配说明书等。

（5）样品制作

为了进一步论证设计的可行性、科学性和适用性，避免大批量生产中的失误，常常先制作一件（套）样品。样品就是根据施工图加工出来的第一件产品。样品制作过程中设计师应自始至终参与和指导，对样品应严格按设计规定的材料和工艺进行制作，不能脱离实际生产的现状。样品制作有两种情况：一是根据施工图制作；二是在没有施工图的情况下，根据方案图进行加工，然后根据修改定型后的样品绘制施工图。样品完成后，应进一步从产品的功能、结构、材料、加工、装饰等方面对样品进行评估和小结。

（6）试产试销

样品制作、评估、修正工作完成后，即开始试产试销。这也是设计工作的延伸阶段，设计师可以不完全参与，但必须充分关注试产试销的形势。这一阶段的主要工作是小批量投入试产、进行各种广告宣传和积极收集销售、使用过程中的信息。对反馈的信息要进行综合分析研究，用于进一步改进设计，使产品更符合市场要求，从而提高效益。

2 木制品接合方式

木制品常用的接合方式有榫接合、胶接合、钉接合、木螺钉接合、连接件接合等。所选用的接合方式是否恰当，对木制品的外观质量、强度和加工过程都会有直接影响。

1）榫接合

榫接合是木制品的一种传统而古老的接合方式，它是由榫头嵌入榫眼或榫槽的一种接合形态。接合处通常要施胶，以增加接合强度。榫接合的各部分名称如图 0-19 所示。

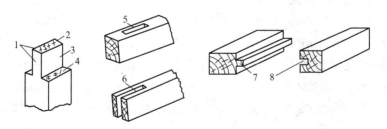

图 0-19　榫接合各部分名称

1. 榫头　2. 榫端　3. 榫颊　4. 榫肩　5. 榫眼　6. 榫沟　7. 榫簧　8. 榫槽

（1）榫接合的分类和应用

① 以榫头形状分：有直角榫、燕尾榫、圆榫、齿型榫和椭圆榫等，如图 0-20 所示。木制品框架接合一般采用直角榫；燕尾榫接合接触紧密，结构牢固，可防止榫头前后错动，因而常用于箱框、抽屉等处的接合，也较多用于仿古家具及较高档的传统家具；圆榫主要用于板式家具的接合和定位等；齿形

榫（指形榫）一般用于短料接长，目前广泛用于指接集成材的制造；椭圆榫是将矩形断面的榫头两侧加工成半圆形，榫头与方材本身之间的关系有直位、斜位、平面倾斜、立体倾斜等，可以一次加工成型，常用于椅框的接合等。

② 以榫头数目分：根据零件宽（厚）度决定在零件的一端开一个或多个榫头时，就有单榫、双榫和多榫之分，图 0-21 所示为直角榫的几种形式。燕尾榫、圆榫等都有单榫、双榫和多榫之分。榫头数目增加，就能增加胶层面积和制品的接合强度。一般框架的方材接合，如桌、椅框架及框式家具的木框接合等，多采用单榫和双榫；箱框、抽屉等板件间的接合则采用多榫。

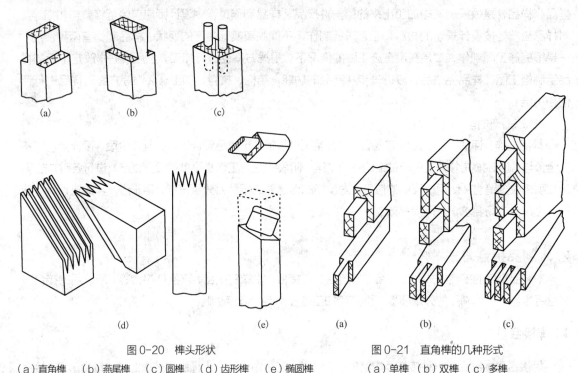

图 0-20　榫头形状
（a）直角榫　（b）燕尾榫　（c）圆榫　（d）齿形榫　（e）椭圆榫

图 0-21　直角榫的几种形式
（a）单榫　（b）双榫　（c）多榫

③ 以榫头与方材本身的关系分：有整体榫和插入榫。整体榫是直接在方材上加工榫头——榫头与方材是一个整体；而插入榫的榫头与方材不是同一块材料。直角榫、燕尾榫一般都是整体榫；圆榫、榫片等属于插入榫。图 0-22 所示为几种典型的插入榫接合。

插入榫与整体榫比较，可显著地节约木材和提高生产率。如使用插入圆榫，榫头可以集中在专门的机床上加工，省工省料；圆榫眼可采用多轴钻床，一次定位完成一个工件上的全部钻孔工作，既简化了工艺过程，也便于板式部件的安装、定位、拆装、包装和运输，同时为零、部件涂饰和机械化装配提供了条件。

④ 以榫头与榫眼（或榫沟）接合的情况分：有开口榫、闭口榫、半闭口榫，贯通榫与不贯通榫等。图 0-23 所示为一般榫接合的种类。实际使用时，上述几种榫接合是相互联系、可以灵活组合的，例如单榫可以是开口的贯通榫，也可以是半闭口的不贯通榫接合等。

由于榫接合的强度决定于胶接面积的大小，所以开口贯通直角榫的强度较大。但开口榫在装配过程中，当胶液尚未凝固时，零部件间常会发生扭动，使其难于保持正确的位置；而贯通榫因榫头端面暴露在外面，当含水率发生变化时，榫头会突出或凹陷于制品的表面，从而影响美观和装饰质量。为了保持装配位置的

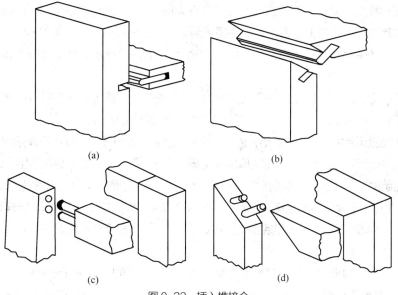

图 0-22　插入榫接合

（a）榫片直角接合　（b）榫片斜角接合　（c）圆榫直角接合　（d）圆榫斜角接合

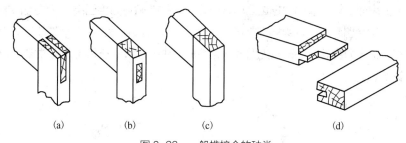

图 0-23　一般榫接合的种类

（a）开口贯通直角榫　（b）闭口贯通直角榫　（c）闭口不贯通直角榫　（d）半闭口直角榫

正确，又能增加一些胶接面积，可以采用半闭口榫接合，它具有开口榫及闭口榫两者的优点，一般应用于某些隐蔽处及制品内部框架的接合，如桌腿与桌面下的横向方材处的接合，榫头的侧面能够被桌面所掩盖；又如用在椅档与椅腿的接合处等。一般中、高级木制品的榫接合主要采用闭口、不贯通榫接合。

（2）榫接合的技术要求

榫接合有一定的间隙要求，它直接影响接合强度。由于目前尚无正式的局标或国标，所以在这里介绍一些经验数据供生产参考。

① 直角榫接合的技术要求：

榫头厚度：一般根据开榫方材的断面尺寸和接合的要求来定。单榫厚度约为方材厚度或宽度的 0.4～0.5 倍；当零件断面尺寸大于 40mm×40mm 时，应采用双榫，这样既可增加接合强度又可防止方材扭动，双榫总厚度也约为方材厚度或宽度的 0.4～0.5 倍。为便于榫头装入榫眼，常将榫头端部的两边或四边削成 30° 的斜棱。由于榫接合采用基孔制，即榫头与榫眼相配合时，是以榫眼形状和尺寸为基准的（因为榫眼是用标准规格尺寸的木凿或方孔钻头加工的），所以榫头的厚度根据上述要求设计以后，还要圆整为相应的木凿或标准钻头的规格尺寸。榫头厚度常用的有 6、8、9.5、12、13、15mm 等几种规格。

榫头宽度：榫头厚度、宽度与断面尺寸的关系如图 0-24 所示。用开口榫接合时，榫头宽度等于方材零件的宽度；用闭口榫接合时，榫头宽度要切去 10~15mm，如图 0-24（c）所示；用半闭口榫接合时，榫头宽度上半闭口部分应切去 15mm，半开口部分长度应大于 4mm，如图 0-24（d）所示。

榫头长度：根据接合形式而定。采用贯通榫时，榫头长度一般要略大于榫眼深度（约大 3~5mm），以便接合后刨平。不贯通榫头的长度应大于榫眼零件宽度或厚度的一半。

榫头与榫眼的配合关系：实践证明，榫头厚度应根据硬、软材质的不同小于榫眼宽 0.1~0.2mm，即间隙配合时，接合强度最大。如果榫头厚度大于榫眼宽度，配合时，胶液易被挤出，致使接合处缺胶而影响接合强度。榫头宽应大于榫眼长 0.5~1.0mm，一般硬材取 0.5mm，软材取 1.0mm，即过盈配合时，接合强度为最大。不贯通榫接合时，榫眼深度应大于榫头长 2~3mm，这样就不会因榫头端部加工不精确或木材膨胀而触及榫眼底部，以免榫肩与被接合方材间形成间隙而降低接合强度及影响制品外观质量。

② 圆榫接合的技术要求。圆榫按表面构造情况有许多种，典型常用的有四种，如图 0-25 所示。螺纹圆榫因表面有螺旋压缩纹，接合后圆榫与榫眼能紧密地嵌合，胶液能均匀地保持在圆榫表面上；当圆榫吸收胶液中的水分后，压纹即润胀，使榫接触的两表面能紧密接合且保持有较薄的胶层；当榫接合遭到破坏时，因其表面的螺旋纹须边拧边回转才能拔出，故抗破坏力相当高。网纹圆榫被破坏时，因其表面的网纹过密，常会引起整个网纹层被剥离。而直纹圆榫虽说强度并不低于螺纹状，但受力破坏时，一旦被拔动，整个抗拔力会急剧下降。光滑圆榫接合时，由于胶液易被挤出而形成缺胶现象，一般用于装配时作定位销等。

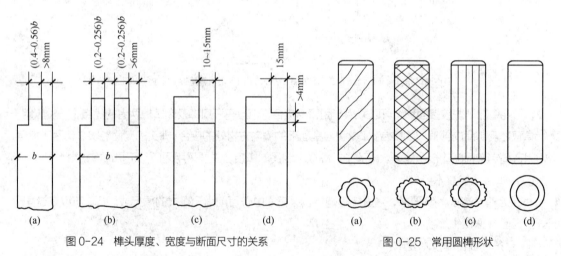

图 0-24　榫头厚度、宽度与断面尺寸的关系　　　　图 0-25　常用圆榫形状

（a）螺纹圆榫　（b）网纹圆榫　（c）直纹圆榫　（d）光滑圆榫

圆榫用材及含水率：圆榫用的材料应选密度大、纹理通直细密、无节无朽、无虫蛀等缺陷的木材，如柞木、水曲柳、青冈栎、色木等。

圆榫木材应进行干燥处理，其含水率应低于 7%，制成后需防潮，立即封装备用。

圆榫涂胶、加工及配合：圆榫接合时，可以一面涂胶也可以两面（榫头和榫眼）涂胶，其中两面涂胶的接合强度高。如果一面涂胶应涂在榫头上，使榫头充分润胀以提高接合力。表 1-1 所列为涂胶方法与接合强度的关系。常用胶黏剂为脲醛树脂胶和聚醋酸乙烯酯乳液胶。

表 0-1　圆榫接合时涂胶方法与胶着力

涂胶方法	胶着力（MPa）		
	最大	最小	平均
圆榫涂胶	10.51	8.13	9.29
榫眼涂胶	8.58	6.03	7.63
两面涂胶	10.10	8.98	9.54

圆榫配合时，被接合材料不同及形状不同的圆榫对配合公差的要求也不同，圆榫接合的公差要求应执行有关国家标准的规定。榫端与孔底间应保持 0.5～1.0mm 间隙。

2）钉接合

钉接合是一种使用操作简便的连接方式，可以用来连接非承重结构或受力不大的承重结构。各种类型的钉子都可作为简单的连接件使用，主要起定位和紧固作用，广泛用于木家具、房屋预制承载构件等。

在我国木制品生产中，由于现有一般品种的钉子接合时容易破坏木材纤维，强度较低，故多用于木制品内部接合或外观质量要求不高的地方，如抽屉滑道的固定或用于钉线脚、包线等处。钉接合通常与胶黏剂配合使用，有时只起辅助作用。而在国外一些工业较发达的国家非常重视钉接合，钉子种类多，功能齐全，为生产提供了便利条件。

钉子有竹、木、金属制三种。竹钉、木钉在我国传统手工生产中应用较多。现在多采用金属钉。

3）木螺钉接合

木螺钉也叫木螺丝，是金属制的带螺纹的简单连接件。常见木螺钉类型有：一字平（沉）头木螺钉，一字槽半圆头木螺钉，十字平（沉）头木螺钉，十字半圆头木螺钉，如图 0-26 所示。除此之外，还有半沉头木螺钉、平圆头木螺钉等。各种木螺钉的规格也很齐全。一字头型的适合于手工装配，十字槽型的适合于电动工具和机械装配。

图 0-26　常见木螺钉类型

由于木材本身特殊的纤维结构，用木螺钉接合时不能多次拆装，否则会破坏木材组织，影响制品的强度。木螺钉接合比较简单，常用于木家具中桌面板、椅座板、柜背板、抽屉滑道、脚架、塞角的固定，以及拉手、锁等配件的安装。此外，客车车厢和船舶内部装饰板的固定也常用木螺钉。木螺钉接合用于刨花板时，其接合强度随着刨花板密度的增大而提高，其板面的握螺钉力约为端面的 2 倍。为了提高端面的强度，可预先在刨花板上钻孔，孔中涂脲醛树脂胶，然后用螺钉接合，可提高其握钉力，或者再通过平面连接件加固。一般刨花板的握螺钉力不如木材，因此，刨花板用螺钉接合时，应尽量采用特殊的螺钉，如需经常拆装，最好用带螺纹的套筒，或采用其他辅助形式加固。

4）胶接合

胶接合是指单纯用胶黏剂把制品的零、部件接合起来，通过对零、部件的接合面涂胶、加压，待胶液固化后即可互相接合。生产中常见的短料接长、窄料拼宽，覆面板的胶合，缝纫机台板的制造等均采用胶接合。胶接合还应用于不适合采用其他接合方式的场合，如薄木或高压三聚氰胺装饰板等材料的贴面，乐器、铅笔、乒乓球拍、某些木制工艺品以及纺织机械的木配件等的胶合。实际生产中，胶接合也广泛作为其他接合方式的辅助接合，如钉接合、榫接合常需施胶加固。胶接合可以达到小材大用、劣材优用、节约木材的效果，还可以提高木制品的质量。

5）连接件接合

采用连接件接合时，要求其结构牢固可靠，拆装方便，成本低廉。用连接件接合可以做到部件化生产，这样有利于机械化、自动化生产，也便于包装、运输和贮存，可运到目的地后由厂家或用户自行组装。连接件的选型和安装，直接关系到制品结构的牢固度、配合的准确度以及外观质量。生产中，要正确选择连接件的类型，装配也要选适合的工具。

连接件的种类很多，常用的有偏心连接件、带膨胀销的偏心连接件、圆柱螺母连接件、直角式倒刺螺母连接件等四大类。

（1）偏心连接件

图 0-27 所示为偏心连接件，由偏心轮、连接（金属）螺杆、带倒刺的尼龙螺母、塑料盖四部分组成。安装时，先在一块板件上钻出小圆孔预埋带倒刺的尼龙螺母，如需增加强度，孔中可注适量胶液，然后将金属螺杆拧入螺母中；再将另一块与其相连接的板件钻出大圆孔装入偏心轮，两板件接合时，只需将金属螺杆套入偏心轮，旋转偏心轮上的槽口，使其与螺杆拉紧即行。偏心轮是这套连接件的主体，零（部）件的拆装主要依靠它来进行。为了美观，可在连接件锁紧之后，用塑料盖板将偏心轮表面遮住。

图 0-28 所示为另一种偏心连接件的接合。偏心连接件除广泛用于两块零、部件的垂直接合外，还可用于两块并列的板件间的连接，如图 0-28（b）所示。此外，只要将上述连接螺杆改用可以变换角度的连接螺杆，即可实现倾斜部件之间的拆装接合。

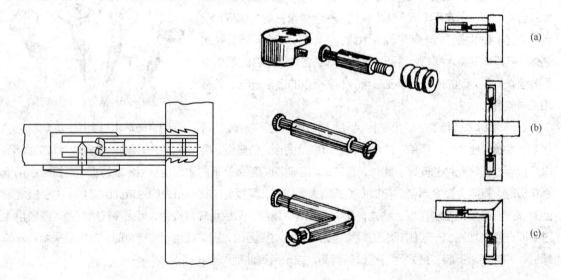

图 0-27　偏心连接件接合形式之一　　　　　图 0-28　偏心连接件接合形式之二

（2）带膨胀销的偏心连接件

图 0-29 所示接合时，先将旋转固定件装入尼龙套壳内，然后一起装入预先钻好孔的零部件中，再将尼龙倒刺件的一端插入与其相接合的另一板件的孔内，另一端装入套壳的孔中，最后转动旋转固定件，直到拧紧即已紧固。

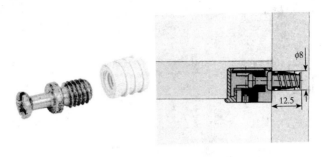

图 0-29　带膨胀销的偏心连接件

（3）空心螺柱连接件

此种连接件如图 0-30 所示，主要由螺柱、螺母组成，材料一般用金属。接合时，先将螺母装嵌在一部件孔中，螺栓穿过两部件中相对应的孔拧入螺母内。这种接合加工方便，接合牢固，成本较低，但螺栓头外露，影响美观。

（4）直角式倒刺螺母连接件

此种连接件如图 0-31 所示，由尼龙倒刺螺母、带倒刺的直角件和螺栓三部分组成。接合时，首先将倒刺螺母、直角件分别嵌装在两块板上，然后将螺栓通过直角件上的孔与倒刺螺母旋紧连接。这种连接件成本低，使用方便，结构牢固，可用于一切柜类板件间的接合。直角件及螺栓头隐藏于柜内，一般不影响使用与美观。直角式连接件种类很多，连接原理大同小异。

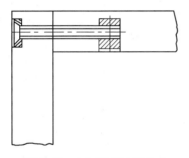

图 0-30　空心螺柱连接件接合

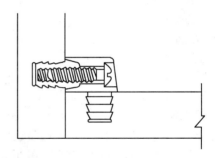

图 0-31　直角式连接件接合

项目 1
木制品设计

 任务 1　实木门的设计

 学习目标

1. 知识目标

（1）掌握各种榫接合的专业名称；

（2）了解榫接合的类型、应用；

（3）掌握榫接合技术要求；

（4）掌握榫接合三视图的表达；

（5）了解实木门的类型及特点；

（6）掌握实木门的设计原则和步骤；

（7）掌握实木门的基本接合方式。

2. 能力目标

（1）能根据要求进行实木门的造型及功能尺寸设计；

（2）能根据功能要求进行实木门的典型结构设计；

（3）掌握实木门的设计程序及设计要点；

（4）能绘制实木门的结构装配图及零部件图；

（5）能编制实木门的相关工艺文件。

3. 素质目标

（1）具备团队合作协作能力；

（2）具备获取信息、解决问题的策略等方法能力；

（3）具备自学、自我约束能力和敬业精神。

工作任务
----

1. 任务介绍

选择某室内空间，为其设计一扇实木门，根据居室特点及实木门的使用要求，对其功能尺寸、造型和结构进行设计，并绘制相应的结构图纸。

2．任务分析

了解该室内空间的功能、特点、风格等，根据室内空间的特点进行实木门的设计。设计时，首先为实木门选择合适的实木材料；其次，依据空间特点确定实木门的尺寸，设计其风格、样式、结构；最后，绘制结构装配图和零部件图，编制相应的工艺文件。

3．任务要求

（1）该任务采用现场教学，以组为单位进行，禁止个人单独行动；

（2）各小组成员积极参与，加强合作，按时完成任务；

（3）要求每一组在任务完成后提交实木门的结构装配图、零部件图、材料单。

4．材料及工具

绘图纸、直尺、铅笔、橡皮等。

知识准备

---

1 框架部件结构

框架是家具的基本结构之一，它主要用于制造传统框式家具。最简单的框架是纵横各两根方材用榫接合而成。不同用途的框式部件，其框架结构不同，有的框内带有若干横档或竖档，横竖档的布置也根据结构要求排列不同。框架制成之后，有的在中间装板材（木材或人造板），有的在中间镶玻璃。一般框架及镶板结构如图1-1所示。

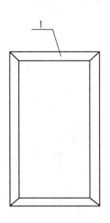 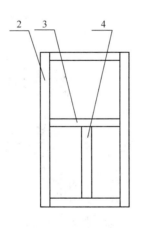 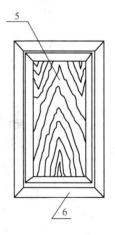

图1-1　框架及镶板结构

1. 上帽头　2. 立梃　3. 横档　4. 竖档　5. 装板　6. 下帽头

1）框架角部接合

（1）直角接合

如图1-2所示，（a）为对角接合（半搭接榫接合）及分解图（每种接合都有分解图，后同），制作简单，一般需钉、销或螺钉加固；（b）为开口贯通单榫，常加销钉作为附加紧固，一般用于门扇、窗扇的角接合以及覆面板内部框架的角接合等；（c）为开口不贯通榫，适用于上面有板块（面板等）覆盖的框

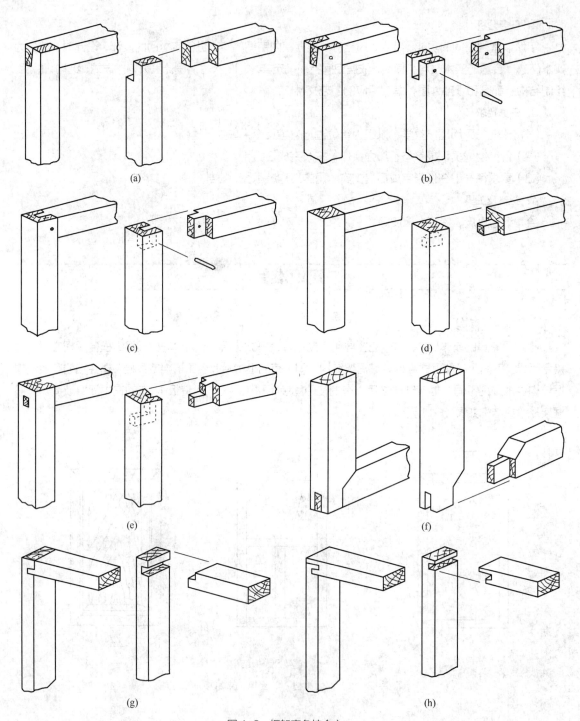

图 1-2　框架直角接合之一

架接合；（d）为闭口不贯通榫，应用于旁板、柜门的立挺与帽头的接合，椅后腿与帽头的接合等；（e）为半闭口贯通榫；（f）为带割肩（截肩）的贯通榫，一般用于木框镶板结构的角接合处；（g）为对开腰榫角接合；（h）为三开腰榫角接合。

如图 1-3 所示，（a）为开口不贯通双榫，可防止零件扭动，一般用于有面板等覆盖的框架接

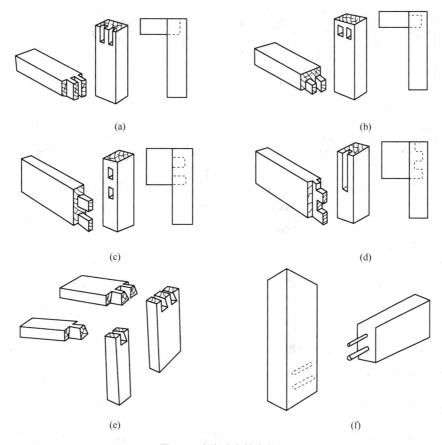

(a)　　　　　　　　　　　　　　(b)

(c)　　　　　　　　　　　　　　(d)

(e)　　　　　　　　　　　　　　(f)

图 1-3　框架直角接合之二

合处；（b）为闭口不贯通双榫，可防止零件扭动；（c）、（d）分别为纵向闭口双榫和纵向半闭口双榫，一般用于视线不及或有覆盖的框架接合处，如大衣柜中门框的角接合及桌腿与望板等接合处；（e）为单、双燕尾榫，比平榫接合牢固，榫头不易滑动，一般用于长沙发脚架等接合处；（f）为插入圆榫接合。

框架角部接合中直角接合的形式很多，上述只是一般方法。

（2）斜角接合

框架除直角接合外，还可采用斜角接合。用直角接合时，两根方材中有一根方材的端面或者两根方材的部分端面会露在外表。端面不易加工光滑，会影响表面装饰质量，而且接合部位的周边木材纹理既有横向又有纵向，在装配后露在外面的端头易吸潮，日久而出现凹凸不平。为了避免直角接合的缺点，可将相接合的纵横两根方材的端部榫肩切成 45° 的斜面，或单肩切成 45° 的斜面后再进行接合。斜角接合与直角接合相比，强度较小，加工复杂些，它一般用于绘图板、镜框及柜门上。斜角接合的种类也很多，图 1-4 所示为一般接合方法，其中（a）为双肩斜角暗榫（单榫），一般用于木框两侧面都需涂饰的地方，如镜框、沙发扶手、床屏的角接合等；（b）为双肩斜角暗榫（交叉双榫和多榫），适用于断面较大的框架接合；（c）为双肩斜角明榫（单榫），常用于将要镶边的桌面板的框架接合等；（d）、（e）分别为双肩斜角插入暗榫和明榫，适合用于断面小的斜角接合，插入板条可用胶合板或其他材料；（f）为双肩斜角插入圆榫，适用于各种斜角接合，要求钻孔准确；（g）为双肩斜角贯通榫（交叉多榫），适

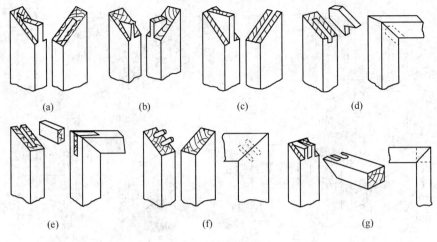

图 1-4　框架斜角接合

用于断面较大的斜角接合，如平板结构的床屏木框及仿古茶几木框的角接合等。

2）框架中部接合

框架中部接合是指框架内横挡和竖挡之间的接合，以及它们分别与主框方材的接合，接合方式十分繁多。各种常见结构形式如图 1-5 所示。

3）木框嵌板结构

框架嵌板结构是一种传统结构，是框架式木制品的典型结构。这种结构一般是在框架内装入各种板材（一般为木板材）做成嵌板结构，如图 1-6 所示。嵌板的装配形式分为裁口法和槽榫法两种。图中（a）、（b）、（c）是典型的裁口法，在木框上开出铲口，然后用螺钉或圆钉固定嵌板，或者加型面木条（线条）使嵌板固定于木框上，这种结构装配简单，容易更换嵌板；（g）、（h）、（i）是普通的槽榫法，都是在木框上开出槽沟，然后放入嵌板，其中（i）的木框方材断面铣成了型面，而（g）、（h）的木框方材断面是方形的，这三种结构在更换嵌板时都须先将木框拆散。（f）也是在木框上开出槽沟，然后镶入板材，但（f）比（d）、（e）好，因为当嵌板因含水率变化发生收缩时，（d）及（e）中嵌板与木框的接合处会形成缝隙，而（f）中的嵌板能将前面缝隙挡住。

当框架采用槽榫法接合时，对框架的槽沟要求是：当含水率变化时，要能满足嵌板（主要是横纹方向——即宽方向上）自由收缩和膨胀。一般来说，对于多数木材，假设生产时其含水率为 10%，嵌板宽度小于 600mm，门梃槽约有 5mm 余量就足以适应最坏情况下的嵌板的膨胀，如图 1-7 所示。

采用框架嵌板结构时，沟槽不能开到框架的榫头上去，以免影响接合强度。

2　实木门的设计要求

1）实木门的概念及类型

（1）实木门的定义

实木门取原木为主材做门芯，经过烘干处理，然后再经过下料、抛光、开榫、打眼等工序加工而成。实

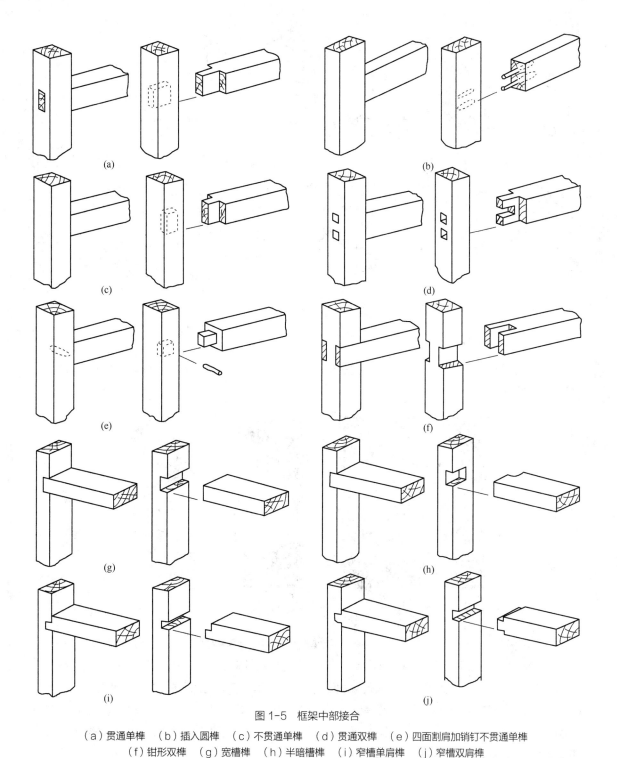

图 1-5　框架中部接合

（a）贯通单榫　（b）插入圆榫　（c）不贯通单榫　（d）贯通双榫　（e）四面割肩加销钉不贯通单榫
（f）钳形双榫　（g）宽槽榫　（h）半暗槽榫　（i）窄槽单肩榫　（j）窄槽双肩榫

木门所取的原木树材品种大多较名贵，如胡桃木、柚木等。经实木加工后的成品木门具有不变形、耐腐蚀、隔热保温、无裂纹等特点，此外实木具有声学性能和调温调湿的性能，吸声性好，从而有很好的隔音作用。用实木加工制作的装饰门，有全木、半玻、全玻三种款式，从木材加工工艺上看有指接木与原木两种，指接木是原木经锯切、指接后的木材，性能比原木要稳定得多，能切实保证门不变形。实木门给人以稳重、高雅的感觉。

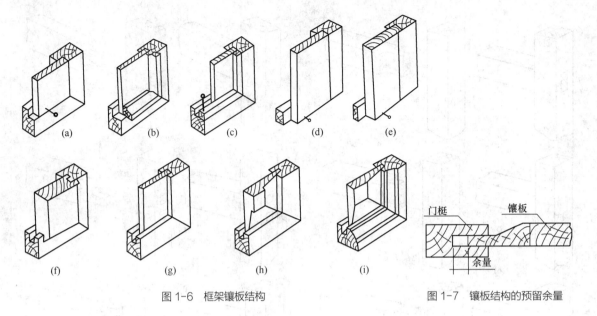

图 1-6　框架镶板结构

图 1-7　镶板结构的预留余量

（2）实木门的种类及特点

实木门是指外在材质和内在材质完全统一的木门，泛指所有具有此特点的各种类型的木门，包括实木制作的半截玻璃门和玻璃门等（图 1-8）。

图 1-8　常见实木门的类型

原木实木，材料是取自森林的天然原木，制作成产品后只有一种木头，不贴木皮，不贴木板。

原木实木门所采用的原木材料：沙比利、红橡、花梨木、樱桃木、胡桃木、黑胡桃、柚木等。

实木复合，门芯材料为杉木或者其他杂木压密度板，再贴木皮。此种实木门以实木做框，两面用装饰面板粘合，门扇内部填充保温、阻燃等材料，经加工制成。这种门没有半玻和全玻款式，但可设置小块玻璃。实芯装饰门的面板造型款式丰富，保温、隔音效果同实木门基本相同，但价格比实木门要便宜，并且具有防火阻燃的功能，使用中给人的感觉也很稳重。

夹板门装饰：以实木做框，两面用装饰面板粘压在框上，经加工制成。这种门的质量轻、价格低，但装饰效果很好，面板一般都是由国外进口的，使用起来给人以简捷、轻巧的感觉，家庭装修中采用此种产品较多。

2）实木门在设计过程中需考虑的因素

（1）在设计木门时应该首先考虑其环保性能

随着绿色环保性建材产品的日益走俏和人们消费理念的变化，门的环保性能越来越受到人们的关注。为了保证木门的环保性能，设计主要需从两方面考虑。

一方面是选择绿色环保无污染的原辅材料。人造板和胶黏剂，选择由权威机构认定的环境标志产品，并且人造板和木材的含水率要与当地平衡含水率相适宜，不宜选用含水率较高的原辅材料，因为其他条件相同时，材料的含水率越高，甲醛等有害物质的释放速度越快。

另一方面是选择合适的加工工艺。比如热压时，选择适宜的涂胶量、适宜的温度、压力和加压时间；封边尽量严密，把产品中的有害物质的释放量在一定条件下降至最低限度。作为木门生产企业，应持续提高产品的环保控制，大幅度降低木门产品的甲醛释放量，减少对室内居住环境的污染程度，这不仅是企业实力的表现，也是企业社会责任的必然要求。

（2）考虑如何设计使门更加实用

门的使用功能是门的最实际、最根本的问题。通常所说的使用功能包括门的开启性能、门的保温性能、门的隔音性能、门的防火性能、门的防盗性能、外门的风压变形性能、外门的空气渗透性能和雨水渗漏性能、门的整体强度。

设计时，应针对木门的不同使用场所和使用部位，确定木门的使用功能，然后在设计过程中体现这些功能。为此通常在选材和工艺两方面加以考虑。

在选材上，通常选用自身破坏强度较高的原材料，选择自身结构较为疏松、保温、隔音效果较好的原材料，选择不易燃或经过阻燃处理过的原材料等。

从工艺上，要考虑便于实现以上功能的节点。如在门框与门扇、门扇与门扇的接合处加密封条，门框与门扇、门扇与门扇的接合处保证适宜的缝隙，和采用其他适宜的结构等。

（3）考虑门的装饰效果

在设计中，首先要选择门的造型，或欧式雕花、或和式组合、或古韵犹存、或简洁明快。其次，选择适宜的门扇、门框外部用料，天然高贵的黑胡桃木、沙比利、樱桃木、水曲柳、柚木、橡木等，使木门在绿色、环保、档次、效果上比其他材质的门类更胜一筹。然后选择与门的品质相配的五金。

选择不同的门扇厚度，可体现或深厚凝重或轻松明快的感觉，从而使木门不再是仅仅替人们遮风挡雨、划分空间的一个功能性设施，更是传统文化与现代科技相结合的产物。

不同的油漆种类和色泽，如清油、混油，亮光、哑光，全哑、半哑、七分哑等，也能彰显出不同的风格。

（4）考虑经济性能

在进行产品设计时，不仅要针对不同的目标客户群满足顾客的个性化需求，同时也要考虑到产品的经济性，使产品达到最高的性价比。

（5）选择适宜的加工工艺

在选择产品的加工工艺时，不仅要考虑工艺的可操作性，而且要体现产品的质量。这种质量不仅包括起点高的质量标准、严谨的工艺流程、精雕细刻的生产加工、完美无缺的过程体验，还包括及时完善的售后服务体系和售前技术支持。

（6）便于运输和安装

木门的运输和安装过程，占据了这种产品相当大的一块成本，因此，在设计的过程中应尽量考虑具有互换性的、可以散件化提供的产品。

综合上述，要形成一件好产品，关键在于设计。产品的设计要综合考虑满足人体工程学、材料的选择上环保无污染、富有美学特征、有良好的经济性能、选择合适的加工工艺、安装使用便捷高效、能回收利用等。

3）实木门的测量注意事项

测量门的尺寸，简称量门，指的是量门洞尺寸。由于目前建筑方在室内门洞施工方面仍没有国家标准可执行，因此大部分室内门都仍属定做行列，设计时要先测量门洞尺寸。

（1）量门需注意事项

量门对象：主要量门洞的高度、宽度和厚度。

量门时间：是在业主与装修施工方确定门洞已无任何改动后进行，最好是在墙体未刮腻子之前，如已刮腻子，则需标明已含腻子的门洞厚度尺寸。

量门要特别注意的事项：

如当时门洞下方未安门槛石，测量时要确认是否安门槛石或全部铺地板。如铺门槛石则要确定门槛石的厚度，如全铺木地板则需确定木地板的类型（特指实木地板和仿实木地板、强化地板）和厚度，以便在做门时排除尺寸，以免做出来的门安不上。

如果要扩门洞，会导致砖体露出来，这样量出来的门洞尺寸偏差非常大，这时量门需要提醒业主注意，最好让装修工人把露出来的砖体部分刮灰抹平再复量，才能最大程度地保证门洞尺寸的准确。

（2）门洞类型

标准型：特指门洞左右上方三边均有墙垛体，这种情况在套装门安装时便不需要另起墙垛。

单边丁字墙：特指门洞一侧有墙垛体，一侧无墙垛为平墙，这种门洞在安装时需另起墙垛或用木条木板来做一个假墙垛，如果有剩余的砖，用砖起墙垛是最好的，这样刮好腻子后也可以有效地避免以后墙体与假垛之间有裂缝的问题。

双边无墙垛：常见于过道门洞，这种门洞在门洞两侧都要另起墙垛。

以上介绍的均是带双面线条的门洞尺寸的丈量事项，另有一种门则为"7"字线条门，即站在门外或内部看到的门线条为数字"7"字或反"7"字形。这种门多见于因门洞本身就过窄，如再另起墙垛就不太现实的情况，如需做"7"字线条，在量门的时候一定要征求好业主的意见。

4）常规民用木门墙洞尺寸与门扇的计算方法

（1）单开门

门扇宽＝墙洞口的净宽尺寸－两边的施工缝25mm－两边门框底板厚60mm－门与门框之间缝口5mm（说明：共减90mm）

门扇高＝墙洞口的净尺寸－上头施工缝10mm－上头门框底板厚30mm－门与门框上缝口10mm（说明：共减50mm）

（2）推拉门

门扇宽＝墙洞口的净宽尺寸－两边的施工缝共25mm－两边门框底板厚60mm

门扇宽＝（门框内净空宽度＋两扇门重叠宽度－两边防碰胶粒厚2mm）/2

门框内净宽度＝两扇门扇宽度之和－重叠部分宽度＋防碰胶粒厚2mm

门扇高＝墙洞口净高尺寸－上头施工缝10mm－上头门框底板厚30mm－吊滑槽高度55mm－门

扇下头与地板缝口 5mm（说明：共减 100mm）

（3）折叠门

门扇宽＝{墙洞口的净宽尺寸－两边的施工缝共 25mm－两边门框底板厚 60mm－四扇折叠门 5 条缝共 14mm（六扇门 7 条缝 18mm）}×六扇数量

门扇高＝墙洞口净高尺寸－上头施工缝 10mm－上头门框底板厚 30mm－吊滑槽高度 55mm－门扇下头与地板缝口 5mm（说明:共减 95mm）

（4）双开门

门扇宽＝墙洞净宽尺寸－两边施工缝共 25mm－两边门框底板厚 60mm－两扇门 3 条缝宽 8mm

门扇高＝墙洞净高尺寸－上头施工缝 10mm－上头门框底板厚 30mm－门与门框下下缝口 10mm（说明：共减 50mm）

（5）子母门

计算方法同双开门，门扇宽按 3（子）：7（母）比例分配。

（注：以上所提到的墙洞口净尺寸是指扣除所铺地板厚度尺寸。）

任务实施

（1）制定工作计划：各小组对室内空间特点、实木门的使用要求进行分析、讨论，制定相应的计划。

（2）实木门的设计：通过对室内空间特点的分析，按要求测量门洞尺寸、设计实木门的功能尺寸、造型、结构，绘制结构图纸，编制相应的工艺文件。

（3）图形绘制：完成实木门的结构装配图和零部件图的绘制。

（4）工艺文件编制：能根据结构装配图及零部件图完成零部件明细表、五金配件明细表；填写项目齐全、准确，数字填写规范、书写工整。

设计要求：

- 分析空间特点、风格及业主要求，按测量要求测量门洞尺寸，进而确定门的尺寸；
- 设计要符合人体工程学及使用功能要求；
- 符合造型美学要求；
- 符合木制品生产工艺性、标准化要求；
- 准确设计结构装配图，并能拆出零部件加工图；
- 考虑储存、包装与运输便捷性。

绘图要求：

- 制图规范，包括尺寸标注、图线及比例选择；
- 各种图样绘制合理、表达准确；
- 能清晰表达木门样式和结构。

■ **成果展示**

各小组选一名成员进行设计作品展示汇报，注意从木门的设计理念、设计构思、设计原则、方法等方面进行陈述，其中配合作品展示及作品分析。其他小组针对该设计作品提出意见和建议。教师参与讨论，提出修改意见。

■ **总结评价**

采用多元评价体系，即教师评价学生，学生自我评价和相互评价。实训考核充分发挥学生自我评价和相互评价的作用，让学生在评价过程中实现自主学习。根据实木门的设计要求和学生设计的图纸的准确性、规范性进行考核评分，考核标准见表 1-1。

表 1-1　实木门设计考核标准

能力构成	考核内容	评分标准	分值
专业能力 （70分）	功能尺寸设计	符合人体工程学、符合门的特点和尺寸要求（5）；符合使用功能要求（5）	10
	造型设计	符合实木门的特点（3）；符合客户对实木门的设计要求（4）；符合木制品造型设计原则和造型美学要求（8）	15
	结构设计及拆图	满足力学强度要求（5）；符合家具生产工艺性、标准化（5）；储存、包装与运输便捷性（5）；准确设计结构装配图并能拆出零部件加工图（10）	25
	工艺文件编制	能根据结构装配图及零部件图完成零部件明细表、五金配件明细表（3）；填写项目齐全、准确，数字填写规范、书写工整（2）	5
	绘图设计应用技能	制图规范，包括尺寸标注和图线及比例选择（5）；各种图样的绘制合理、表达准确，能清晰表达实木门结构（10）	15
方法能力 （20分）	资料收集整理能力	能够查阅各种学习资源（2）；资料齐全（3）；并进行整理、归纳、提炼（3）	3
	设计方法能力	能够按项目要求合理利用设计方法解决问题（4）；设计成果有创新（4）	5
	项目计划与执行能力	制定合理的工作计划（4）；能按计划完成工作任务（4）	8
	设计评价能力	能够公正、公平、客观进行评价	4
社会能力 （10分）	团队合作能力	学习工作态度积极、能够与成员良好合作	3
	沟通协调能力	协调能力强，沟通顺畅	3
	语言表达与答辩能力	语言表述吐字清楚、层次清晰、讲述完整、有吸引力	2
	责任心与职业道德	有较强的责任心和职业道德及社会责任感	2
合　　计			100

■ 拓展提高

了解不同类型实木门的特点和设计要求。

■ 巩固训练

根据某木门企业实木门订单要求，完成木门的功能、造型、结构设计。

任务 2　实木椅的设计

学习目标

1. 知识目标

（1）了解椅子设计的力学要求；

（2）掌握支撑类家具的功能尺寸；

（3）掌握三方交汇立体节点结构不同接合方式；

（4）掌握框架结构特点；

（5）掌握椅面的安装结构。

2. 能力目标

（1）能根据力学要求分析椅子受力结构；

（2）能根据椅腿的断面尺寸合理选择三方交汇结构；

（3）能根据框架结构分析出椅子的结构；

（4）能设计绘制出结构装配图、零部件图及编制材料单。

3. 素质目标

（1）具备团队合作协作能力；

（2）具备获取信息、解决问题的策略等方法能力；

（3）具备自学、自我约束能力和敬业精神。

工作任务

1. 任务介绍

为某客户设计一款实木椅，根据客户要求、实木椅的使用要求和特点，对其功能尺寸、造型和结构进行设计，并绘制相应的结构图纸。

2. 任务分析

了解客户的特点和使用要求，以此为依据进行实木椅的设计。设计时，首先要考虑的是满足人体最基本的坐的功能要求，依据人体工程学与椅子的关系特点确定实木椅的功能尺寸；其次根据其功能特点设计实木椅的样式、结构；最后绘制结构装配图和零部件图，编制相应的工艺文件。

3. 任务要求

（1）该任务采用现场教学，以组为单位进行，禁止个人单独行动；

（2）各小组成员积极参与，加强合作，按时完成任务；

（3）要求每一组在任务完成后提交实木椅的结构装配图、零部件图、材料单。

4. 材料及工具

绘图纸、直尺、铅笔、橡皮等。

知识准备

1 实木椅的类型

实木椅以传统实木制作，有橡胶木、橡木、鸡翅木等，不乏像红木这样的高档木材，而且现代的实木椅子不但设计了不同造型曲线，还搭配了玉石或者贝壳等元素来增加观赏性。而实木椅是目前市面上见得最多的椅子，其造型多变，也是中国家庭用得最多的椅子。按功能，实木椅可分为扶手椅、靠背椅、折叠椅、躺椅、多功能椅等。

扶手椅　指的是有靠背又带两侧扶手的，其式样和装饰有简单的也有复杂的，常和茶几、餐桌配合成套。

靠背椅　凡椅子没有扶手的都称靠背椅。靠背椅由于搭脑与靠背的变化，常常又有许多式样，也有不同的名称。市面上的餐桌往往会搭配靠背椅。

折叠椅　指轻便、可叠放的座椅，既方便搬动，又节省空间。最初用于军事用途，现常用于各类培训机构、学校、公共场所、医院、餐厅、酒店、公司、家庭等场所。

躺椅　为清代出现的具有新样式与功能用途的家具之一。中国封建社会末期工艺与技艺不断提高，人们对生活质量越来越重视，生活用品分类越来越细，家具也相应生产出一些像躺椅这样的新品种。躺椅还有许多别称，"睡前椅""暖椅""逍遥椅""春椅"等都是对某个式样的躺椅的不同称谓。现代的躺椅所用的材料可以是红木、竹、藤、铝合金等。

多功能按摩椅　是一种采用微电脑控制具有较全面保健功能的躺椅，它具有集滚压、敲打、柔捏于一体的综合按摩功能，能消除人们工作的疲劳。它采用与人体背部曲线相吻合的运动轨迹，且具有腿部振动或滚压按摩功能，可选择多种不同按摩方式及按摩部位，以达到理想的按摩效果。

2　椅类家具功能设计

1）人体工程学与椅类家具设计

坐椅的基本功能参数包括：坐高、坐深、坐宽、坐面曲度、坐面倾斜度、椅背长度、靠背倾斜度、扶手高度等。

坐高　指坐面与地面之间的垂直距离。椅子的坐面常向后微微倾斜或呈凹形的曲面，通常以坐前高作为椅子的坐高。

坐高的决定与人体小腿的高度有密切的联系。如果椅面过低，则体压分布就过于集中，人体形成屈曲状态，也增大了背部肌肉负荷；如果椅面过高，两足不能自然落地，时间一长，血液循环不畅，肌腱就会麻木肿胀。因此，坐面过高或过低都会导致不正确的坐姿，使人体腰部产生疲劳感。

根据人体工程学的基本原理，适宜的坐高应小于坐者小腿腘窝高至地面的垂直距离，即采用小腿腘窝高度加上 25~35mm 的鞋跟高，再减去 10~20mm 的活动余量，以保证小腿活动自由。通常工作用椅的坐高应设计得较高，休闲用椅的坐高宜低些（宜低 50mm 左右）。

坐深　坐深是指坐面的前沿至后沿的距离，它对人体的舒适感影响也很大。通常坐深小于坐姿时大腿的水平长度，使坐面的前沿离开小腿有一定的距离（可取 60mm 左右），以保证小腿有一定的活动余地。如果坐面过深，则小腿内侧受到压迫，同时腰部的支撑点悬空，靠背失去作用。

坐宽　指椅子坐面的宽度。坐面前沿称坐前宽，后沿称坐后宽。坐面的宽度应当能容纳人体臀部的全部，并且有一定的宽裕，使人能随时调整其坐姿。

椅子类型不同，其坐宽尺寸有差异。对于扶手椅而言，以扶手内宽作为坐宽尺寸，按人体平均肩宽尺寸加上适当的活动余量，一般不小于 460mm。

坐面曲度　人体就坐时，坐面曲度直接影响体压的分布，会使人产生舒适或不舒适等不同感受。根据人体工程学的研究和提示，坐面以呈微曲的面为宜，如弯曲过大，反而使人坐感不舒适。坐面的材料以半软半硬为好，这样既有利于肌肉的松弛也便于坐姿的调整。

坐斜角与背斜角　椅子的坐面应有一定的后倾角度（坐面与水平面之间的夹角 α），靠背表面也应适当后倾（椅背与水平面之间的夹角 β），α 和 β 这两个角互为关联，同时也取决于椅子的使用功能。对于工作用椅，坐面只需微微向后倾斜（约 $3°\sim5°$）。当人体处于工作状态时，若坐面后倾角过大，人体背部也相应向后倾斜，势必产生人体重心随背部的后倾而向后移动，这样，人们为了提高工作效率，自然会力图保持重心向前的姿势，致使肌肉与韧带呈现紧张状态，容易造成腰、腹、腿的疲劳和酸痛。

对于休息用椅，坐面向后倾斜一定的角度，可以促使身体稍向后倾，将体重移至背的下半部分与大腿部分，从而将身体全部托住，免得身体向前沿滑动，致使背的下半部失去稳定和支持，造成背部肌肉紧张，产生疲劳。

椅靠背长度 椅靠背的作用是使躯干得到充分的支持，使背部肌肉放松，消除背部的疲劳，同时也便于上肢活动。通常靠背应略向后倾斜，使人体腰椎获得舒适的支撑面。在靠背与坐面接触的基部最好有一段空隙，以使人体坐下时，臀肌不致于受到挤压。

靠背高度（背长）一般应在肩胛骨下沿为宜（相当于第 9 条胸椎）；对于专供操作的工作椅，靠背高度应低于腰椎骨上沿，支撑点位于上腰凹部第二条腰椎处为合适，便于腰关节自由转动和上肢前后左右活动；对于专用于休息的椅子，如躺椅等，靠背应加高至颈部或头部。也就是说，根据不同的功能要求，靠背高度应从腰椎、胸椎、颈椎三个支撑点中选择支撑点中心高度并进行组合设计，其中以腰椎的支撑点最为关键，因为人体采取正坐姿态时，上半身的重量主要靠腰部来支撑。

扶手 休闲椅和部分工作椅常设置扶手，其目的是减轻两臂和背部的疲劳。扶手的高度应与人体坐骨结节点至自然垂下的肘部下端的垂直距离相近，过高过低都容易使肘部产生疲劳。一般扶手的前端应比后端稍高，前端还应比后端之间的间隙稍宽。

2）椅类家具功能尺寸设计

（1）国家标准（GB/T 3326～3328—1997）推荐的家具主要尺寸

① 扶手椅尺寸：见图 2-1 及表 2-1 所示。

② 靠背椅尺寸：见图 2-2 及表 2-2 所示。

表 2-1 扶手椅尺寸 mm

坐高 H_1	扶手内宽 B_2	坐深 T_1	扶手高 H_2	背长 L_2	尺寸级差 ΔS	背斜角 β	坐斜角 α
400～440	≥460	400～440	220～250	≥275	10	95°～100°	1°～4°

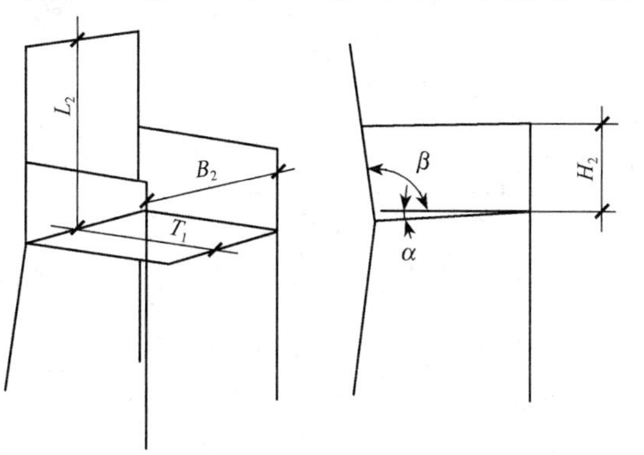

图 2-1 扶手椅尺寸示意图

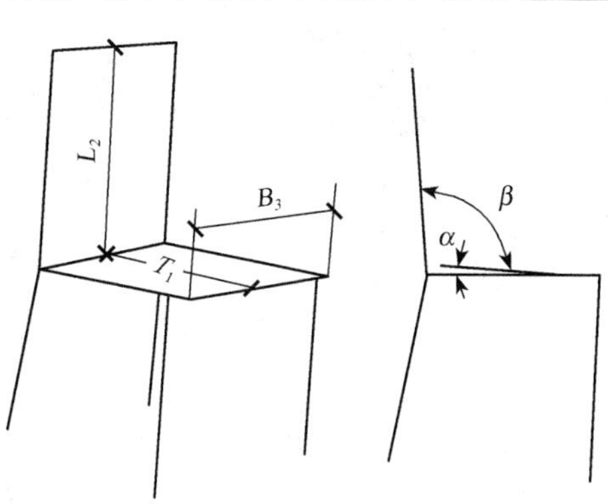

图 2-2 靠背椅尺寸示意图

表2-2　靠背椅尺寸　mm

坐高 H_1	坐前宽 B_3	坐深 T_1	背长 L_2	尺寸级差 ΔS	背斜角 β	坐斜角 α
400～440	≥380	340～420	≥275	10	95°～100°	1°～4°

③ 折椅尺寸：见图2-3及表2-3所示。

④ 长方凳、方凳及圆凳尺寸：分别见表2-4、表2-5所示。

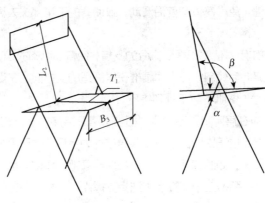

图2-3　折椅尺寸示意图

表2-3　折椅尺寸　mm

坐高 H_1	坐前宽 B_3	坐深 T_1	背长 L_2	尺寸级差 ΔS	背斜角 β	坐斜角 α
400～440	340～400	340～400	≥275	10	100°～110°	3°～5°

表2-4　长方凳尺寸　mm

坐高 H_1	凳面宽 B_1	凳面深 T_1	尺寸级差 ΔS
400～440	≥320	≥240	10

表2-5　方凳及圆凳尺寸　mm

坐高 H_1	边长（或直径）B_1（或 D_1）	尺寸级差 ΔS
400～440	≥260	10

（2）办公、休闲两类椅子常用参考尺寸

① 普通办公靠背和扶手椅：其常用尺寸见表2-6、表2-7所示。

表2-6　靠背办公椅常用尺寸　mm

参数名称	男子	女子	参数名称	男子	女子
坐高	410～430	390～410	靠背高度	410～420	390～400
坐深	400～420	380～400	靠背宽度	400～420	400～420
坐前宽	400～420	400～420	靠背倾斜度	98°～102°	98°～102°
坐后宽	300～400	380～400			

表 2-7　扶手办公椅常用尺寸　　　　　　　　　　　　　　mm

参数名称	男子	女子	参数名称	男子	女子
坐高	410~430	390~410	靠背高度	410~420	390~400
坐深	400~420	380~400	靠背宽度	440~460	440~460
坐位前宽	440~460	440~460	靠背倾斜度	98°~104°	98°~104°
坐位后宽	420~440	420~440			

② 休闲用椅：这里介绍轻便型和标准型两种。所谓轻便型，指结构简单，体量较小；而标准型则相对体量较大，较为厚重，具有支撑颈部和头部功能。表 2-8、表 2-9 所示即为上述两种休闲椅常用尺寸。表 2-10 为扶手的适用尺寸。

表 2-8　轻便型休闲椅常用尺寸　　　　　　　　　　　　　　mm

参数名称	男子	女子	参数名称	男子	女子
坐高	360~380	360~380	靠背高度	460~480	450~470
坐宽	450~470	450~470	坐面倾斜度	7°~6°	7°~6°
坐深	430~450	420~440	靠背与坐面倾斜度	106°~112°	106°~112°

表 2-9　标准型休闲椅常用尺寸　　　　　　　　　　　　　　mm

参数名称	男子	女子	参数名称	男子	女子
坐高	340~360	320~340	靠背高度	480~500	470~490
坐宽	450~500	450~500	坐面倾斜度	—	—
坐深	450~500	440~480	靠背与坐面倾斜度	112°~120°	112°~120°

表 2-10　扶手的适用尺寸　　　　　　　　　　　　　　mm

参数名称	工作椅	休闲椅	参数名称	工作椅	休闲椅
扶手前高	距坐面 250~280	260~290	扶手的长度	最小限度 300~320	400
扶手后高	距坐面 220~250	230~260	扶手的宽度	60~80	60~100
靠背的角度	102°	350°	扶手的间距	440~460	460~500

3 实木椅类家具典型结构

椅子一般由框架和人体的接触面两部分构成。框架是椅子的基本骨架，形状有方形、梯形、圆形、马蹄形等。完整的木框架由椅腿、望板、撑档、椅座、靠背、扶手等部位连接而成。人体接触面主要指靠背和椅座。靠背分为编织靠背、软垫靠背和木质靠背等；椅座分为木制、编织、绷布和软垫四种类型。

实木椅结构设计时，要着重考虑以下问题：①强度、刚度、稳定性等力学性能；②加工工艺性能；③结构标准化；④储存、包装与运输性；⑤装配的简洁与可靠性。

1）非拆装结构椅子典型结构

（1）椅子的框架零件间采用直角榫接合

如图2-4所示，为了增强椅子的强度，在坐面板下方框架的四个角部用三角（塞角）做了补强措施。图2-5所示为常用的椅子框架补强方法。图2-5（a）是用木螺钉将三角形木块与两望板连接，增强了望板与椅腿的连接强度；图2-5（b）是在（a）的基础上增加了三角形木块与椅腿的连接；图2-5（c）是用金属件代替了三角形木块。

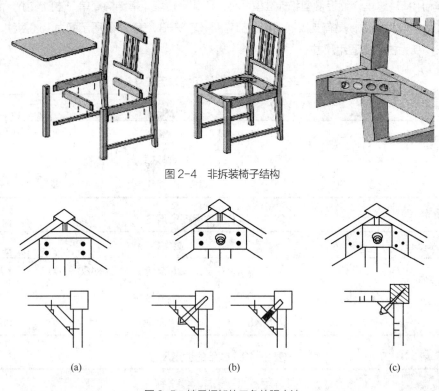

图2-4　非拆装椅子结构

图2-5　椅子框架的三角补强方法

（2）椅面的固定

表面特点：椅面高度显露在视平线下，故要求其板面要平整、美观，在与支架连接时所有榫头、圆钉或者木螺钉不能显露于外表。

材料：支撑负荷大，且装饰性强，用实木拼板。

接合方式：坐面固定在框架上，如图2-6所示。常见坐面板用木螺钉与椅子的前后、左右望板连接，如图2-7所示。

2）拆装结构椅子典型结构

椅子采用拆装、待装或自装配结构，应遵循包装体积小、装配简洁、繁则集合、力学考量、成本节约等基本原则。包装体积小是相对的，如果将椅子拆分到每个零件，包装体积可能达到了最小化，但违背了其他几个原则，所以，进行椅子结构拆分分析时，应综合考虑各个方面的因素，

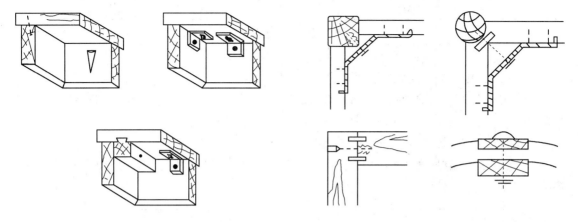

图 2-6　桌椅面的接合方法　　　　　　　　图 2-7　拆装结构的望板与腿的接合方法

扬长避短，力求综合效果最优化。装配简洁是指装配简单、方便，能实现快速安装，甚至连非专业人士也能安装。繁则集合是将零件多、结构复杂部分集合成一个部件，该部件内零件间采用固定式（非拆装）接合。力学考量是指考虑椅子的力学性能，一般非拆装式接合较拆装式接合容易获取相对高的力学性能。常用的椅子拆分方法有左右拆分法、前后拆分法、上下拆分法。前后拆分法适用于靠背部分零件多、结构复杂的椅子；上下拆分法适用于脚架部件或底座部件、坐面连靠背的部件整体度较高，难于拆分的椅子；左右拆分法适用于上述两种情况以外，特别是对强度要求高的椅子。

（1）左右拆分法

椅子可分解成以下几个部件或零件：由椅子前后腿、侧望板和拉挡组成的 h 型部件，靠背部件、坐面、前望板、后望板。h 型部件和靠背部件中零件间采用榫接合，h 型部件与靠背部件、前后望板间采用拆装式连接，接合点用圆榫定位，通过螺杆与预埋螺母完成紧固连接；坐面用木螺钉连接到前后望板上。如图 2-8 所示。

（2）前后拆分法

椅子可分解成以下几个部件或零件：由后腿、靠背、后望板组成的靠背零件，由前腿和前望板组成的门字形部件，坐面、左右望板、左右拉挡。靠背部件和门字部件中零件间采用椭圆形榫接合，两部件与左右望板、左右拉挡多采用拆装式接合，接合点用圆榫定位，通过螺杆与圆柱螺母完成紧固连接；坐面采用木螺钉连接到前后望板上。如图 2-9 所示。

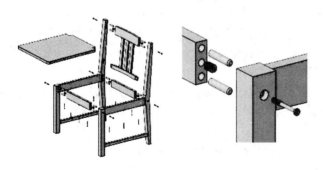

图 2-8　拆装式椅子结构（左右拆分）

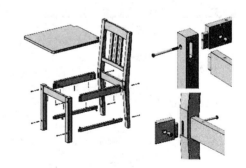

图 2-9　拆装式椅子结构（前后拆分）

任务实施

（1）制定工作计划：各小组对实木椅的特点和使用要求进行分析、讨论，制定相应的计划。

（2）实木椅的设计：通过对实木椅的特点和使用要求的分析，确定其功能尺寸、造型，并进行结构设计。

（3）图形绘制：完成实木椅的结构装配图和零部件图的绘制。

（4）工艺文件编制：能根据结构装配图及零部件图完成零部件明细表、五金配件明细表；填写项目齐全、准确，数字填写规范、书写工整。

设计要求：

- 符合人体工程学、符合使用功能要求；
- 符合美学设计要求；
- 满足力学强度要求；
- 满足榫接合结构设计要求；
- 符合家具生产要求；
- 准确设计结构装配图并能拆出零部件加工图。

绘图要求：

- 制图规范，包括尺寸标注和图线及比例选择；
- 各种图样的绘制合理、表达准确；
- 能清晰表达实木椅结构。

■ 成果展示

各小组选一名成员进行设计作品展示汇报，注意从实木椅的设计理念、设计构思、设计原则、方法等方面进行陈述，其中配合作品展示及作品分析。其他小组针对该设计作品提出意见和建议。教师参与讨论，提出修改意见。

■ 总结评价

采用多元评价体系，即教师评价学生，学生自我评价和相互评价。实训考核充分发挥学生自我评价和相互评价的作用，让学生在评价过程中实现自主学习。主要根据实木椅的设计要求和学生设计的图纸的准确性、规范性进行考核评分，考核标准见表2-11。

表2-11 实木椅设计考核标准（满分100分）

能力构成	考核内容	评分标准	分值
专业能力（70分）	功能尺寸设计	符合人体工程学、符合人体结构尺寸（5）；符合使用功能要求（5）	10
	造型设计	符合实木椅的特点（3）；符合客户对实木椅的设计要求（4）；符合木制品造型设计原则和造型美学要求（8）	15
	结构设计及拆图	满足力学强度要求（5）；符合家具生产工艺性、标准化（5）；储存、包装与运输便捷性（5）；准确设计结构装配图并能拆出零部件加工图（10）	25
	工艺文件编制	能根据结构装配图及零部件图完成零部件明细表、五金配件明细表（3）；填写项目齐全、准确，数字填写规范、书写工整（2）	5
	绘图设计应用技能	制图规范，包括尺寸标注和图线及比例选择（5）；各种图样的绘制合理、表达准确，能清晰表达实木椅结构（10）	15

能力构成	考核内容	评分标准	分值
方法能力 （20分）	资料收集整理能力	能够查阅各种学习资源（2）；资料齐全（3）；能进行整理、归纳、提炼（3）	3
	设计方法能力	能够按项目要求合理利用设计方法解决问题（4）；设计成果有创新（4）	5
	项目计划与执行能力	制定合理的工作计划（4）；能按计划完成工作任务（4）	8
	设计评价能力	能够公正、公平、客观进行评价	4
社会能力 （10分）	团队合作能力	学习、工作态度积极，能够与成员良好合作	3
	沟通协调能力	协调能力强，沟通顺畅	3
	语言表达与答辩能力	语言表述吐字清楚、层次清晰、讲述完整、有吸引力	2
	责任心与职业道德	有较强的责任心和职业道德及社会责任感	2
合　计			100

■ 拓展提高

了解可拆装实木椅的特点和设计要求。

■ 巩固训练

根据某实木家具企业实木椅订单要求，完成实木椅的功能、造型、结构设计。

任务 3　实木桌的设计

学习目标

1. 知识目标

（1）了解桌类家具的基本类型；

（2）掌握桌类家具的功能尺寸；

（3）掌握实木桌类家具的结构类型。

2. 能力目标

（1）能根据实木桌的特点，进行实木桌的造型及功能尺寸设计；

（2）能够根据家具接合方式，分析实木桌各部位的接合结构；

（3）能根据要求进行实木桌的典型结构设计；

（4）能用图纸表达实木桌的结构。

3. 素质目标

（1）具备团队合作协作能力；

（2）具备获取信息、解决问题的策略等方法能力。

（3）具备自学、自我约束能力和敬业精神。

工作任务

1. 任务介绍

为某客户设计一款实木桌，根据客户要求、实木桌的使用要求和特点，对其功能尺寸、造型和结构进行设计，并绘制相应的结构图纸。

2. 任务分析

了解客户的特点和使用要求，以此为依据进行实木桌的设计。设计时，首先要考虑的是满足人体对其使用的功能要求，依据人体工程学与桌子的关系特点，确定实木桌的功能尺寸；其次，根据其功能特点设计实木桌的样式、结构；最后绘制结构装配图和零部件图，编制相应的工艺文件。

3. 任务要求

（1）该任务采用现场教学，以组为单位进行，禁止个人单独行动；

（2）各小组成员积极参与，加强合作，按时完成任务；

（3）要求每一组在任务完成后提交实木桌的结构装配图、零部件图、材料单。

4. 材料及工具

绘图纸、直尺、铅笔、橡皮等。

知识准备

1 桌类家具的类型

桌台类家具品种较多，如餐桌、写字桌、绘图桌、炕桌、茶几、梳妆桌，还有讲台、陈列台、柜台等。桌台类家具是人们工作、生活所需要的辅助性家具。

机台类主要用作安装电脑、终端机、打字机、传真机、复印机等办公设备的台架、搁板和台座。

办公桌（书桌）主要有大班台、一般人员的写字台。按使用要求可分为单体式、曲尺式、组合式，多为单体式。曲尺式一般在主办公桌上边加上一个矮柜或台面，呈"L"形，现代办公家具中应用很多。组合式利用多种不同形状的桌面构件组装成台面的办公桌，桌面之间可以45°、60°、90°连接。

会议桌分为单件面板式和组合式。单件面板式用于小型会议和谈判用桌；组合式用于大型会议，一般由单件桌拼组而成，将中间的台面与两桌面对接，中间放上花盘搁架，或突出放花几。会议桌造型简洁，台面边部一般较厚，以便与大尺度台面相均衡，台面下可设一层搁板，以便放置随身携带小件物品。

餐桌能容纳的人数根据每个人的进餐布置区的大小来确定。计算时，按座椅之间的中心距610mm计算容纳人数，而不是根据人的宽度来计算。一般餐桌可采用较高的高度，西餐桌的高度宜低些。

1）人体工程学与桌类家具设计

（1）桌面高度

桌高是桌子设计中最重要的参数。研究表明：过高的桌子容易造成脊椎侧弯、视力下降、颈椎肥大等病症，从而引起肌肉疲劳、紧张，影响人体健康和工作效率；过低的桌面会使人脊椎弯曲扩大，易使人驼背，背肌容易疲劳，同时腹部受压，妨碍呼吸运动与血液循环，因此也会影响视力和健康。

专家研究认为：舒适的桌面高应与椅坐高保持一定的尺度配合关系。设计桌高的合理方法是先给出

椅坐高，然后加上桌面与椅面的高差尺寸即可确定桌高，其计算公式为

$$桌高＝坐高＋桌椅高差（约 1/3 坐高）$$

桌椅高差也是一个重要的尺寸参数，它应使坐者长期保持正确的坐姿，即躯体正直，前倾角不大于 30°，肩部放松，肘弯近 90°，且能保持 30～40cm 的视距。合理的高差应等于 1/3 坐高（即人体坐姿时椅面至头顶的高度）。国家标准 GB/T 3326—1997 规定桌面与椅凳坐面高差（$H-H_1$）为 250～320mm；桌面高（H）为 680～760mm，其尺寸级差（ΔS）为 10mm。这是我们设计的依据。

设计站立用工作台高度，如讲台、营业台等，要根据人站立时自然屈臂的肘高来确定，按人体的平均身高，工作台高以 910～970mm 为宜，如考虑着力工作需要，台面高可以降低 20～50mm。

（2）桌面宽度和深度

桌面的宽度和深度是根据人体坐姿时手臂的活动范围、桌面的使用性质以及桌面上放置物品的类型和方式来确定的。

对于餐桌、会议桌，应以人体占用桌边沿的宽度为依据来进行设计。面对面坐的桌子、多人平行使用的桌子，在考虑相邻两人平行动作幅度的同时，还要考虑人们面对面对话时的卫生要求等，因此应加宽加深桌面。比如 8 人对坐的桌面尺寸可选择为：宽度 3000mm、深度 750～900mm。多人用桌的具体参考尺寸见表 3-1。

表 3-1　多人用桌常用平面尺寸mm

编号	宽度 B	深度 D	附加尺寸
1	780～850		
2		600～850	
3	1150～1300	750～900	
4	1700～2000	750～900	
5	3000	750～900	
6	700～800	750～900	$B_0=720$
7		550	

课桌、阅览桌、制图桌等桌类，桌面可设计成一定的倾斜度。当坡度为 15° 左右时，人阅览时的视线与倾斜的桌面接近 90°，文字在视网膜上的清晰度高，因此能使人获取舒适的视域，这样既便于书写，又能使人体保持正确的坐姿，减少了弯腰与低头的动作，从而减轻了腰背部的肌肉紧张和酸痛现象。

（3）桌下空间尺寸

桌下空间就是容膝空间，它的净空宽度应能满足双腿放置与活动要求，它的净空高度应高于双腿交叉时的膝高，并使膝部有一定的活动余地。这里既要限制桌面的高度，又要保证有充分的容膝空间，那么膝盖以上至桌面板以下这部分空间尺寸就是有限的，其间抽屉的高度必须根据这个有限的范围来确定，不能根据抽屉的功能要求来设计。所以中间的抽屉普遍较薄，有的甚至取消这个抽屉，以保证抽屉底面与坐面之间的垂直距离不小于 160mm。

站立用工作台的下部空间，不需要设置腿部活动的空隙，一般设计成柜体，用于收藏物品。但底部为适应人体紧靠工作台做着力动作的需要，应设计置足的空间，一般它的高度为 80mm，深度在 50～100mm 之间为宜。

（4）桌面的颜色

鲜艳的颜色容易使人视觉产生疲劳，因此，一般桌面颜色不宜太鲜艳，也就是色彩不宜太饱和。总之，桌面应该有不刺激视觉的色、形、光等，以达到使用方便和舒适的要求。

2 桌类家具功能尺寸设计

国家标准 GB/T 3326—1997 推荐的桌台类家具主要尺寸如下：

① 双柜桌的尺寸：见图 3-1 及表 3-2 所示。

② 单柜桌的尺寸：见图 3-2 及表 3-3 所示。

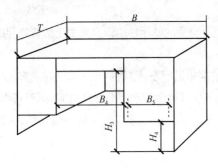
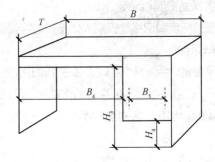

图 3-1　双柜桌尺寸示意图 　　　　　　　　　图 3-2　单柜桌尺寸示意图

表 3-2　双柜桌尺寸 mm

桌面宽 B	桌面深 T	宽度级差 ΔB	深度级差 ΔT	中间净空高 H_3	柜脚净空高 H_4	中间净空宽 B_4	侧柜抽屉内宽 B_5
1200～2400	600～1200	100	50	≥580	≥100	≥520	≥230

表 3-3　单柜桌尺寸 mm

桌面宽 B	桌面深 T	宽度级差 ΔB	深度级差 ΔT	中间净空高 H_3	柜脚净空高 H_4	中间净空宽 B_4	侧柜抽屉内宽 B_5
900～1500	500～750	100	50	≥580	≥100	≥520	≥230

③ 单层桌的尺寸：见图 3-3 及表 3-4 所示。

④ 梳妆桌的尺寸：见图 3-4 及表 3-5 所示。

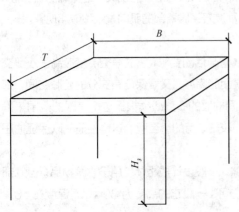
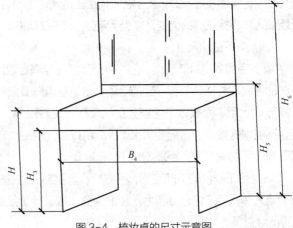

图 3-3　单层桌尺寸示意图 　　　　　　　　　图 3-4　梳妆桌的尺寸示意图

表 3-4　单层桌尺寸　　　　　　　　　　　　　　　　mm

桌面宽 B	桌面深 T	宽度级差 ΔB	深度级差 ΔT	中间净空高 H_3
900～1200	450～600	100	50	≥580

表 3-5　梳妆桌尺寸　　　　　　　　　　　　　　　　mm

桌面高 H	中间净空高 H_3	中间净空宽 B_4	镜子上沿离地面高 H_6	镜子下沿离地面高 H_5
≤740	≥580	≥500	≥1600	≤1000

⑤ 长方形餐桌的尺寸：见图 3-5 及表 3-6 所示。

⑥ 方桌、圆桌的尺寸：这里的方桌、圆桌指餐桌，其尺寸见图 3-6 及表 3-7 所示。

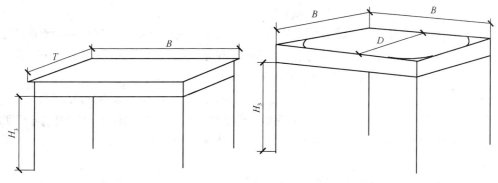

图 3-5　长方形餐桌尺寸示意图　　　　　图 3-6　方桌、圆桌尺寸示意图

表 3-6　长方形餐桌尺寸　　　　　　　　　　　　　　mm

餐桌面宽 B	餐桌面深 T	宽度级差 ΔB	深度级差 ΔT	中间净空高 H_3
900～1800	450～1200	50	50	≥580

表 3-7　方桌、圆桌尺寸　　　　　　　　　　　　　　mm

桌面宽 B（或直径 D）	中间净空高 H_3
600、700、750、850、900、1000、1200、1350、1500、1800	≥580

注：其中方桌边长≤1000mm。

3 实木桌类家具典型结构

实木桌类家具进行结构设计时，也应与实木椅子相同来考虑相关问题。桌子由桌面板和桌框架两部分组成，桌框架由腿与望板组成。

1）非拆装结构桌子典型结构

桌面板用木螺钉固定到望板上，腿与望板间采用直角榫接合，榫头在长度方向上相互交差，提高接合强度，如图 3-7 所示。另外，有时腿与望板间采用椭圆榫接合，接合部位用三角块补强，如图 3-8 所示。

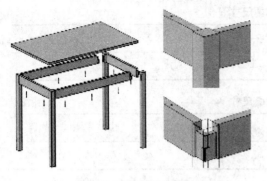

图 3-7　非拆装式桌结构一

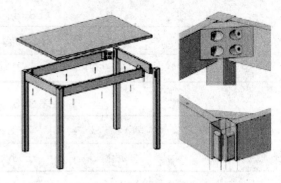

图 3-8　非拆装式桌结构二

2）拆装结构桌子典型结构

拆装结构的桌子可以拆分为以下几个部件或零件：桌面板、由腿与望板组成的门字型部件、两望板零件。门字型部件中的腿与望板间采用榫接合，两望板零件与门字型部件间采用圆榫定位螺钉紧固的可拆装接合，桌面板用木螺钉固定到望板上。如图 3-9 所示。

拆装结构的桌子可以拆分为以下几个部件或零件：由桌面板、望板与三角块组成的组合部件、四条相同的腿。组合部件中，望板与三角块间、桌面板与望板间用木螺钉连接；腿通过两个螺钉和预埋螺母连接到组合部件的三角块上，实现了桌子的可拆装结构。如图 3-10 所示。

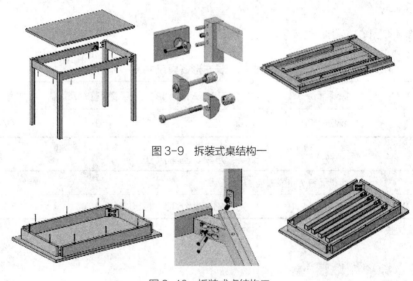

图 3-9　拆装式桌结构一

图 3-10　拆装式桌结构二

任务实施

（1）制定工作计划：各小组对实木桌的特点和使用要求进行分析、讨论，制定相应的计划。

（2）实木桌的设计：通过对实木桌的特点和使用要求的分析，确定其功能尺寸、造型，并进行结构设计。

（3）图形绘制：完成实木桌的结构装配图和零部件图的绘制。

（4）工艺文件编制：能根据结构装配图及零部件图完成零部件明细表、五金配件明细表；填写项目齐全、准确，数字填写规范、书写工整。

设计要求：	绘图要求：
• 符合人体工程学、符合使用功能要求； • 符合美学设计要求； • 满足力学强度要求； • 满足榫接合结构设计要求； • 符合家具生产工艺性、标准化； • 准确设计结构装配图并能拆出零部件加工图； • 储存、包装与运输便捷性。	• 制图规范，包括尺寸标注、图线及比例选择； • 各种图样的绘制合理、表达准确； • 能清晰表达实木桌结构。

■ 成果展示

各小组选一名成员进行设计作品展示汇报，注意从实木桌的设计理念、设计构思、设计原则、方法等方面进行陈述，其中配合作品展示及作品分析。其他小组针对该设计作品提出意见和建议。教师参与讨论，提出修改意见。

■ 总结评价

采用多元评价体系，即教师评价学生，学生自我评价和相互评价。实训考核充分发挥学生自我评价和相互评价的作用，让学生在评价过程中实现自主学习。主要根据实木桌的设计要求和学生设计的图纸的准确性、规范性进行考核评分，考核标准见表3-8。

表3-8　实木桌设计考核标准（满分100分）

能力构成	考核内容	评分标准	分值
专业能力 （70分）	功能尺寸设计	符合人体工程学、符合人体结构尺寸（5）；符合使用功能要求（5）	10
	造型设计	符合实木桌的特点（3）；符合客户对实木桌的设计要求（4）；符合木制品造型设计原则和造型美学要求（8）	15
	结构设计及拆图	满足力学强度要求及家具生产工艺性、标准化（5）；符合榫接合结构的设计要求（5）；储存、包装与运输便捷性（5）；准确设计结构装配图并能拆出零部件加工图（10）	25
	工艺文件编制	能根据结构装配图及零部件图完成零部件明细表、五金配件明细表（3）；填写项目齐全、准确，数字填写规范、书写工整（2）	5
	绘图设计应用技能	制图规范，包括尺寸标注和图线及比例选择（5）；各种图样的绘制合理、表达准确，能清晰表达实木门结构（10）	15
方法能力 （20分）	资料收集整理能力	能够查阅各种学习资源（2）；资料齐全（3）；能进行整理、归纳、提炼（3）	3
	设计方法能力	能够按项目要求合理利用设计方法解决问题（4）；设计成果有创新（4）	5
	项目计划与执行能力	制定合理的工作计划（4）；能按计划完成工作任务（4）	8
	设计评价能力	能够公正、公平、客观进行评价	4
社会能力 （10分）	团队合作能力	学习工作态度积极、能够与成员良好合作	3
	沟通协调能力	协调能力强，沟通顺畅	3
	语言表达与答辩能力	语言表述吐字清楚、层次清晰、讲述完整、有吸引力	2
	责任心与职业道德	有较强的责任心和职业道德及社会责任感	2
合　计			100

了解其他实木家具的特点和设计要求。

■ 巩固训练

根据某实木家具企业实木桌订单要求，完成木桌的功能、造型、结构设计。

任务4　板式柜类家具设计

 ## 学习目标

1. 知识目标

（1）了解贮藏类家具的设计要求；

（2）掌握铰链的类型及安装定位技术要求；

（3）掌握旁板系统孔和结构孔的 32mm 设计规则；

（4）掌握各种衣柜内功能件的作用和安装尺寸。

2. 能力目标

（1）能结合国家相关标准及人体工程学合理设计衣柜的内部空间；

（2）合理选用衣柜的五金功能配件；

（3）能应用 32mm 系统设计零部件加工图纸及工艺文件；

（4）能根据各种衣柜内功能件尺寸，合理设计安装结构。

3. 素质目标

（1）具备团队合作协作能力；

（2）具备获取信息、解决问题的策略等方法能力；

（3）具备自学、自我约束能力和敬业精神。

工作任务

---

1. 任务介绍

为某客户设计一款板式衣柜，根据客户要求、衣柜的使用要求和特点，对其功能尺寸、造型和结构进行设计，并绘制相应的结构图纸，编制工艺文件。

2. 任务分析

了解客户的特点和使用要求，以此为依据进行板式衣柜的设计。板式衣柜是典型的板式家具之一，设计时，首先要考虑的是满足人最基本的使用要求，其使用功能包含挂放衣物、叠放衣物和储存物品，以此来设计板式衣柜的功能尺寸；其次，根据其功能特点及 32mm 设计原则考虑衣柜的样式、结构；最后，绘制结构装配图和零部件图，编制相应的工艺文件。

3. 任务要求

（1）该任务采用现场教学，以组为单位进行，禁止个人单独行动；

（2）各小组成员积极参与，加强合作，按时完成任务；

（3）要求每一组在任务完成后提交板式衣柜的结构装配图、零部件图、材料单。

4．材料及工具

绘图纸、直尺、铅笔、橡皮等。

知识准备

---

1 柜类家具的类型

柜类家具主要指柜、架两类品种，包括衣柜、床头柜、书柜、餐柜、音响柜、陈列柜、组合柜、货柜、工具柜、衣帽架、书架、博古架等。它的基本功能是贮存物品。

柜类家具的设计要求是能很好地存放物品（衣物、书籍、资料、食品、器具等），满足各种物品的存放条件及存放方式，存放数量充分，存取方便，容易清洁整理，占据室内空间小，同时柜体尺寸应与室内空间协调，以给人良好的视觉印象。

2 柜类家具功能尺寸设计

1）人体工程学与柜类家具设计

柜类家具的尺寸设计，是以所存放的物品为基础。第一步要了解和掌握各类物品的规格尺寸。人类的用品极其丰富，如衣物鞋帽、书报期刊等大宗物品。第二步要合理确定物品的存放方式。如对于衣柜，首先应确定衣服是折叠平放还是用衣架悬挂；又如对书刊文献，特别是线装书，要考虑是平放还是竖放；对于一些特殊物品（比如药品），要考虑特殊的存放方式。第三步是根据物品的形状、尺寸、存放方式、存放条件和使用要求等因素确定柜体内部尺寸。为了方便存取摆放美观，在物品原型尺寸的基础上要留尺寸余量。柜类家具是以内部贮存空间作为功能尺寸。最后一步是综合多方面因素由里向外推算设计产品的外型尺寸。

（1）柜体高度

指柜体外形总高。一是考虑物品的有关因素，二是根据人体工程学的原理考虑人体操作活动的可及范围来设计。一般控制最高层在两手方便到达的高度和两眼合理的视线范围之内。对于不同类型的柜子，高度也不同。如墙壁柜，通常与室内净高一致并固定于墙面上；对于不固定的柜类产品，一般常用高度尺寸，高柜（大衣柜等）为1850mm左右（如带顶柜可加高至2400mm左右），小柜（小衣柜等）在1200~1300mm之间，矮柜在400~900mm之间（深度≤500mm）。另外，移门、拉手、抽屉等零部件的高度也要与人体尺度一致。

从人体存取物品方便的要求出发，可将柜体的高度分为三个区域：按我国习惯，650mm以下的部分为第一区域，一般适宜存放较重的不常用的物品；收藏形式常用开门、移门。650~1850mm为第二区域，这是存取物品时两手臂方便到达的高度，也是两眼最好的视域范围，因此日常生活用品和当季衣物适宜存放在这一区域；在此区域采用各种收藏形式均适宜，如开门、移门、抽屉，中下部可设向下的翻门。1850mm以上为第三区域，这个区域为超高空间，使用不方便，视线也不理想，但能扩大存放空间，一般可存放较轻的过季性物品；收藏形式可采用开门、移门及向上的翻门，不宜设抽屉。

（2）柜体宽度和深度

两者都是指柜体的外形尺寸，是以存放物品的种类、大小、数量和布置方式为基础来设计的。确定柜体宽度时，对于荷重较大的物品柜，如书柜等，还需根据搁板的载荷能力来控制其宽度。柜体的深度主要根据搁板的深度而定，而搁板的深度又是按存放物品的规格形式来确定的，因此，柜体深度等于搁板的深度加上门及背板厚度、加上门板与搁板之间的间隙，再加上附加深度（如果柜门反面要挂放物品如伞、镜框、领带等，还需适当附加深度）。一般柜体深度不超过 600mm，否则存取物品不方便，柜内光线也差。

设计柜体的高度、宽度和深度尺寸时，除考虑上述因素外，还需考虑柜体体量的视觉效果、柜体与室内空间的比例、人造板材的合理使用和标准化等问题。

（3）搁板的高度

该值主要根据物品的规格、人体在存取采用某种姿态时手可能达到的高低位置来确定。图 4-1 所示为人体不同姿态时，手能适应的搁板高度范围。

（4）脚高

柜类家具的亮脚产品底部离地面净高不小于 100mm，围板式底脚（包脚）产品的柜体底面离地面高不小于 50mm。

2）柜类家具功能尺寸设计

① 衣柜的柜内空间尺寸：见图 4-2 及表 4-1 所示。

② 床头柜的主要尺寸：见图 4-3 及表 4-2 所示。

③ 书柜、文件柜的主要尺寸：见图 4-4 及表 4-3 所示。

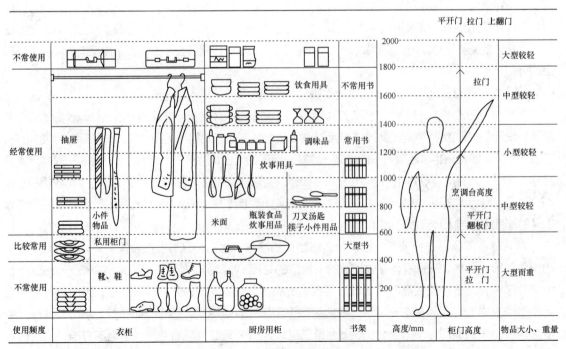

图 4-1　搁板的高度范围

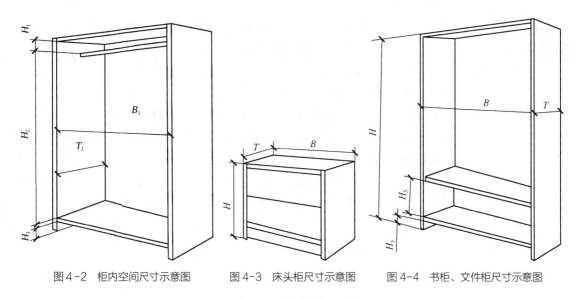

图 4-2 柜内空间尺寸示意图 　　 图 4-3 床头柜尺寸示意图 　　 图 4-4 书柜、文件柜尺寸示意图

表4-1　柜内空间尺寸　　mm

柜体空间深		挂衣棍上沿至顶板 内表面间距离 H_1	挂衣棍上沿至底板内表面间距离 H_2	
挂衣空间深 T_1 或宽 B_1	折叠衣物放置空间深 T_1		适于挂长外衣	适于挂短外衣
≥530	≥450	≥40	≥1400	≥900

注：镜子上沿离地面高大于或等于 1700mm，装饰镜不受高度限制；抽屉深 400mm，抽屉底面下沿离地面高≥50mm，顶层抽屉上沿离地高度≤1250mm。

表4-2　床头柜尺寸　　mm

柜面宽 B	柜深 T	柜体高 H
400~600	300~450	500~700

表4-3　书柜、文件柜尺寸　　mm

类型	尺寸	宽度 B	深度 T	高度 H	层间净高 H_5
书柜	主要尺寸	600~900	300~400	1200~2200	（1）≥230 （2）≥310
	尺寸级差 ΔS	50	20	第一级差 200 第二级差 50	—
文件柜	主要尺寸	450~1050	400~450	（1）370~400 （2）700~1200 （3）1800~2200	≥330
	尺寸级差 ΔS	50	10	—	—

3　柜类家具典型结构

1）板式部件结构

（1）实木拼板结构

采用胶料、榫槽等接合方法将窄木板拼合成所需幅面的板材，称为实木拼板结构。目前应用较广的指接集成板，是实木拼板结构的一种较特殊的形式。许多餐桌、茶几、办公桌的面板、椅凳的座板以及钢琴的共鸣板等都采用实木拼板结构。拼板结构应便于加工，接合要牢固，形状、尺寸应稳定。为了保证形状、尺寸的稳定，窄板的宽度应有所限制；树种、材质、含水率应尽可能一致且要满足工艺要求；拼接时，相邻两窄板的年轮方向应相反排列，如图4-5所示。

① 实木拼板的接合方法：

平 拼　将窄板的侧边（接合面）刨平刨光，主要靠胶黏剂接合的拼接方法，如图4-5所示。平拼不需开榫打眼，加工简单，材料利用率高，生产效率也高。如果窄板侧边加工精度很高，胶黏剂质量好及胶合工艺恰当，可以接合得很紧密。破坏时，接合面甚至可以比木材本身的接合力还要牢固。此法应用较广，但在拼合时，接合面应注意对齐，否则拼板表面易产生凹凸不平现象。

斜面拼　如图4-6所示，在平拼的基础上将平接合面改为斜面，加工简单，斜面相接可以增加胶接面积，增强接合牢固度，但比平拼稍费材料。

裁口拼　又称搭口拼、高低缝拼合，如图4-7所示。这是一种板边互相搭接的方法，搭接边的深度一般是板厚度的一半。裁口拼容易使板面对齐，材料利用上没有平拼接合经济，要多消耗6%～8%；耗胶量也比平拼略多。

图4-5　平拼

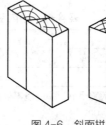

图4-6　斜面拼

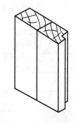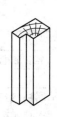

图4-7　裁口拼

企口拼　又称槽簧拼、凹凸拼。采用这种方法是将窄板的一侧加工成榫簧，另侧开榫槽，如图4-8所示。企口拼操作简单，材料消耗同裁口拼。但此法拼合质量较好，当拼缝开裂时，一般仍可保证板面的整体性。企口拼常用于面板、密封包装箱板、标本柜的密封门板等处，还用于气候恶劣的情况下所使用的部件。

穿条拼　采用这种方法时，先要在窄板的两侧边开出凹槽，拼合时再向槽中插入涂过胶的木板条或胶合板条等。插入木板条的纤维方向应与窄板的纤维方向相垂直，如图4-9所示。穿条拼加工简单，材料消耗基本同平拼，是拼板结构中较好的一种，在工厂生产中应用较为广泛。

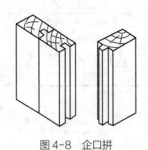

图4-8　企口拼

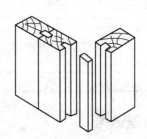

图4-9　穿条拼

插入榫拼　如图4-10所示，在窄板的侧面钻出圆孔或长方形孔，拼合时，在孔中插入形状、大小与之相配的圆榫或方榫。榫的材料可用木材也可用竹材等。我国南方地区也有用竹销代替圆榫的。方榫加工较复杂，生产中应用较少。此法要求加工精确，材料消耗同平拼。

齿榫拼　如图4-11所示，齿榫拼合时，胶拼面大，接合强度高，一般用于工作台面的拼接等。

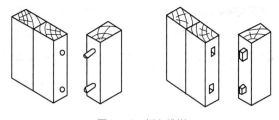

图 4-10　插入榫拼

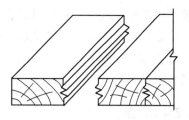

图 4-11　齿榫拼

　　木销拼接　又叫元宝榫拼，将木制的销嵌入拼板接缝处相应的凹槽内。此法一般用于厚木板的拼接，如图 4-12 所示。

　　② 实木拼板的镶端：实木拼板往往由于木材含水率发生变化而易引起变形。为了减少和防止拼板的翘曲变形，同时也为了避免拼板的端表面暴露于外部，通常需要镶端，如图 4-13 所示。

　　实木拼板结构消耗木材较多，其形状和尺寸难以保持长久的稳定，上述镶端法也不能解决根本问题。因此，用各种人造板、空心板、覆面板来代替实木拼板，能节约木材、保证板件质量、简化生产工艺，在生产中被广泛应用。

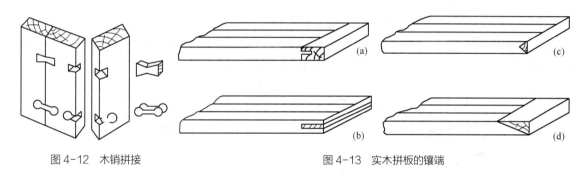

图 4-12　木销拼接　　　　　　　　图 4-13　实木拼板的镶端

　　（2）空心板结构

　　空心板是以中空的芯板两面包镶薄板材再封边制做成的。它的芯板外围都带边框，芯板中间的填料和结构各不相同；上下两面一般用三层胶合板（或两层以上的单板、或其他饰面板等）包镶。常见的空心板芯板框架中的填料有栅状小木条、蜂窝纸、胶合板或纤维板条组成的网格、瓦棱状或波纹状的单板、聚苯乙烯空心泡沫块等，还有用玉米芯、小竹圈、小木块、葵花杆等材料作芯板填料的。

　　空心板一般要封边，一方面防止边缘碰坏、防止覆面材料被掀起，另一方面增加板件外观美。空心板封边方法很多，常见的有直线封边和曲线封边两大类型。

　　（3）覆面板结构

　　覆面板结构的种类很多，这里主要介绍细木工板和覆面刨花板（从广义地讲它还包括空心板等）。采用覆面板作板式部件，可以充分利用生产中的小料和碎料，提高木材综合利用率；可以减少木材缺陷和部件变形，提高板件质量；可以简化工艺过程，提高生产效率。

　　① 细木工板：是由表板、中板和芯板所组成。它的芯板一般都用木材来制造，对于一定厚度的细木工板来说，芯板越厚，成本越低。但覆面材料过薄也会影响板子的强度和稳定性。一般芯板占板总厚度的 60% ~ 80%。

　　② 覆面刨花板（中密度纤维板）：是用刨花板（中密度纤维板）等作为芯板，芯板可以是整块的也可由小块拼合起来放在边框里，两面再各覆贴一层单板、薄木或其他覆面材料。覆面后既可提高板件的

强度，还可大大改进产品的表面质量。如贴高压三聚氰胺贴面板（ＬＰＬ），则不必再进行表面涂饰，而且表面平滑光洁，色彩、花纹美观多样，质地坚硬耐磨，化学稳定性好，能耐水、耐热、耐酸碱等。

覆面刨花板可以充分利用碎料。为了防止板边碰碎或吸湿脱落，有的预先制成边框，或制成板后再进行封边处理等。

2）箱框及抽屉结构

（1）箱框结构

箱框结构是由四块或四块以上的板件，用一定的接合方式构成的箱体或框体结构。箱框常采用整体榫、插入榫接合，也有采用钉接合、连接件接合等形式的。箱框结构主要用在仪器箱、包装箱及家具中的抽屉。

① 箱框的角部接合：箱框的角部接合形式很多，常见的有用榫、钉、连接件等方式进行各种直角或斜角接合。图 4-14 所示为箱框角部接合形式。其中半榫和单榫接合，加工简单，多采用钉、胶辅助加固，主要用于包装箱部件接合等；木条接合，制造简单，有足够的强度，适用于较小、较轻的仪器及仪表箱的接合；开口贯通直角多榫接合，方法简单，强度较大，但当木材含水率改变时，露在外面的榫端会造成零件表面不平，影响美观，它一般用于屉旁板与屉后板的接合、包装箱等的角部接合；明燕尾榫接合强度不大，表面也不美观，它一般用于各种包装箱的角接合及抽屉的后角接合等；开口贯通斜形多榫接合，因榫头是倾斜的，即使在物品很重要的情况下，也不致破坏榫接合，因此接合强度大，适用于各种仪器箱的角

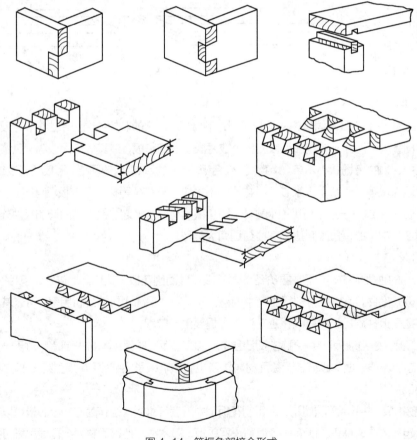

图 4-14　箱框角部接合形式

接合；全隐燕尾榫接合，板材端部的榫头与榫沟只占板厚的 3/4，其余的 1/4 被削成 45° 的斜角，这种接合在外部看不见榫端，外形很美观，但制造复杂，强度不大，一般用在有特殊要求的制品上，如用于板式柜包脚板的角接合等（如需增大强度，可在包脚的内侧装塞角加固）；榫槽接合，强度较低，可用于抽屉的角接合等；半隐燕尾榫接合，与明燕尾榫比较，在零件尺寸相同的条件下，由于接合处胶层面积缩小，所以接合强度较小，但接合后有一面看不见榫端，较美观，因此这种榫接合加工虽较复杂，但应用仍较广泛，如屉面板与屉旁板的接合等。

② 箱框的中部接合：箱框内隔板（搁板）与箱体的接合均为箱框的中部接合，其形式有直角榫、燕尾榫、整体榫、插入榫、槽榫接合等，如图 4-15 所示。

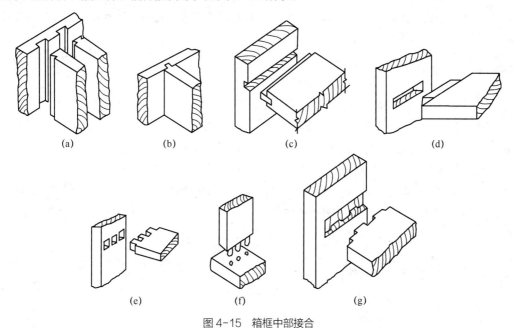

图 4-15　箱框中部接合

（a）燕尾槽接合　（b）直角槽接合　（c）插入木条接合　（d）直角榫接合

（e）直角多榫接合　（f）插入圆榫接合　（g）槽榫接合

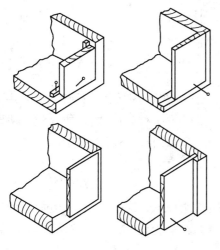

图 4-16　箱框背板接合

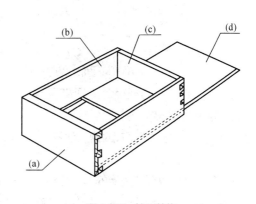

图 4-17　抽屉结构

（a）屉面板　（b）屉旁板　（c）屉后板　（d）屉底板

③ 箱框背板接合：对箱框中的背板，要求其与箱体的接缝严密，密封性好，另外还要隐蔽不影响美观，即在侧面看不到背板。常见的背板接合方法如图 4-16 所示。

（2）抽屉结构

抽屉是家具中的一个重要部件，柜、台、桌、床之类家具常设抽屉。抽屉的种类很多，从功能上来划分，有装饰型、轻载型（普通型）和承重型三种。普通抽屉主要由屉面板、屉旁板、屉后板及屉底板等零件组成，如图 4-17 所示。如果抽屉较宽大，则还需在抽屉下面装一根屉底档，屉底档前面与屉面板一般做成榫接合，后面用木螺钉或圆钉固定于屉后板下面。抽屉所用材料，在传统产品中，绝大多数用实木制做，在现代产品中，常选用中密度纤维板、细木工板等人造板制作，还有塑料抽屉或者塑料与人造板等材料配合制作等。抽屉结构与箱框结构基本相同，抽屉的主要接合属箱框的角接合。

3）脚架结构

脚架由脚和望板、拉档所构成，是家具主体的支撑部件。下面主要介绍柜类脚架结构。

在传统柜类、拆装柜等许多柜类中，脚架都是作为一个独立的部件。对脚架的要求是结构合理、形状稳定、外形美观。常见的柜类脚架有亮脚、包脚和塞脚三种类型。

（1）亮脚型结构

亮脚型有直脚和弯脚两类。由各种亮脚和望板、拉档构成的柜类脚架结构如图 4-18 所示。亮脚与望板、拉档的接合属于框架接合，常用普通榫接合，有时也在脚架四内角用钉、木螺钉等加贴木块加固。

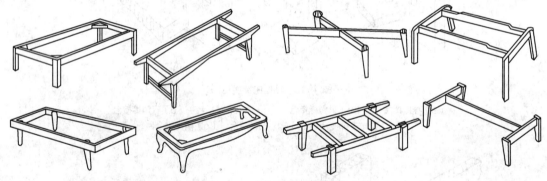

图 4-18　亮脚型柜类脚架结构

（2）包脚型结构

板式组合柜及放书籍等较重物品的家具，常用包脚型结构，如图 4-19 所示。包脚的角部可用直角榫、圆榫、燕尾榫等形式接合；脚架钉好后，四角再用三角形或方形小木块作塞角加固，塞角与脚架的接合一般用螺钉加胶。为使柜体放置在不同地面上都能保持稳定，在脚架中间底部应开出大于 3mm 的凹档，或者在四角的脚底加脚垫。这样也可使柜体下面及背部的空气流通。

（3）塞脚型结构

塞脚就是在旁板与底板的角部加设一块木板。木板一般做成线形板，这样既可加强柜体的稳定性，又可使脚部美观。木板与旁板采用全隐燕尾榫接合，并在塞脚的内部用三角形或方形木块来加固，如图 4-20 所示。

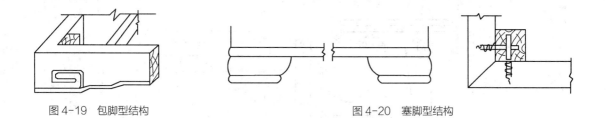

图 4-19 包脚型结构　　　　　　　　图 4-20 塞脚型结构

4）柜类家具的结构形式

柜类木家具按结构特点主要分为框式和板式两大类。框式柜类是以榫眼接合的框架嵌板为主体结构，通常装配成不可拆的。板式家具是以人造板为基材，用连接件接合，以板件为主体结构的家具，可以做成固定的，但一般制成可拆装的。不论哪种结构，柜类家具基本都由柜体、底座、背板、门、隔板与搁板以及抽屉等部分组成。

（1）柜类家具的结构形式

① 柜体的装配结构：在这里是指柜类木家具的旁板和顶板（面板）、底板三大主要部件之间的接合关系。柜类家具上部连接两旁板的板件称为顶板或面板，大衣柜、书柜等高型家具的顶部板件高于视平线（约为 1500mm），称为顶板；小衣柜、床头柜等家具的上部板件全部显现在视平线以下，则称为面板。

柜类家具的顶（面）板、底板及旁板材料目前首选中密度纤维板，其次是刨花板、细木工板、空心板等。传统柜类一般选用框架镶嵌实木拼板结构。

顶（面）板、底板与旁板之间的接合，根据结构形式可采用固定接合和拆装接合。固定接合可采用尼龙双倒刺等连接件接合，如图 4-21 所示。但一般用榫接合，如图 4-22 所示，可采用插入圆榫、直角榫和燕尾接合。拆装接合主要采用各种连接件接合。

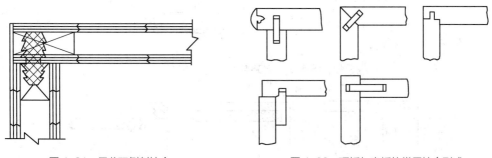

图 4-21 尼龙双倒刺接合　　　　　　图 4-22 顶板与旁板的常用接合形式

底板与旁板的接合参照顶（面）板与旁板的接合方法，中旁板的安装方法参照旁板与顶、底板的装配结构。

② 脚盘或脚架的安装结构：脚盘是由脚架与底板构成的部件，如图 4-23 所示。脚架与底板一般用木螺钉或者榫接合。如图 4-23（a）所示，脚架钉好后，在四内角用胶料及螺钉装上木塞角；如图 4-23（b）所示，在脚的上端开有直角单榫或双榫，通过榫与底板连接成脚盘。

生产中，柜体与脚盘、脚架之间有两种关系：一种是柜体上不带底板而直接与脚盘装配，另一种是完整的柜体与脚架接合。不论哪一种，接合形式都很多。

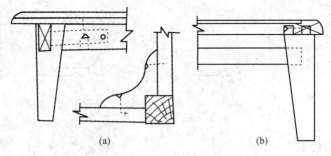

图 4-23　脚架与底板的接合

图 4-24 所示为脚架与柜体旁板的常用接合形式。其中图（a）所示为在底板底部适当位置装有定位帮档，束腰线用螺钉加胶固定于脚架上，装配时将柜体底部定位帮档套入脚架上即成；图（b）所示为包脚型脚架与柜体旁板的接合，脚架四侧钻三角沉孔，用木螺钉与旁板接合。

③　背板的安装结构：柜类家具中的背板有两个作用，一是用于封闭柜体后侧，二是增强柜体的刚度，使柜体稳固不变形。因此背板也是一个重要的结构部件，特别是对于拆装式柜类，背板的作用更不可忽视。背板所用的材料较广泛，如硬质纤维板、中密度纤维板、刨花板、胶合板以及细木工板等。

背板的安装结构多种多样，图 4-25 所示为常见形式。

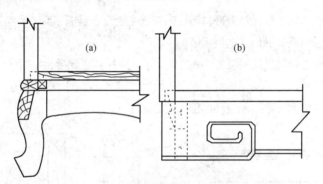

图 4-24　脚架与柜体的安装结构

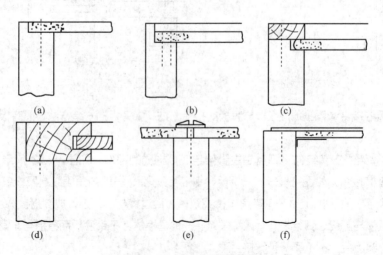

图 4-25　背板的安装结构

④ 门的安装结构：在柜类制品中，常见的门有开门、移门、翻门、卷帘门等多种形式。这些门各具特点，但都要求有合理的结构、精确的尺寸、严密的配合以防止灰尘虫子进入柜内，同时在使用过程中还要求不发生任何变形，且开关灵活，并具有足够的强度等。

开门　即沿着垂直轴线转动（启闭）的门。开门也称边开门，有单开、双开、三开门之分。开门的装配主要靠铰链连接，铰链有普通铰链（合页）、门头铰链、暗铰链、玻璃门铰链等多种类型。门装上柜体后，一般要求能旋转 90° 以上，且不妨碍门内抽屉的拉出。

门边的成型：门的安装要求门与旁板、门与门、门与中隔板之间的间隙严密，因此常以各种形式加以遮掩，即为门边的成型。图 4-26 和图 4-27 所示为安装铰链处门边成型形式。

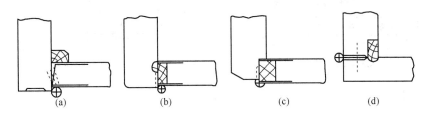

图 4-26　安装铰链处门边成型形式

（a）旁板上装贴木条　　（b）、（c）旁板开槽或铲口　　（d）旁板铲口装贴木条

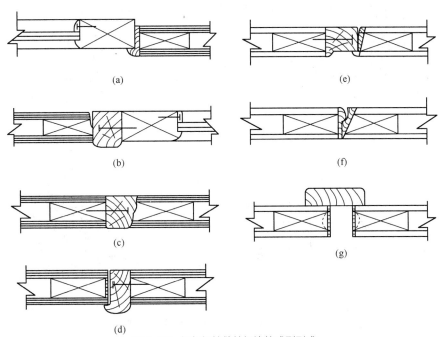

图 4-27　门与门接缝处门边的成型形式

门的安装形式：普通铰链形式很多，常用于传统家具上，其安装形式如图 4-28 所示。

门头铰链的安装：如图 4-29 所示，门头铰链分带有止动点和偏心式的两种。其优点是铰链不外露，使家具表面简洁美观，缺点是安装不太方便，带有止动点的门头铰链开启角度不大，只能开启 90°。

一般暗铰链的安装。图 4-30 所示为国内目前常用的暗铰链安装形式。许多暗铰链都能适应带高复线的装饰门的安装；经特殊设计的暗铰链，还能适合于带高复线的深嵌门的安装，如图（e）所示。

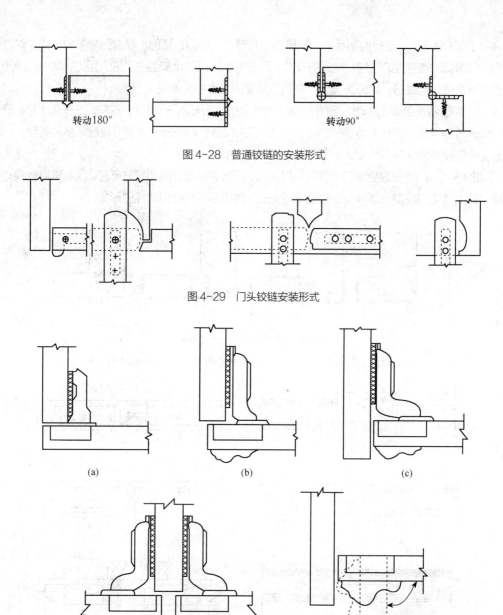

图4-28 普通铰链的安装形式

图4-29 门头铰链安装形式

图4-30 常见暗铰链安装形式

（a）全遮式 （b）、（c）半遮式 （d）、（e）内嵌式

　　暗铰链的安装，首先应根据柜门的规格、材料等来选择暗铰链的形式，设计其安装技术尺寸。安装过程为：预先将铰杯和连接底座分别固定在门板和旁板上，连接时将开有"匙形孔"的铰臂套置于旁板底座上，拧紧紧固螺钉，即可完成初装。

　　初步安装后，如果门还存在位置偏差，可在二维或三维方向上作微量调整。调整主要分两个方面：一方面是侧向调整，先松开紧固螺钉，再利用调节螺钉校正柜门左右位置，调整恰当后再拧紧紧固螺钉，将门板上全部铰链调节一致后，门与旁板的遮盖范围就会均匀；另一方面是深度调节，松开紧固螺钉之后，深度方向前后移动螺钉即可调节旁板与门的间隙，最后再次拧紧紧固螺钉。

门板上所需安装铰链的个数与门板的高度及重量有关，可参考表4-4。

表4-4　根据门高及门重确定铰链个数

门高（mm）	门重（kg）	铰链（个）	门高（mm）	门重（kg）	铰链（个）
900	4~5	2	1600~2000	13~15	4
900~1600	6~9	3	2000~2400	18~22	5

玻璃门铰链的安装：不带框架的玻璃除了直接用作移门外，如装上专用的玻璃门铰链后，还可以制作开门。目前市场上供应的玻璃门铰链主要有两种。如图4-31所示，一种是带夹头的玻璃门头铰链，适合于内嵌门，装配时，先在顶、底板上钻一套管孔，孔径略小于套管，然后将套管打入孔内；第二步将玻璃门头铰装入套管中；最后将玻璃门直接插入铰链U形槽中，U形槽内侧用一块软质材料作衬垫，拧紧螺钉，门即装好。一般玻璃门的上下只需各安装一只玻璃门头铰。为了便于玻璃门开关，另需装上玻璃门磁碰（有单、双磁碰之分），如图4-32所示。只需轻按一下磁碰，玻璃门即被吸关闭或被弹开。玻璃门头铰结构简单，价格便宜，装配方便，开关灵活。

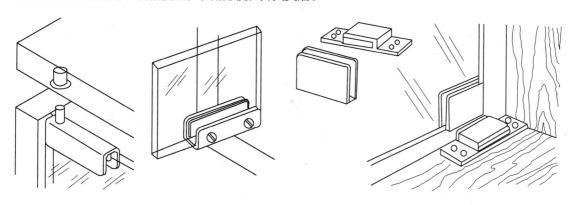

图4-31　玻璃门头铰链的安装结构　　　　图4-32　玻璃门磁碰的安装结构

另一种如图4-33所示，为玻璃弹簧铰链，它与暗铰链的结构基本相同，种类较多，有方形、长方形、圆形等。安装时需在玻璃门的相应位置上加工一个圆孔，然后将门固定座穿过圆孔，并用螺钉紧固，最后与旁板上的底座套装连接。铰链装配完毕后，在门固定座的外表面加一个装饰盖板，与前一种相比其显得十分华丽，美观大方，此铰链应用广泛，但结构较为复杂。

移门　一般都装在滑道上，门在滑道中左右移动。常见的移门种类有木制移门和玻璃移门。移门打开或关闭时，柜体的重心不至偏移，能保持稳定，门打开时不占据室内空间，目前市场上有许多新型的移门滑道等配件，能使移门滑动时十分轻松灵活，故移门应用较广。

移门要经常滑动所以应坚实、不变形。设计移门结构时，一要仔细选择材料；二要考虑便于安装和卸下，门顶与上滑道间要留间隙；三要采取各种措施保证移门滑移灵活。实际应用中，移门结构类型很多。

图4-34所示为常用木制移门装配结构。图（a）表示移门上滑道为硬木制作，下方安装塑料导轨；图（b）表示顶板前沿镶装木条将滑道遮住；图（c）表示在移门上边安装导向木条。木制移门较厚重，为增加移动的灵活性，可采取多种措施减少门与滑道间摩擦，改善滑动状况，如在移门上安装滚轮，或安装滚子导轨，或在移门上安装吊轮等。

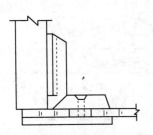

图 4-33　玻璃弹簧铰链的安装结构

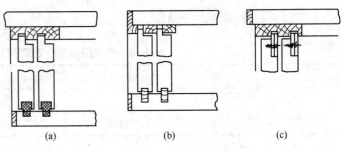

图 4-34　木制移门装配结构

图 4-35 所示为目前国内广泛应用的较先进的新型移门结构的一种。移门上边装有定向导轮，在上部滑槽内滑移；移门下边装有滚轮，在半圆形轨道上滚动。移门配件（也称趟门配件）和轨道一般用金属材料制作。此移门结构一般用于大衣柜等重型木质移门，移动十分平稳、灵便。

目前小型家具上多采用玻璃移门，它轻巧透明，具有一定的装饰效果。其装配主要采用塑料滑道或带滚轮的金属滑道等，如图 4-36 所示。装配时，将塑料滑道或滚轮滑道分别固定于顶板（或上搁板）、底板（或下搁板）的嵌槽中，有时也可在顶、底板的表面不开槽沟，而将滑道直接钉装或胶接在表面上。玻璃移门的上下边缘应当加圆并磨光。安装时，由于上滑道槽较深，将玻璃门上端插入上滑道，使下端入槽，并轻轻放入即可。

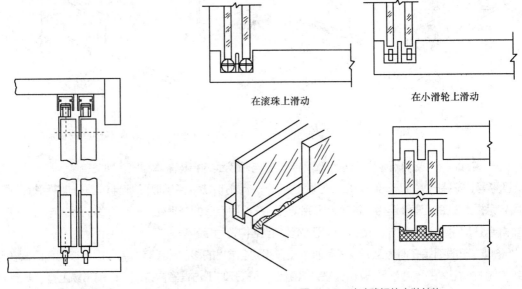

图 4-35　新型移门装配结构

图 4-36　玻璃移门的安装结构

翻门　又称翻板门、摇门，是围绕着水平轴线转动的门。翻门能使垂直的门板转动到水平位置，常作为陈设物品设施，或作写字台面用等。根据用途不同，翻门也可由水平位置翻转至垂直位置或者其他位置，如图 4-37 所示。翻门的安装是用铰链（普通铰链、门头铰、翻门铰等）和牵筋（拉杆）与柜体等进行连接。

卷帘门　又称百叶门或软门。卷帘门开启后不占据室内空间而又能使柜体全部敞开，但是一般制造很费工。图 4-38 所示为木制卷帘门的几种结构，前四种是用断面呈半圆形或其他型面的小木条（或塑料条），胶贴在帆布或尼龙布上加工而成；最后一种是用整张的胶合板胶粘在尼龙织物上，然后用

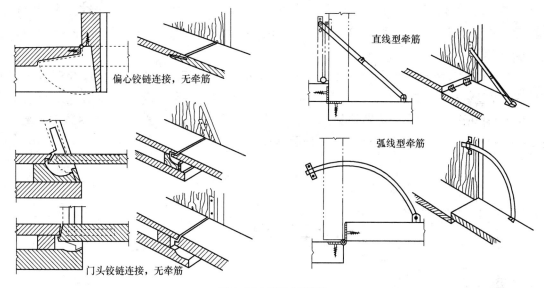

图 4-37　翻门安装结构

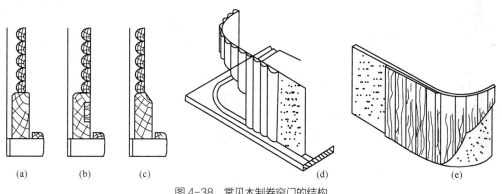

图 4-38　常见木制卷帘门的结构

薄刀片将胶合板划开成条状，一眼看上去颇似一块整板，只有收卷时才呈现缝隙，这种方法制造较方便。

卷帘门用小木条来制作时，对小木条的质量要求较高，因为只要其中有一根变形或歪斜，就将妨碍整个门的启闭。小木条的厚度通常为 10 ～ 14mm，要求纹理通直，材质均匀细密，没有节疤等缺陷，含水率一般为 10% ～ 12%。因此必须仔细选料和加工。

卷帘门的特点是有一定的柔性，可以在弯曲的导槽内滑动，当门启闭时，它不像开门、翻门那样绕轴旋转，也不像移门那样滑向柜体某一边，而是卷入柜内隐藏起来。卷帘门既可以上下卷，也可以左右卷。

除了上述四种门外，还有其他一些特殊形式的门，如翻门与移门相结合的藏式门，以及

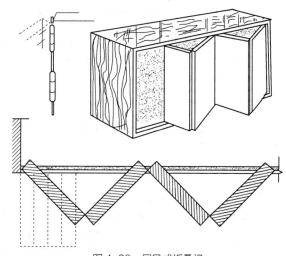

图 4-39　屏风式折叠门

折叠门等。图 4-39 所示为屏风式折叠门，该门共装有五根轴，其中有一根轴固定在旁板上，有二根轴装有折叠铰链起折叠作用，另外两轴的上、下支点沿滑槽移动。这种门可将柜子全部打开，存取物品方便。

⑤ 搁板的安装结构：搁板是柜内的水平板件，主要用于分层存放物品，它与旁板的连接分固定和活动两种。固定安装的有直角榫、燕尾榫、连接件连接，但常用的主要是插入圆榫、钉木条接合等。活动搁板可根据所存放物品的情况来调整间距，较灵活。安装方法也较多，常用的有木栅法、搁板支承件安装等。搁板支承件种类很多，如图 4-40 所示。

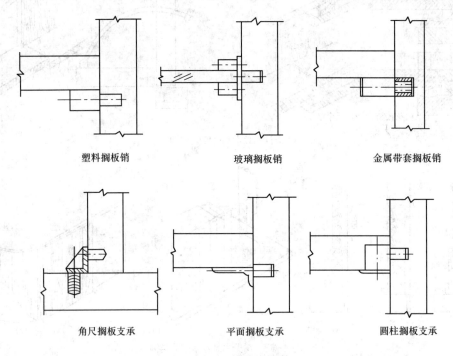

| 塑料搁板销 | 玻璃搁板销 | 金属带套搁板销 |
| 角尺搁板支承 | 平面搁板支承 | 圆柱搁板支承 |

图 4-40　活动搁板的安装

⑥ 抽屉的安装结构：从外部造型上看，抽屉一般可分为外遮式与内藏式两种，如图 4-41 所示。外遮式有凹凸变化的起伏感，优于内藏式。在加工精度方面，对内藏的要求高，若正公差过大，屉面板沉不进去，即使能进去，活动也不自如，从而影响使用；若负公差过大，面板与柜体接缝处间隙则偏大，影响美观。因此，无论从审美角度看，还是从制作和使用方面考虑，外遮式均优于内藏式，所以目前外遮式被广泛使用。

抽屉的安装根据其启闭情况，多数是在柜体滑道上滑动，个别的抽屉是摆动或旋转。而滑动式抽屉按其滑动方式又主要分为托底式、悬挂式和底部中间安装轨道等，其中抽屉底部中间安装轨道应用很少。

托底式抽屉安装方法很多，图 4-42 所示为重载托底式抽屉安装，因采用机械滑动导向装置，所以抽屉滑动轻便灵活。

悬挂式抽屉安装，如图 4-43 所示。

⑦ 其他结构介绍：柜类家具除上述主要结构之外，还有挂衣棍、拉手、锁等零配件。挂衣棍的安装结构有两种方式，如图 4-44 所示。一种是对深度较大的衣柜，挂衣棍相对于旁板垂直安装，为加工

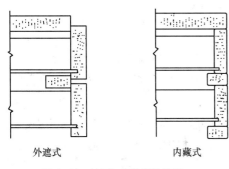

外遮式　　　　　　　内藏式

图 4-41　抽屉与柜体间的关系

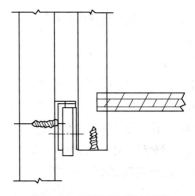

图 4-42　重载托底式抽屉安装

及装拆方便，一般采用定型挂衣棍座和横断面与之配套的标准挂衣棍，如图（a）、（b）、（c）所示；其中（a）、（c）用木螺钉将挂衣棍座固定在旁板上，（b）是背面带有尼龙倒刺的挂衣棍座，打入旁板即可紧固。另一种是对于深度较浅的衣柜，挂衣棍与旁板采取平行安装，用带滑道的活动挂衣棍，滑槽固定在顶板下面，活动的挂衣棍可以自由地拉出，服装取放方便而又不易被压皱，如图（d）所示。

此外，拉手、锁、垫脚等其他配件的安装也应重视，这些小配件除满足特定的功能外，对家具的整体造型还能起到一定的点缀效果。

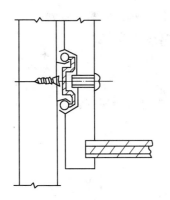

图 4-43　承重型悬挂式抽屉安装

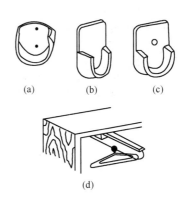

（a）　　　　（b）　　　　（c）

（d）

图 4-44　挂衣棍座的安装结构

4　五金配件的类型与应用

在木制品中起连接、活动、紧固、支承等作用的结构件，统称为配件。配件是木制品不可缺少的组成部分，特别是现代板式家具向可拆装式结构发展，它的作用更为明显。现代木制品配件发展至今，品种已多达数万种，门类相当齐全（本节主要介绍家具配件），质量也有了充分的保证。木制家具常用配件种类有铰链、连接件、抽屉滑道、趟门配件、锁、支承件、拉手、脚轮与脚座、玻璃与镜子等。配件可以用各种材料制成，如金属、塑料等。目前，家具配件发展特点是安装快、简易方便，不用工具或少用工具；配件装配也无需技术工人，由一般工人操作或用户自己装配，均能保证产品质量。当今家具配件的发展可谓日新月异。

1）铰链

铰链是连接两个活动部件的主要构件，主要用于柜门、箱盖等摆动开合。铰链品种十分繁多，分类方法也很多。目前广泛使用的有各种形式的暗铰链、铝合金门框铰链、玻璃门铰链、折叠门铰链及翻门铰链等。

（1）暗铰链

暗铰链形式很多，通常根据铰臂形式可分为直臂、小（中）曲臂和大曲臂，分别适用于全盖门、半盖门和嵌门（内门）。而直臂、小曲臂和大曲臂这三种基本形式（图 4-45），根据柜门的开启方式、开启角度以及柜门与旁板的角度不同，又可演变为多种多样的形式。

普通暗铰链　又大致分为两种情况：传统型铰链和二断力新型铰链。杯状暗铰链的基本形态如图 4-45 所示。门的开启角度可以有 92°、93°、95°、100°、105°、110°、125°、130°、165°、170° 等，除此之外，还有开启角度可调节的铰链。

传统型暗铰链在使用过程中，门在中间任意角度时不能定位停止，而只能停留到极点位置，这给使用带来不便。它具有自锁功能，柜门关闭后不致自开。

二断力新型铰链，如图 4-46 所示。这种铰链使门可以在任意角度位置停留，使用方便灵活。

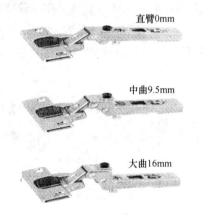

图 4-45　暗铰链

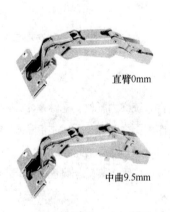

图 4-46　二断力新型铰链

铝合金门框铰链　是一种新型产品，也有多种形式。图 4-47 所示为用于铝框门的快装铰链，门开启角度 95°，可停留到任何角度。

玻璃门铰链　种类也较多。图 4-48 所示为德国海蒂诗公司制造的较新型的玻璃门铰链。

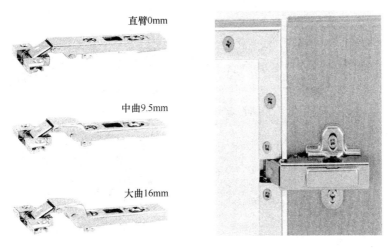

图 4-47　铝框门铰链

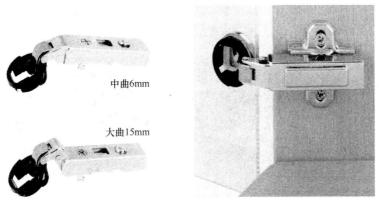

图 4-48　玻璃门铰链

　　折叠门铰链　有多品种规格。图 4-49 所示铰链用于内置门和折叠门，开启角 180°，转轴中有垫圈，转动效果好。此铰链特别推荐用在折叠门上。

图 4-49　折叠门铰链之一

　　图 4-50 所示为另一种形式的折叠门铰链。

　　图 4-51 所示铰链，用于折叠门、较轻的家具门和翻门上。用直径 11mm 的钻头铣削安装孔，机器压入塑料外壳，连接点用黄铜材料，开启角 180°。

　　翻门铰链　图 4-52 所示为锌压铸翻门铰链。图 4-53 所示为塑料翻门铰链。

图 4-50　折叠门铰链之二

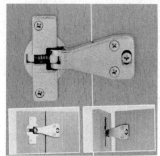

图 4-51　折叠门铰链之三

图 4-52　翻门铰链之一　　　　　　　　　　　　图 4-53　翻门铰链之二

2）连接件

将零部件组装成家具产品，需要应用连接件，它主要应用于柜类家具旁板与水平板件以及背板的连接等。目前，零部件组装化生产已是家具工业化生产的大趋势，因此，具有可拆装结构的连接件得到了广泛应用，品种十分繁多，同时也有不同的分类方式。按扣紧方式区分，有螺纹啮合式、凸轮提升式、斜面对插式、膨胀榫接式及偏心螺纹啮合式等。

（1）偏心连接件

既快装又牢固并可多次拆装的连接方式，是当代家具连接件的主流，其中首推凸轮提升式连接件，一般简称偏心连接件。它主要由圆柱形塞母（简称偏心轮）和连接杆（吊紧榫杆）组成连接付（凸轮运动付），如图 4-54 所示。图 4-55 为偏心连接件的基本应用示意图。偏心连接件的品种形式十分丰富，连接杆及装配形式也十分繁多，偏心轮直径主要有 10、12、15、25mm 等，其中 12、15mm 两种规格应用较广。

新产品快装偏心连接件，如图 4-56 所示，它是由偏心轮与快装连接杆（也称快装榫钉）组成连接付，具有快装、安全、舒适的特点。与传统偏心连接件比较，它减少了安装预埋螺母及上螺钉的工序，无需工具的快装连接杆只需通过指尖轻压直接插入。当偏心连接件拉紧时，胀栓即张开，因此提高了固定力，并且通过内外锯齿而达到了双重保险功能，拆卸用手即可完成，无需工具。

（2）特殊偏心连接件

图 4-57 所示为各种特殊偏心连接件，一般用于水平板件与柜旁板的连接。

图 4-54　偏心连接件　　　　　　　　　　图 4-55　偏心连接件的基本应用示意图

图 4-56　快装偏心连接件及应用　　　　　　图 4-57　特殊偏心连接件

（3）带膨胀销的偏心连接件

这种连接件如图 4-58 所示，是由带倒刺的尼龙套壳、旋转固定件、尼龙倒刺件和金属连接销（锁紧销）组成。它一般用于小件制品。

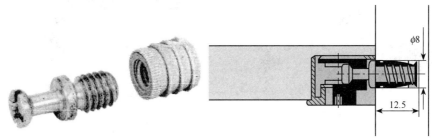

图 4-58　带膨胀销的偏心连接件

（4）梯形连接件

图 4-59 所示为梯形连接件，连接原理大同小异。特点是成本低、连接牢固。

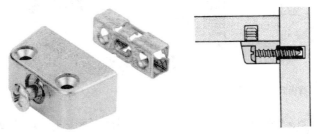

图 4-59　梯形连接件

（5）螺旋式连接件

这种连接件种类也很多，但基本原理都是利用螺栓、螺母配合连接，如图 4-60 所示。

（6）背板连接件

背板连接件专用于背板与柜旁板的连接，种类及连接方式较多，如图 4-61～图 4-64 所示（图中单位：mm）。

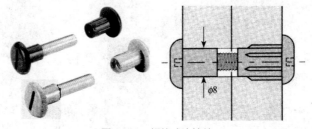

图 4-60　螺旋式连接件

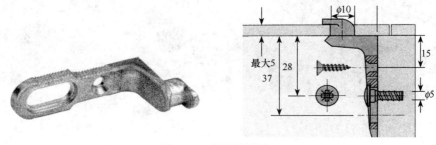

图 4-61　背板连接件之一

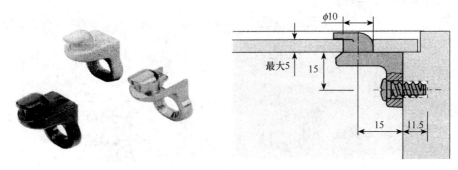

图 4-62　背板连接件之二

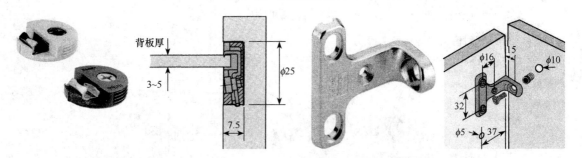

图 4-63　背板连接件之三　　　　　　　　图 4-64　背板连接件之四

　　除了上述几大类典型连接件之外，生产中常用的还有悬挂式连接件、永久性连接件、台面板连接件、连接螺钉以及可以在 30°～270° 范围内使用的连接件等。

3）抽屉滑道

　　抽屉滑道的主要作用是便于抽屉的开启，传统的抽屉滑道是用耐磨的硬木，但已很少采用；现在普遍采用金属滑道，金属滑道大致有滑轮式和滚珠式两类，因载重量以及抽屉用途、种类的不同，有许多品种可供选择（图 4-65～图 4-69；图中单位：mm）。

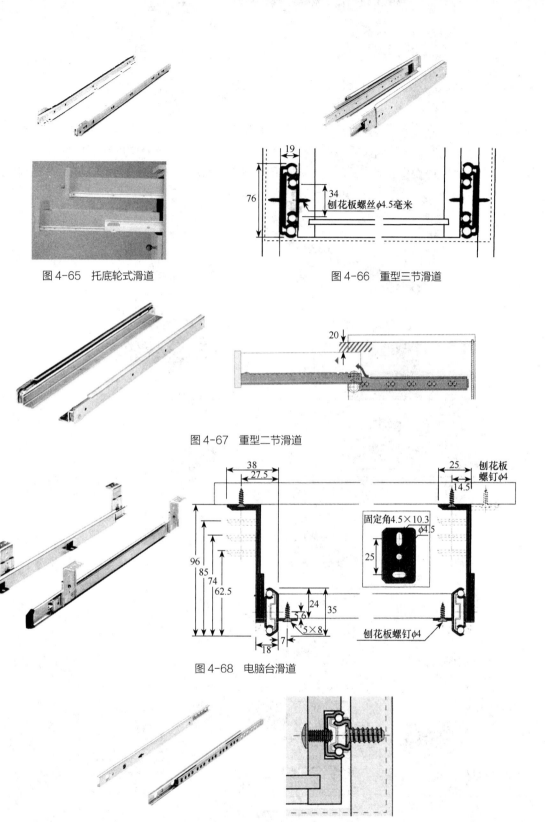

图 4-65　托底轮式滑道

图 4-66　重型三节滑道

刨花板螺丝φ4.5毫米

图 4-67　重型二节滑道

固定角4.5×10.3

刨花板螺钉φ4

刨花板螺钉φ4

图 4-68　电脑台滑道

图 4-69　中间式（托腰式）滚珠滑道

4）其他配件

（1）趟门配件

木制品的门除了转动开启，还有平移开启或转动-平移（门开启后藏入旁板内侧）、折叠平移等多种开启方式。门采用平移或兼有平移功能的启闭方式，目前在柜类家具中较流行。

趟门（移门）配件，基本由滑轮、滑轨和限位装置（挡栓）等组成。根据承载能力和安装方式的不同，有多种结构形式。图4-70为衣柜简易趟门配件及安装示意图。

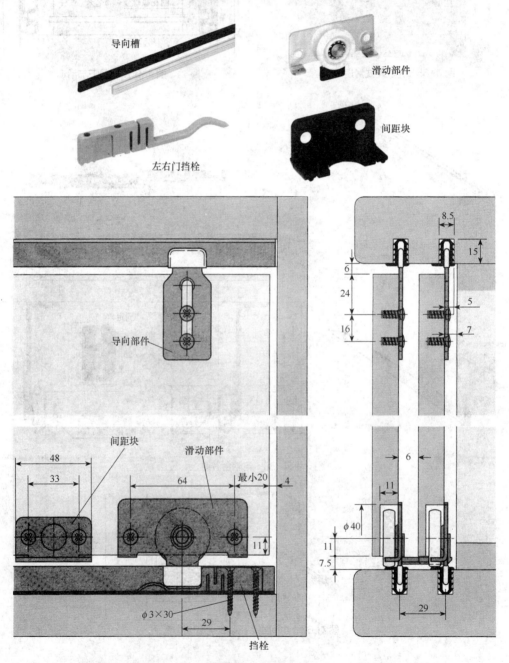

图4-70　趟门配件及安装示意图（单位：mm）

图 4-71 所示为趟折门配件，它包括滑动部件（滑动轮）、高度调节支撑件、中间铰链、导向部件等。折门可以有 3 扇、5 扇、6 扇、7 扇等。

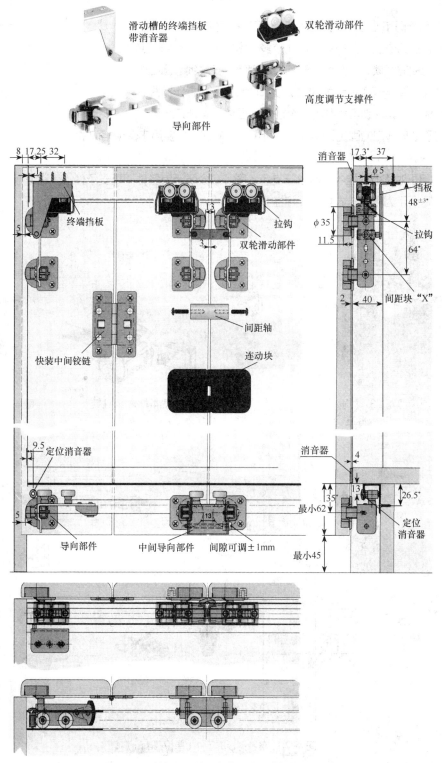

图 4-71　趟折门配件及安装示意图（单位：mm）

图 4-72 所示为衣柜吊挂趟门配件及安装，它包括滑动槽、滑轮和间距块等，吊挂门可以是 2 扇、3 扇等。

（2）锁

锁主要用于门和抽屉等部件的固定，使门、抽屉能关上和锁住，以保证存放物品的安全。锁的品种形式较多，木制家具上常用普通抽屉锁、正面抽屉联锁、侧面抽屉联锁、插销锁、杆式锁、圆柱体锁、密码锁等。图 4-73 所示为抽屉联锁，由锁心、转杆、锁圈、定位器等组成，一套联锁可控制若干个抽屉。图 4-74 所示为圆柱体锁，常用于玻璃移门的固定。图 4-75 所示为密码锁，主要用于保密柜门的锁定。

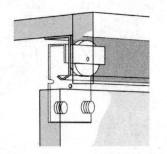

图4-72 吊挂趟门配件及安装示意图

（3）支承件

其主要用于对搁板、挂衣杆等进行支承。图 4-76 所示为各种搁板支承件（简称层板托）。

图 4-77 所示为各种挂衣杆（通称挂衣棒）。

图 4-73 抽屉联锁

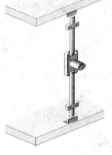

图 4-74 圆柱锁

图 4-75 密码锁

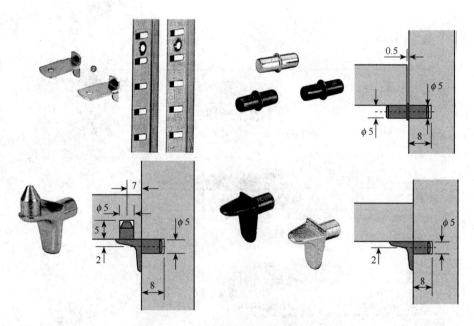

图4-76 各种搁板支承件（单位：mm）

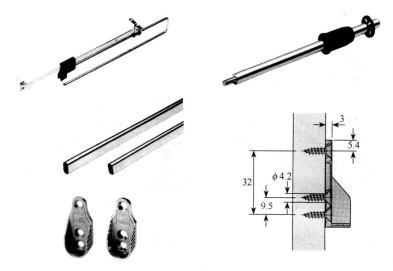

图 4-77　各种挂衣杆（单位：mm）

（4）拉手

拉手是抽屉和门启闭用的执手零件，兼有一定的装饰作用，花式品种十分繁多，如图 4-78 所示。

（5）脚轮与脚座

脚轮安装在沙发以及柜类、床类家具的底部。重载时，便于灵活移动，也起到了一定的支承作用。图 4-79 所示为各种脚轮（万向轮）。

脚座又称脚垫，根据家具用途不同，有多种形式可供选择，图 4-80 所示为写字台脚座，它起支承、保护和水平调节的作用。

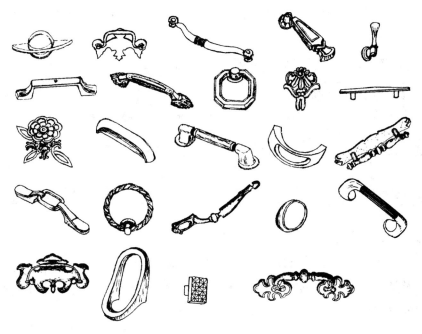

图 4-78　各种拉手

图 4-79 脚　轮　　　　　　　　　　　　　图 4-80　各种写字台脚座

除了上述几类基本配件外，木制品上还会用到许多其他配件，如电脑桌或办公桌等家具上常装电线孔护套（线盒）、电线槽，还有装在抽屉里的挂式文件夹支架及挂式文件夹。除此之外，还有餐台专用滑道、厨柜专用配件、鞋柜专用配件、台面升降架、翻门牵筋、各种预埋件等。

任务实施

（1）制定工作计划：各小组对板式衣柜的特点和使用要求进行分析、讨论，制定相应的计划。

（2）板式衣柜的设计：通过对板式衣柜的特点和使用要求的分析，确定其功能尺寸、造型，并进行结构设计。

（3）图形绘制：完成板式衣柜的结构装配图和零部件图的绘制。

（4）工艺文件编制：能根据结构装配图及零部件图完成零部件明细表、五金配件明细表；填写项目齐全、准确，数字填写规范、书写工整。

设计要求：
• 符合人体工程学、符合使用功能要求；
• 符合造型美学设计要求；
• 符合"32mm 系统"设计原则；
• 满足力学强度要求；
• 符合家具生产工艺性、标准化；
• 满足储存、包装与运输便捷性。

绘图要求：
• 制图规范，包括尺寸标注、图线及比例选择；
• 各种图样的绘制合理、表达准确；
• 能清晰表达衣柜结构。

■ 成果展示

各小组选一名成员进行设计作品展示汇报，注意从板式衣柜的设计理念、设计构思、设计原则、方法等方面进行陈述，其中配合作品展示及作品分析。其他小组针对该设计作品提出意见和建议。教师参与讨论，提出修改意见。

■ 总结评价

采用多元评价体系，即教师评价学生，学生自我评价和相互评价。实训考核充分发挥学生自我评价和相互评价的作用，让学生在评价过程中实现自主学习。主要根据板式衣柜的设计要求和学生设计的图纸的准确性、规范性进行考核评分，考核标准见表4-5。

表4-5 板式衣柜设计考核标准（满分100分）

能力构成	考核内容	评分标准	分值
专业能力 （70分）	功能尺寸设计	符合人体工程学、符合人体结构尺寸（5）；符合使用功能要求（5）	10
	造型设计	符合板式衣柜的特点（3）；符合客户对板式衣柜的设计要求（4）；符合木制品造型设计原则和造型美学要求（8）	15
	结构设计及拆图	满足力学强度要求（5）；按照32mm设计原则设计，符合家具生产工艺性、标准化（10）；储存、包装与运输便捷性（5）；准确设计结构装配图并能拆出零部件加工图（5）	25
	工艺文件编制	能根据结构装配图及零部件图完成零部件明细表、五金配件明细表（3）；填写项目齐全、准确，数字填写规范、书写工整（2）	5
	绘图设计应用技能	制图规范，包括尺寸标注和图线及比例选择（5）；各种图样的绘制合理、表达准确，能清晰表达板式衣柜结构（10）	15
方法能力 （20分）	资料收集整理能力	能够查阅各种学习资源（2）；资料齐全（3）；能进行整理、归纳、提炼（3）	3
	设计方法能力	能够按项目要求合理利用设计方法解决问题（4）；设计成果有创新（4）	5
	项目计划与执行能力	制定合理的工作计划（4）；能按计划完成工作任务（4）	8
	设计评价能力	能够公正、公平、客观进行评价	4
社会能力 （10分）	团队合作能力	学习工作态度积极、能够与成员良好合作	3
	沟通协调能力	协调能力强，沟通顺畅	3
	语言表达与答辩能力	语言表述吐字清楚、层次清晰、讲述完整、有吸引力	2
	责任心与职业道德	有较强的责任心和职业道德及社会责任感	2
合计			100

■ **拓展提高**

了解其他板式家具的功能、造型、结构设计。

■ **巩固训练**

根据某家具企业板式书柜家具订单要求，完成板式书柜的功能、造型、结构设计。

项目 2
实木方材零件加工

 任务 5　锯材配料

 学习目标

1. 知识目标

（1）了解锯材配料选材的原则；

（2）熟悉配料的几种方式；

（3）掌握加工余量的确定方法，懂得计算出材率。

2. 能力目标

（1）学会根据实木板材具体情况确定配料方式；

（2）学会选择木制品的加工基准，懂得如何提高木制品的加工精度与降低表面粗糙度；

（3）掌握细木工带锯机、纵解锯、横截锯与双面刨的加工规程及操作要点。

3. 素质目标

（1）培养"敬业爱岗、诚实守信"的职业道德和"吃苦耐劳、严谨细致"的敬业精神；

（2）培养自我学习与团队合作意识；

（3）培养获取信息、解决问题的策略等方法能力。

- -
工作任务
- -

1. 任务介绍

以项目 1 设计的实木门、实木椅或实木桌为内容，根据设计要求编写配料指示单，根据配料指示单操作设备进行配料加工。

2. 任务分析

配料是实木零部件加工的首道重要工序，配料质量的好坏直接影响产品质量、木材利用率、劳动生产率、产品成本和经济效益。本任务主要是根据图纸进行分析，合理选料、合理确定加工余量、确定配料工艺，尽量提高毛料出材率。

3. 任务要求

（1）本任务必须现场教学，以组为单位进行，组员分工协作、责任到人，禁止个人单独行动；

（2）根据配料工艺要求及配料指示单，选择合理的配料方式，正确进行配料；

（3）了解锯材配料的设备并能正确操作，掌握设备的操作技能，加强操作安全教育与管理，要牢记安全第一；

（4）做好记录，提出学习中碰到的问题并相互评议。

4. 材料及工具

设计图纸、笔、纸、记录本、干燥好的锯材、直尺、钢卷尺、导尺、细木工带锯机、横截圆锯、纵剖圆锯、双面刨等。

知识准备

---

1 实木制品生产工艺基础

1）生产过程与工艺过程

（1）生产过程

将原材料制成家具产品相关过程的总和，即从生产准备开始直到把产品生产出来为止的全部过程，称为生产过程。

生产过程包括：生产家具所需原材料的采购、运输、质量检验及保管；新产品的设计；加工设备的调整、维修和保养；刀具、夹具及其他工具的设计使用；动力和能源的供应；零部件的加工、装配、装饰；零件和产品的质量检验、产品及中间产品的保管；生产的组织和管理等。所以说生产过程是有组织、有计划的各种生产措施的组合，其根本目的就是为了利用好原材料，生产出高质量的家具产品。

（2）工艺过程

工艺过程是指通过各种生产设备，直接改变原材料的形状、尺寸、物理性质或化学性质，使之加工成符合技术要求的产品的一系列过程的总和。

工艺过程是生产过程的核心部分，在生产中非常重要，其他过程一般来说都是为工艺过程服务的。家具的工艺过程一般只改变原材料的形状、尺寸或物理性质。安排工艺过程时不仅要考虑产量、提高劳动生产率，更重要的是要重视加工质量，加强质量检验和管理，这样才能保证产品质量，提高产品的可靠性，减少返修率，从而取得优质、高产、低耗、高效的经济效果。

据加工特征或加工目的不同，木制品生产工艺过程大体上可以划分为几个工段（车间），即配料工段，零、部件机械加工工段，装配工段，装饰工段等（图5-1）。

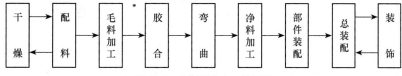

图5-1 木制品生产工艺过程

木制品生产的主要原料是锯材和各种人造板，为了保证产品质量，生产中必须达到一定的含水率。因此，锯材在加工之前，必须先进行干燥。锯材和各种人造板的机械加工，通常是从配料开始的。经过配料，锯切加工成一定尺寸的毛料。配料工段应力求使原料达到最合理的利用。

木材干燥与配料工段的先后顺序，因木制品的结构而有所不同，可以先进行干燥然后配料，也可以先配料而后再进行毛料干燥。在实际生产中，这两种情况都是存在的。

毛料先通过加工四个表面和截去端头，再经过开榫、钻孔、打榫眼、磨光等加工工序，使其具有精确的尺寸和几何形状，这种状态的工件称为净料。通过这些净料加工就可以得到符合设计图纸要求的零件。至于胶合零件或贴面零件，总是在毛料加工之后进行胶合和贴面，然后再进行钻孔、开榫、打榫眼等加工工序的。

木制品装配工段通常是先将零件装配成部件，再进行必要的部件加工，最后完成总装配。

木制品生产工艺过程的最后阶段是装饰或装配，它们的先后顺序也取决于产品的结构形式。所以可在总装配成制品后进行涂饰，也可以先进行零部件装饰，然后装配成制品或以拆装形式包装后发送至销售地点。

（3）工序

如前所述，木制品的生产工艺过程是由各工段所组成的，每一个工段都有其特定的加工内容，这些加工内容的完成，依靠工段内各个有序排列的工作位置完成相应的工作内容来实现，从而使原材料逐渐成为产品。为了便于生产管理，生产中一般将各工段进一步划分为一个一个工序，也就是说，生产工艺过程由各个工段所组成，而工段则由各工序所组成。工序是指由一个（或一组）工人在一个工作位置上对一个或多个工件所连续完成的工艺过程中的某一部分操作。

① 工序的分类：工序按其作用的不同，一般可以分为下列几类：

工艺工序　是直接改变材料形状、尺寸，或改变原材料（半成品）物理、化学性质的工序。如在木制品生产中方材毛料的基准面、基准边的加工工序，方材净料加工中的打眼工序等，都属工艺工序的范畴。

检验工序　该工序包括原材料质量检验、中间产品质量检验、成品的质量检验。如木制品生产中的锯材检验（标准尺寸、等级）工序、家具的表面质量的检验工序等。

运输工序　在工艺工序之间和工艺工序与检验工序之间，运送原材料、中间产品、成品的工序。运输工序是联系工艺过程的纽带。

② 工序的组成：为了确定工序的持续时间，制定工时定额标准，还可以把加工工序进一步划分为安装、工位、工步、走刀等组成部分。

安装　由于工序复杂程度不同，工件在加工工作位置上可以只装夹一次，也可能需装夹几次，工件在一次装夹中所完成的那一部分工作称为安装。例如，两端开榫头的工件在单头开榫机上加工时就有两次安装，而在双头开榫机上加工，只需装夹一次就能同时加工出两端的榫头，因此只有一次安装。

工位　工件相对于机床和刀具的位置称为工位。在钻床上钻孔或在打眼机上打榫眼都属于工位式加工。

工位式加工工序可以在一次安装一个工位中完成，也可以在一次安装若干个工位中或若干次安装若干个工位中完成。在工位式加工工序中，由于更换安装和工位时需消耗时间，所以安装次数越少，生产率越高。

工步　在不改变切削用量（切削速度、进料量等）的条件下，用同一刀具对同一个表面进行加工所完成的工艺操作称为工步。例如，利用压刨床加工相对面、相对边，那么，这个加工工序就由两个工步组成。

走刀　在刀具和切削用量保持不变时，切去一层材料的过程称为走刀。一个工步可以包括一次或数次走刀。例如，工件基准面加工，一般来说一次刨削很难达到加工要求，往往需要进行几次，刨削才能完成基准面的加工，如果进行了两次刨削就称为二次走刀。

③ 工序的表示方法： $\dfrac{工序名称}{工作位置} \longrightarrow$

④ 工艺过程流程图：是指在生产过程中，按工序的先后顺序所编制的生产工艺走向图。

如实木椅拉档的加工，其零件图如图 5-2 所示，其生产工艺流程如下：

订制材 → $\dfrac{纵剖}{纵剖锯}$ → $\dfrac{横截}{横截锯}$ → $\dfrac{刨基准面或边}{平刨}$ → $\dfrac{刨相对面或边}{压刨}$ → $\dfrac{截头}{横截圆锯}$ →

$\dfrac{铣倒角}{立铣}$ → $\dfrac{榫头加工}{开榫机}$ → $\dfrac{砂光}{砂光机}$ → $\dfrac{检验}{检验台}$ → 零件（不涂饰）

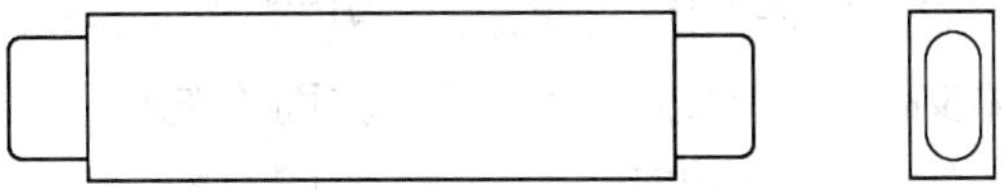

图 5-2　实木椅拉档零件图

工艺流程图除采用上述表现形式外，也可用表格的形式列出，见表 5-1。

表 5-1　实木椅拉档料的生产工艺流程

工序顺序号	工序名称		工作位置		工段
1	纵剖		纵剖锯		配料
2	横截		横截锯		
3	刨基准面或边	四面刨光	平刨	四面刨	机械加工
4	刨相对面或边		压刨		
5	截头		精截圆锯		
6	（铣倒角）		（立铣）		
7	加工榫头		开榫机		
8	砂光		砂光机		
9	检验		检验台		

注：表中的括号部分仅适合采用平、压刨的生产工序。

⑤ 工艺过程路线图：木制品中所有零件工艺过程图的汇总。表 5-2 所列为木制品生产过程路线图。

表 5-2　家具生产工艺过程路线图

编号	零部件名称	零部件尺寸	工作位置					
			裁板锯	封边机	排钻	装件	检验	包装
1	A 部件	——	○	○	○		○	○
2	B 部件	——	○	○	○	○	○	○

注：表中圆圈标注工时定额。

⑥ 工序的分化与集中：工序的划分是根据加工工艺过程中使用的机床设备、产品的结构，以及主产品的加工精度等要求决定的。划分工序与组织生产、编制生产计划、制定工艺定额等密切相关。合理地划分工序，对提高产品的加工质量、提高工人的劳动效率和设备利用率以及企业的经济效益影响很大。根据

生产的实际情况，划分工艺工序时，可选择工序分化与工序集中两种方法。工序的分化是使每个工序中所包含的工作量尽量减少，把较大的、复杂的工序分成一系列小的、简单的工序。工序的集中是使工件在尽可能一次安装后，同时进行多项加工，把小的、简单的工序集中为一个较大的和复杂的工序。工序的分化或集中，关系到工艺过程的分散程度、加工设备的种类和生产周期的长短，因此，实行工序分化或集中，必须根据生产规模、设备情况、产品种类与结构、技术条件以及生产组织等多种因素合理地确定。

（4）工艺规程

工艺规程是规定生产中合理的加工工艺方法的技术文件。实际生产中的工艺卡片（表5-3）、检验卡片都属于工艺规程，在这些文件中，规定了产品的工艺路线，所用设备和工、夹、模具的种类，产品的技术要求和检验方法，工人的技术水平和工时定额，所用材料的规格和消耗定额等。它是进行生产组织和工人进行操作的重要技术文件。工艺规程具有以下几方面的作用：

① 是指导生产的主要技术文件，是管理生产、稳定生产秩序的依据，是工人工作和计算工人工作量的依据；

② 是生产组织和生产管理工作的基本依据，是原材料供应、掌握生产设备利用率、生产计划制定的依据，是生产工人配置以及产品检验和经济核算的依据；

③ 是新建或扩建工厂及车间设计的依据，是设备选型、设备配置、工艺布置、车间面积确定的依据，是原材料计算和工艺计算的依据。

制订工艺规程时，应该力求在一定的生产条件下，以最快的速度、最少的劳动和材料消耗、最低的成本加工出符合质量要求的产品，因此，制订工艺规程时，应首先认真研究产品的技术要求和任务量，了解现场的工艺装备情况，参照国内外科学技术发展情况，结合本部门已有的生产经验来进行此项工作。为了使工艺规程更符合生产实际，还需注意调查研究，集中群众智慧。对先进工艺技术的应用，应该经过必要的工艺试验。

表5-3　工艺卡片

生产批号						零部件图及技术要求						
产品名称代号												
产品名称												
零部件名称代号												
产品数量						毛料、净料规格						
零部件数量						合格量						
规格型号												
序号	工序名称及设备	刀具规格及型号	模、夹具类型	工艺要求	生产车间	合格率	加工时间	完成时间	操作者	质检	质检员
1											
2											
3											
4											
要点：						工艺设计					
		质检记录				审核					
						审批					
						×××公司					

（5）生产流水线

① 连续流水生产线的概念及特征：按照工序进行的顺序来布置设备，选用设备的数量及其生产能力，能保证被加工木制品零件不停顿地从一个工序转移到另一个工序，这样的生产组织称为连续流水生产线。

连续流水生产线具有以下几个基本特征：

- 生产过程划分为最简单的工序，也就是实行工序分化，以保证这些工序的专业化。

- 将每个工序固定在一定的工作位置或工作机器上。

- 按照工艺过程中完成工艺工序的先后顺序来安排工作位置，以保证木制品在其加工过程中移动时的严格顺序。

- 工艺操作具有相等的持续时间（同步性），可保证工人（当在流水线上使用人力时）或工作机器（在自动化生产中）有均衡而又充分的装料时间。

- 被加工的工件依次向前，不倒流也不停顿地从一个工作位置向另一个工作位置移动，从而保证生产过程的连续性。这是连续流水生产线的最主要的特征。

② 连续流水生产线的种类：分为固定流水生产线和可变流水生产线。

仅用于加工一种同名零件的生产线为固定流水生产线，由于工序的组成不变，这种流水生产线上的所有机构全都参加工作。固定流水生产线不需要进行在改变加工对象时不可避免的重新调整。

用于定期交替地加工同一类型但尺寸或工序组成不同的几种零件的生产线，称为可变流水生产线。这种流水生产线更具有通用性，当工序组成变化时，就可能只是加工该零件所必须的一部分机构参加工作。

变换加工对象，可变流水生产线需要进行重新调整，由于众多机构的重新调整将引起大量的时间损失，所以采用预选调整系统来调整可变流水生产线是合理的。

连续流水生产线按照机械化程度可以分为以下几种：

手动流水线　这种连续流水生产线是最简单的形式，在这种流水线上，工人用手或是借助最简单的（板式、辊筒等）运输装置，将工件从一个工作位置传到另一个工作位置上。

具有分配传送带的流水线　这是利用一条总的传送带作为运输手段，将工件从一个工序传到下一个工序的工作位置上。在这种流水线上进行工艺操作时，要将工件从传送带上取下来，放在传送带旁的工作位置上。

工作传送带　在这种流水线上，工件就在传送带上由工人进行加工操作，而不必取下来。在这种具有工作传送带的流水线上，运输机本身的各个段落就是工作位置，这样就可以节省消耗于搬移工件的时间。但是为了保证工件操作能在传送带上进行，它的设备组成因此也就比较复杂。

自动线　是按照工艺过程的操作顺序进行布置的，彼此直接联结或利用运输装置联结成序列的机床线。自动线是连续流水生产线的最高级的形式，在这种生产线上，工件的加工以及它从一台机床传送到另一台机床都是自动进行的，无需工人直接参与。在自动线上操作的工人只需进行启动、调整、排除故障，并且观察、掌握整个自动线的工作状况。在第一台机床上装料和在自动线的末端卸出成品以及进行加工质量的检验等，也都可利用自动装置来完成。

半自动线　它是自动线与传送带之间的一种中间过渡形式。在半自动线上，只有一部分工序是自动进行的，其余的如装料、卸出成品等工序还需工人直接参与。

2）加工基准与加工精度

（1）加工基准

为了获得符合图纸规定的形状、尺寸和表面粗糙度的零件，须经过多道工序加工，每经过一个工序，就形成一个新的表面，新表面的准确形成，须将工件放在机床或夹具上，使它和刀具之间具有一个准确的相对位置，这叫做定位。工件在定位之后，还不能承受加工时的切削力，为了使它在加工过程中能保持正确位置，还需要将其压紧和夹牢，这叫做夹紧。确定工件位置的过程称为定基准。

① 工件定位的规则：工件在空间具有六个自由度，即沿空间坐标轴 x、y、z 三个方向的移动和绕此三个轴的转动。为了使工件相对于机床和刀具有正确的定位，就必须约束这些自由度，使工件在机床上或夹具上相对地固定下来。

由图 5-3 可看出，把工件平放在由 x-y 组成的平面（工作台面）上或三点上，这时工件就不能沿 z 轴移动，也不能绕 x 轴和 y 轴转动，这样就约束了三个自由度；如果又将工件紧靠 x-z 组成的平面（导尺）或两点时，工件便不能沿 y 轴移动和绕 z 轴转动，又约束了两个自由度；同理，当把工件靠向 y-z 组成的平面（挡块）或一点时，工件便不能沿 x 轴移动，于是约束了沿 x 轴移动的自由度。

至此，工件的六个自由度就全部被约束了，从而使工件在机床工作台（或夹具）上准确地定位和定基准，定基准的正确性和可靠性将影响到工件的加工精度。在进行切削加工时，根据加工要求，通常不需要将工件的六个自由度全部约束住，有时只需要约束住三个、四个或五个自由度就足够了。例如，工件在压刨上进行厚度尺寸的加工，就只需约束住三个自由度，即把工件安放在机床的工作台面上，由上下滚筒压紧，再通过刀具进行切削，就能达到加工的要求。但在打眼机上加工榫眼时，必须同时消除六个自由度才能保证加工的质量。

② 基准的基本概念及分类：为了使零件在机床上相对于刀具或在产品中相对于其他零、部件具有正确的位置，需利用一些点、线、面来定位，这些用于定位作用的点、线、面称为基准。了解了工件定位时应遵循的六点规则，就应该首先研究选用工件上的哪些表面来定基准。

根据基准的作用不同，可以分为设计基准和工艺基准两大类。

设计基准　在设计时用来确定产品中零件与零件之间相对位置的那些点、线、面称为设计基准。设计基准可以是零件或部件上的几何点、线、面，如轴心线等；也可以是零件上的实际点、线、面，即实际的一个面或一个边。例如设计门扇边框时，以边框的对称轴线或门边的内侧边来确定另一门边的位置，这些线或面即为设计基准。

工艺基准　在加工或装配过程中，用来确定与该零件上其余表面或在产品中与其他零、部件的相对位置的点、线、面，称为工艺基准。工艺基准按用途不同，又可分为定位基准、装配基准和测量基准。

定位基准：工件在机床或夹具上定位时，用来确定加工表面与机床、刀具间相对位置的表面称为定位基准。例如，在打眼机上加工榫眼，放在工作台上的面、靠住导尺的面和顶住挡板的端面都是定位基准，如图 5-4 所示。

加工时，用来作为定位基准的工件表面有以下几种情况：

- 用一个面作定位基准，加工其相对面；
- 用一个面作为基准，又对它进行加工；
- 用一个面作基准，加工其相邻面；
- 用两相邻面作基准，加工其余两相邻面；
- 用三个面作基准。

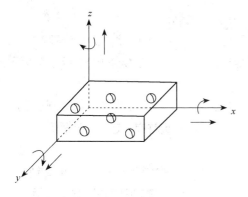

图 5-3　工件定位的六点规则

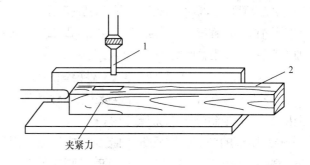

图 5-4　定位基准
1. 刀具　2. 工件

以上五种定位基准中，前两种允许工件作移动，用于平、压刨加工；接着的两种只允许工件沿着一个方向移动，用于四面刨加工；第五种只用于工位式加工工序，如钻孔加工。

在加工过程中，由于工件加工程度不同，定位基准还可以分为粗基准、辅助基准和精基准。

用未经过精确加工且形状正确性较差的表面作为基准，称为粗基准；如在纵解圆锯上锯解毛料时，以板材上的一个面和一个边为基准，这个面及边就属于粗基准。在加工过程中，只是暂时用来确定工件某个加工位置的基准，称为辅助基准；如工件在单面开榫机上加工两端榫头，在加工时，以其一端作为基准，大概地确定零件的长度，这就是辅助基准。已经达到加工要求的光洁表面作为基准，就称为精基准；上例中开第二端榫头时，利用已加工好的第一个榫肩作基准，就是精基准。

装配基准：在装配时，用来确定零件或部件与产品中其他零、部件的相对位置的表面称为装配基准。装配基准是指装配成部件或产品过程中采用的基准。

测量基准：用来检验已加工表面的尺寸及位置的表面称为测量基准。在加工过程中，工件的尺寸是直接从测量基准算起的。

③ 正确选择和确定与选择基准面的原则：

• 必须根据不同工序的要求来制定基准。在保证加工精度的前提下，尽量减少基准的数量，以便于加工。例如在压刨上进行厚度尺寸加工时，只需取工件下表面作为基准，就可以达到加工要求；而在工件上钻孔时，为了保证孔的位置精度，则必须取它的三个面作基准。

• 尽量选择较长、较宽的面作为基准面，以保证加工时工件的稳定性。

• 尽可能选用工件上的平表面作基准面。对于曲线形零件，应选择凹面作基准。

• 在加工时，应尽量采用经过精确加工的面作为基准面。只是在锯材配料等工序才允许使用粗糙表面作基准。

• 选择工艺基准时，应遵循"基准重合"的原则。例如将设计基准作为加工时的定位基准，这样可以避免产生基准误差。

• 需要多次定位加工的工件，应遵照"基准统一"的原则。尽量采用对各道工序均适用的同一基准，以减小加工误差。若在工序中需变换基准，应建立新旧基准之间的联系。

• 定位基准的选择，应便于工件的安装和加工。

• 工件在切削加工之前必须达到一定的干燥程度，且断面含水率分布均匀，内应力足够小，以防止锯材加工过程中产生翘曲变形。

（2）加工精度

加工精度是指零件在加工之后所得到的尺寸、形状、表面特征等几何参数和图纸上规定的零件的几何参数相符合的程度。相符合的程度越高，即二者之间的差距越小，就表明加工精度越高；反之则表明加工误差大，加工精度低。

在零件加工过程中，即使在加工条件相同的情况下，成批制造的零件之间，其实际参数总和图纸上所规定的尺寸存在着一定的偏差。实际上，从保证产品使用功能考虑，也允许有一定的加工误差，但必须将加工误差控制在一定的范围之内。

零件加工的实际尺寸和图纸上规定的尺寸之间的偏差称为尺寸误差。尺寸相符合的程度称为尺寸精度。

零件经过加工后，实际形状与图纸上规定的几何形状不能完全符合，两者之间产生了偏差，这种偏差称为几何形状误差。规定的几何形状和实际形状相符合的程度称为几何形状精度。

在切削加工中，应当保证零件各部分的尺寸精度、几何形状精度以及各个表面的相互位置精度。

木制品的零件在加工过程中，所用机床、刀具、夹具和检测时使用的量具等的状况，工件本身的特性以及操作人员的技术水平等，对于加工结果都有直接影响。这些因素对各个工序的影响程度也不尽相同。总之，零件形状、尺寸和表面质量的形成，是上述诸多因素综合影响的结果。为了保证加工精度，消除或减小加工中产生的误差，可采取以下措施：

① 加强加工机床的维护。对加工设备应建立定期检修保养制度，发现问题应及时进行维修，避免加工机床"带病工作"。因为设备本身具有一定的制造精度，在加工时可能产生误差的因素主要包括刀轴的径向和轴向跳动，床身、刀架、工作台平直度的精度，靠尺对刀轴轴心线的垂直度，传输部分的间隙等，加强对设备的日常维护和保养非常关键。另外，在设备开机前要注油，对松动的螺母要拧紧等。设备的精度直接影响到被加工工件的精度，通常工件的加工精度要求达到±0.2mm，因此，现在家具的生产设备都在尽可能地提高精度，以满足高精度加工的要求。

② 提高刀具的制造、安装精度及研磨质量。刀具制造时要保证切削部分的几何角度准确、刀刃的前面与后面应光洁，以减小与木材的摩擦力；刀具应选用耐磨性强、刃口锋利、有足够的韧性、容易研磨、受热后变形较小的材料制造。

刀具安装时应使刀具与主轴同心，旋转时不产生左右摇摆，夹紧牢固；不能相对滑动；多头切削刃具安装前应作等重和平衡检查，几片刀应重量相同、尺寸一致、重心一致，紧固刀片的螺栓、螺母、盖板、压条等也要作平衡检查；同轴上每块刀片的伸出量应均匀，要保持在一个切削圆周上，并保证加工表面水平。

刀具刃磨是保证加工精度和刀具继续良好使用的关键，因而刀具要及时修磨和调整，并保证刃磨的质量。

③ 提高夹具及模具的制作精度，减少零件在夹具与模具上的安装误差。首先是提高夹具、模具各零件的制造精度；其次是注意模具与夹具的安装方法及安装精度；最后是减少夹具与模具在受力变形下引起的加工误差。夹具与模具本身的精度必然会引起工件的加工误差，为了减少这种误差，应该使夹具和模具具有合理的结构和较高的制造精度，应采用耐磨不易变形的材料制造，使其具有足够的刚度，减少在夹紧力作用下的变形。

在夹具与模具上安装工件时，夹具的受力点及方向不对也可能改变工件已经确定好的位置，影响加工精度。另外工件本身因受夹紧力作用，也会出现变形，产生加工误差。

④ 提高机床和夹具的刚度，保持机床运转平稳。家具生产设备一般来说转速都很高，进料速度也快，主轴转速一般在5000r/min，最高为10000～20000r/min，进料速度通常为3～30m/min，如果

自身刚度不足，工作起来易产生较大的振动，令刀具、导板、紧固件等出现相对位移，使工艺系统产生弹性变形而导致加工误差。

⑤ 选择合适的测量工具和测量方法。精度要求较高时，应采用游标卡尺检量；测量工具经常校对检查，不经检查的量具不得使用。在度量时要注意从定位基准面开始，度量操作应正确，读数不得有误差。

⑥ 尽量减少机床调整误差。机床调整应用样品零件进行，首先在机床静态下，用标尺调好刀具与工件之间的相对位置，然后加工数个零件测量其尺寸，再按误差来校正刀具与工件的相对位置，直到加工出来的样品零件的平均尺寸与图纸标准尺寸的差值达到允许值为止。

⑦ 正确选择和确定基准。在加工过程中，如果不能正确选择和确定基准，也会影响加工精度。

⑧ 提高成材干燥质量。在切削加工前，木材必须干燥到要求的含水率，干燥的毛料在出炉窑后要在料仓中堆放整齐，陈放一周时间左右，使其含水率和内应力趋于平衡后再使用；应按各种树种木材软硬程度选择刀具的切削角度。

综上所述，在加工过程中，有多种因素影响工件的加工精度，有的是可以避免的，有的是客观存在而难以避免的。对可以避免的误差，我们应当善于分析和掌握产生原因，并根据具体情况采取必要的技术措施，使之减少到最低限度，以生产出合格的木制品。

3）表面粗糙度

（1）表面粗糙度的基本概念及类型

在木制品加工过程中，在零、部件的加工表面会留下各种程度不同的加工痕迹或不平度，这种加工痕迹或微观不平度称为木材表面粗糙度。家具产品表面粗糙度是评定家具表面质量的重要指标，它直接影响胶贴质量和制品的装饰质量，以及胶料与涂料的消耗量，同时对生产工艺、加工余量的大小和原材料消耗、生产效率等都影响较大，因此，需严格控制被加工件表面的粗糙度，使之在工艺允许的范围内。

表面粗糙度可分为宏观不平度和微观不平度。理论研究和生产中所指的表面粗糙度是微观不平度。

宏观不平度是指外观尺寸较大的单个加工缺陷，其产生原因一是生产设备稳定性差及精度低，二是木材表面存在局部变形。

微观不平度是指外观尺寸较小的加工缺陷。根据加工后留下的缺陷，又分为以下六种不平度：

① 痕迹：常呈梳状或沟状，其形状、大小和方向取决于刀刃的几何形状和切削运动的特征。如用圆锯片锯解时木材表面留下圆弧形的锯痕，经带锯机锯解的工件表面会产生斜条状的锯路痕迹。

② 波纹：家具生产的机床设备大部分的刀具都作回转运动，从切削运动的轨迹可以看出，在被切削的表面上必然会形成一种大小相近、有规律的波状起伏的波纹，这是切削刀具在加工表面上留下的痕迹或是机床-刀具-夹具-工件等工艺系统振动的结果。如铣削、刨削后木材表面上留有刀刃轨迹形成的表面波纹，这些波纹在肉眼下是不明显的。

③ 破坏性不平度：由木材表面上成束的木纤维被撕开或成块地崩掉而形成，若切削用量过大，进给速度过快，较易产生这种不平度。一般具有死节、腐朽、虫蛀等缺陷的工件在铣削或车削时，常产生此种不平度。

④ 弹性不平度：由于木材结构的不均匀性（木材中的早材与晚材、心材与边材差别），切削加工时，刀刃在木材表面上挤压，解除压力后，由于木材弹性恢复量不同，因而在加工表面形成凹凸不平的现象，这种不平度的大小与木材结构的均匀性、刀刃的锋利程度、木材的含水率大小等因素有关。特别是刨削、

铣削软质木材时，所产生的弹性恢复不平度更为明显。

⑤ 木毛与毛刺：木毛是指单根纤维的一端仍与木材表面相连，而另一端竖起或贴附在表面上；毛刺则指成束或成片的木纤维还没有与木材表面完全分离开。木毛和毛刺的形成跟木材的纤维构造及加工条件有关。通常在评定表面粗糙度时，都不包括木毛，因为还没有适当的仪器和方法对它作确切的评定。在对表面粗糙度的工艺要求中，通常只指明是否允许木毛的存在。

⑥ 结构不平度：木材由于是多孔性的结构材料，在切削加工时，有些木材细胞必然会被切开，被切开的木材细胞就在零件的切削平面上呈现沟槽，其大小和形态取决于木材细胞的大小和它们与切削表面的相互位置。如阔叶树种的环孔材，早材的导管在纵切面的切削表面留下沟槽，在横切面的切削表面留下肉眼下较明显的孔洞。由木材碎料即刨花板制成的零部件，其表面所呈现的各种大小不同的碎料形状以及木材表面可能存在的虫眼、钉眼、裂缝等，也称之为结构不平度。

（2）表面粗糙度对木质件工艺性的影响

① 表面粗糙度对机械加工的影响：表面粗糙度大，使加工余量增大，原材料消耗加大，废料增多，增加加工时间和成本。在机械加工时，如果一次加工完成，工件受力加大，工艺系统的总位移加大，加工精度降低；如果采用多次加工，劳动生产率又会大大降低。

② 表面粗糙度对胶合、胶贴和装饰质量的影响：胶贴的原材料若表面粗糙度大，会使涂胶量增大，使胶接面的胶层加厚，胶层在固化时会产生内应力，降低胶合强度；同样在涂饰过程中，工件的表面粗糙，也会使砂削量增加，有时还要增加打腻子工序，增加成本，而且涂料在固化后会出现漆膜不平等不良现象。

（3）影响表面粗糙度的因素及其降低措施

影响木材表面粗糙度的因素比较复杂，被切削的木材表面所留下的各种不平度，是由机床、刀具、加工材料性质、切削条件等诸因素共同作用的结果。

① 切削用量：包括切削速度、进料速度。如圆锯片切削木材时，在相同的切削速度下，如进料速度大，则切削表面锯路痕迹明显，反之锯路痕迹不明显。

② 切削刀具：切削刀具的几何参数、刀具的制造精度、刀具工作面的光洁程度、刀具的刃磨质量以及磨损情况等，对切削表面粗糙度影响较大。

③ 机床-刀具-工件工艺系统的刚度和稳定性：由机床、刀具和工件所组成的工艺系统的刚度及稳定性直接影响到加工质量，特别是使用夹具、模具时，工件的夹紧力及定位的稳定性会受严重影响。

④ 切削方向：采用横纹理切削还是顺纹理切削，对加工质量也会产生影响，通常顺纹理切削的质量较好。在顺纹理切削时还分为顺纹理和逆纹理，一般是前者的效果较好。

⑤ 材料的物理力学性质：主要是指硬度、密度、含水率、弹性等，一般来讲硬度小、密度小、弹性好并且含水率相对较低的材料，其加工质量高。

⑥ 其他因素：除尘系统的效果是否理想，调刀、刀头是否松动、加工余量是否变化及其他偶然因素（吃刀量或进给速度突然增加），也会对工件的加工表面带来影响。

分析影响木材切削表面粗糙度的因素，其根本目的是为了寻找降低加工表面不平度的方法及提高工件表面质量的措施。降低切削表面粗糙度的措施如下：

① 根据产品质量要求，选择适当的加工机床；

② 平面铣削时，在允许范围内，可增加切削圆的直径、提高刀头转速、增加刀片数量、降低进料速度；

③ 尽可能采用顺纹切削，注意进料方向；

④ 根据木材材质及木材的性质、加工余量的大小，适当调整切削用量，掌握好进料速度；

⑤ 刀具要保持锋利，制定合理的刃磨周期，提高刃磨质量，掌握好刀具安装质量。

总之，必须从机床、刀具、切削方法、切削条件等多方面来寻求降低木材表面粗糙度的有力措施，以保证工件的加工质量。

（4）木制零部件表面粗糙度的评定

当前木制品生产企业，对工件表面粗糙度的要求主要是依靠加工的工艺来保证。工件表面粗糙度分为粗光、细光、精光三个等级。粗光是指工件表面仅经过平刨、压刨、铣削加工，具有较细的波浪纹状；细光是指工件表面经过平刨、压刨、铣削加工后，再经粗、细砂光机进行砂光或经一般光刨机精细刨光，其表面基本无波浪纹状，仅有微细直线状砂痕或细小的撕裂；精光是指工件表面经过平刨、压刨、铣削加工后，用很细密锋利的手工光刨进行刨光或用极细的高速砂带进行砂光，其表面用肉眼看不出砂痕与刨痕，手感十分光滑。木家具产品涂饰前，各部位的表面粗糙度应符合表 5-4 的规定。

表 5-4　木家具涂饰前各部位的表面粗糙度

部位	粗糙度要求	
	普通级	中高级
外表	细光	精光
内表	细光	细光
内部	粗光	细光
隐藏处	粗光	粗光

现在一般木制品企业对工件表面粗糙度的检验是凭主观经验，以眼看、手摸为准，由有丰富实践经验的工人或技术员负责。在实际操作中，采用画粉笔的检测方法，即用粉笔在工件的加工表面上画一笔，若呈现出明显粉笔痕印的为粗光，粉笔痕印较明显的为细光，笔痕不明显或没有的则为精光。

（5）木制零部件表面粗糙度的测定

目前，我国家具生产企业对木制工件表面粗糙度的测定方法主要有非接触测量法、接触测量法和比较法三种。

① 非接触测量法：利用具有光源镜筒与观察镜筒所组成的双筒显微镜进行观察和测试，如图 5-5 所示，这两个镜筒的轴线互相垂直，均与水平面成 45° 角，从光源镜筒中白炽灯发出的光，经过聚光镜及狭缝形成汇聚光带，照射到被测工件的表面后，反射到观察镜筒上的物镜，通过目镜可看到光带形状，并通过分划板读出其波峰与波谷值的大小。

此法的主要优点是对被测工件表面没有测量应力，较清楚看准粗糙表面，但测量和计算工件表面粗糙度较费时。

② 接触测量法：利用磨钝的触针与被测定工件表面直接接触，来测定表面粗糙度的一种方法，所用仪器有触针式表面粗糙度测量仪、轮廓记录仪或中线制轮廓仪。图 5-6 所示为触针式表面粗糙度测量仪，该测量仪的触针与工件表面直接接触，使感应器产生感应电动势，并通过放大器将信号传送至自动记录器，将微观不平度数值记录下来。

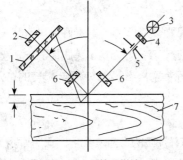

图 5-5　双筒显微镜

1. 分划板　2. 目镜　3. 白炽灯　4. 聚光镜
5. 狭缝　6. 物镜　7. 被测工件

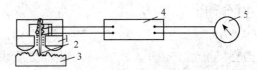

图 5-6　触针式表面粗糙度测量仪

1. 感应器　2. 触针　3. 被测工件
4. 放大器　5. 自动记录器

此法的主要优点是测定表面微观不平度的范围较大,测量时消除了主观性,但由于触针尖端具有一定的曲率半径,因此有一定的误差,因而要求触针的重量与木材的压力都必须很小。

③ 比较法:通过不同的加工方法加工出的试样做为比较样块,将加工出来的工件表面与之比较,通过视觉、触觉评定出加工工件的表面粗糙度的一种方法。

粗糙度鉴定的这种工艺样板,可以是成套的特制样板,也可以是从生产的零件中挑选出来的粗糙度合乎要求的标准零件。为了使检验结果准确,样板在树种、形状、尺寸、加工方法等诸多方面应尽可能与被检零件一致。这种评定方法显得比较麻烦,因为用于家具生产的原材料树种较多,加之形状尺寸、加工方法、原材料的物理力学性质等方面的差别,这就决定了样板队伍的复杂和庞大。

在 GB/T 14495—1993《木制件表面粗糙度比较样块》中,对样块的制造方法和表面特征等均作了具体规定。

2　锯材配料的要求与工艺

木制品一般都是由若干个零部件组装而成,而制造零部件的首道工序就是配料。实木产品配料所用的主要原料是锯材,配料就是根据家具产品的设计尺寸和质量要求将锯材锯制成各种毛料的加工过程。配料包括选料和锯制加工两大工序,是实木家具生产工艺过程中的重要首道工段,配料质量的好坏直接影响产品质量、木材利用率、劳动生产率、产品成本和经济效益。因此必须重视配料工作,应选派经验丰富、技术全面、责任感强的技术人员和工人把关,以达到确保产品质量和充分利用原材料的目的。

在重视管理的规范化企业里,配料工作人员是根据设计人员或有关部门的正式配料文件进行生产的。配料文件即配料指示单,它一般采用表格形式,各企业所制的格式、名称各有不同,但一般都应包括产品编号、图号、名称、规格、生产数量以及零件代号、名称、规格(毛料、净料)、单位、数量、材种等。表 5-5 是实木家具配料指示单的一种格式。

表 5-5　实木家具配料指示单　　　　　　年　月　日

产品编号		图号		产品名称		规格		单位		生产数量	

零件代号	零件名称	净料规格			毛料规格			单位	数量	总材积	材种	等级	备注
		长	宽	厚	长	宽	厚						

配料人员要熟悉每个零件在实木家具中的部位、作用以及质量要求等，以便按配料指示单中标定的材种、等级、规格尺寸等有关要求合理搭配原料。

毛料在刨光、开榫槽、装配等零件机械加工过程中，由于各方面因素的影响，往往会有极少部分报废。为此，还应合理确定毛料损耗率。毛料损耗率一般根据操作人员的技术水平、生产设备及批量大小等情况来确定。

配料工艺的关键环节是合理选料、确定配料工艺和提高毛料出材率等。

1）选料要求

实木家具种类繁多，各自有不同的技术要求；即使对于同一件产品，不同部位的零部件对材料的要求也往往不同。选料就是指选择符合产品技术要求的树种、材质、规格、等级、色泽和纹理的锯材。选料时还要特别考虑材料的合理搭配，做到材尽其用，也只有这样才能称为合理选料，才能保证提高产品质量、毛料出材率和劳动生产率，做到优质、高产、低消耗。

锯材配料所选用的板材可以是毛边板，也可以是整边板。毛边板更能充分利用木材。

（1）根据产品等级和质量设计要求合理选料

高档实木家具的零部件以至整件产品往往需要用同一树种、同样材质的木材来配料。对于一般普通产品，常按硬材和软材分类，将质地、颜色和纹理大致相似的树种混合搭配，以便节约代用，并能充分利用和节省贵重树种的木材，确保产品的质量。

家具用料按零部件在家具上所处部位的不同，可分为外表用料、内部用料和暗处用料三种。

GB/T 3324—1995《实木家具通用技术条件》对实木家具的外表、内部等用料提出了一定的要求，它是进行选料的重要技术依据。标准中的要求包括：

① 外表不得使用腐朽料；外表及存放物品部位的用材不得有树脂囊；产品外表的局部装饰，不受单一材种的限制。

② 内部或封闭部位用材轻微腐朽面积不超过零件面积的 15%，深度不得超过材厚的 25%。

③ 虫蛀材须经杀虫处理；节子宽度不超过可见材宽的 1/3，直径不超过 12mm 的，经修补加工后不影响产品结构强度和外观的可以使用；其他轻微材质缺陷，如裂缝（贯通裂缝除外）、钝棱等，应进行修补加工，不影响产品结构强度和外观的可以使用。

④ 产品主要受力部位用材的斜纹程度超过 20%的不得使用，斜纹程度＝斜纹高度／水平长度×100%。

上述国家标准对实木家具各方面的用料提出了一些指导性要求，我们在选择时要仔细参照执行。例如对于家具的外表用料，如家具的面板、门板、抽屉面板以及腿等处，一般应选用材质较好、色泽和纹理较一致或能相配的材料；对于产品内部如搁板、中隔板、抽屉旁板、底板及背板等处用料，材质可次一些，树种可不限，节子、虫眼、裂纹等轻微材质缺陷在不影响产品结构强度和外观的情况下，修补后可以使用，同时还可以允许存在不超过规定的腐朽、斜纹及钝棱；用于制品不可见部分，如双包镶内衬档等，其材质要求还可比内部用料更宽一些。

选料时，还应该考虑到零部件的受力情况、产品强度以及某些制品的特殊要求。例如，带有榫头的毛料，其接合部位就不允许有节子、腐朽、裂纹等缺陷，以免降低榫头的接合强度。

选料时，对于家具成品颜色也要考虑。例如，某些高档家具要求浅木纹本色透明装饰时，其涂饰部位的用料要求就较严格，特别是对木材材色、纹理尤其严格；这类家具常选材色较浅、材质较好的山毛榉、柚木及水曲柳等。采用深色透明漆装饰时，涂饰部位的用料可比前者适当放宽。如采用不透明装饰，其表面用料则不必过分挑剔。

对于成套家具，特别是高档次的，其表面用料的选择应重视材料质地、色泽及纹理的相似及一致性。需要胶拼的零部件，根据 GB/T 3324—1995 的要求选料，即同一胶拼件树种应无明显差异，针、阔叶材不得混同使用。

总之，要做到优材不劣用、长材不短用、大材不小用、低质材合理利用，做到材尽其用，最大限度地提高利用率。这也是家具设计和工艺技术人员在确定每个零部件的材种、材级时应掌握的基本原则。

（2）选料时要控制木材含水率

锯材含水率是否符合家具产品的技术要求，直接关系到产品的质量、强度和可靠性，以及整个加工过程的周期长短和劳动生产率的提高。因此，必须控制木材的含水率，其原则或依据如下：

① 配料所选用的木材一般先进行干燥，并且要保证干燥质量，使其含水率符合产品设计要求，使锯材内外含水率均匀一致，内应力消除，防止在加工和使用过程中产生翘曲、开裂等质量问题，保证产品的质量。

② 由于家具产品的种类及用途不同，锯材的含水率要求有很大差异。因此，应根据家具产品的技术要求、使用条件以及不同用途来确定锯材的含水率。GB 6491《锯材干燥质量》中规定了不同用途的干燥锯材的含水率。其中家具制作时，用于胶拼部件的木材含水率为 6%～10%；用于其他部件的木材含水率为 8%～14%；采暖室内的家具用料的含水率为 5%～10%。GB/T 3324—1995 要求"木材含水率应不高于产品加工所在地区的年平均木材平衡含水率"，这是选料时考虑含水率问题的一个总体原则。产品加工和使用地区的不同，产品种类的不同，对锯材的含水率的要求都不同。因此，要根据产品的技术要求、使用条件、质量要求、加工和使用地区的木材平衡含水率等因素，合理确定所选锯材的含水率。根据上述规定，一般确定配料的终含水率应在上述含水率范围内选取，但要取比使用地区或场所的木材平衡含水率约低 2%～3%。用途重要、质量要求高时还应取更低值。

（3）所选的锯材规格应尽量与将加工的零部件规格相符合

要获得符合产品设计规格尺寸且表面平整光洁的零部件，必须根据加工余量来合理选用锯材规格，使得选用的锯材规格尽量与零部件或毛料的规格相衔接。如果锯材和毛料的尺寸规格不衔接，将使锯口数量和废料增多，影响到材料的充分利用和生产效率。锯材规格与毛料规格的配置要符合下述关系：所选锯材断面尺寸与毛料断面尺寸相符合，或者锯材的宽（厚）度正好是毛料宽（厚）度的倍数，或者锯材尺寸比毛料尺寸略大。同时在长度上也要注意长短毛料的搭配下锯，以便使木材得到合理利用以减少损失。

2）配料工艺

（1）配料方式

目前我国实木家具生产中，由于受到生产规模、设备条件、技术水平、加工工艺及加工习惯等多种因素的影响，其配料方式也是多种多样的。但总的看来，大致可归纳为单一配料法和综合配料法两种。

单一配料法　是将一种家具中的一种规格尺寸的零部件毛料配齐后，再逐一配备其他零部件毛料的配料方法。这种方法技术简单，容易操作。配料时，当配齐一种规格的毛料后，会有一定数量的边角余料留下来，特别是进行大批量的大零件配料时，余料数量会很大。当配另一种较小规格的零件时，一般会从这些边角余料中再选料，这样就会有大量的重复劳动，降低了生产效率。实际上仅适用于产品单一、原料整齐的家具生产企业的配料。这种配料方法对锯材的综合利用欠统一考虑，所以生产中很少采用。

综合配料法　是将一种或几种产品中所有零部件的规格尺寸分类，按归纳分类情况统一考虑用材，一次综合配齐多种零部件毛料的配料方法。这种方法由于在配料前对若干个产品的用料进行了分析、归纳，所以可合理搭配下料，能提高锯材利用率和生产效率。但要求操作者对产品用料知识、材料质量标准掌握准确，操作技术熟练。因此，适用于多品种家具生产企业的配料。

（2）配料工艺

板材配料方案可归纳为五种方式，在生产实践中一般是将这些方式分别组合进行。

先横截后纵解配料工艺　如图5-7所示，首先将板材按照零部件的长度尺寸及质量要求横截成短板，同时截去不符合技术要求的缺陷部分，如开裂、腐朽、死节等，再用纵解圆锯机（单锯片或多锯片）或小带锯将短板纵解成毛料。这种方式的优点是先将长材截成短板，方便在车间内运输，减少占地面积，生产时劳动强度较小。如采用毛边板配料，可充分利用木材尖削度，提高出材率；还可对长短毛料进行搭配锯截，充分利用板材的长度，做到长材不短用。因此，这种配料工艺在目前使用最为广泛。但缺点是出材率低，因为在截去部分缺陷时，往往会同时截去部分有用的木材。应注意的是，对长度较短的零件（如柜类家具的亮脚、木拉手等），应按零件长度的整数倍进行配料，以便于后道工序的加工及生产效率的提高。

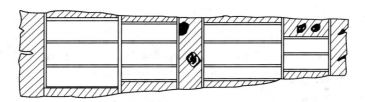

图5-7　先横截后纵解

先纵解后横截配料工艺　如图5-8所示，根据零件的宽度尺寸要求，先将板材纵向锯解成长条，然后根据零件的长度要求，将长条横截成毛料，同时截去缺陷部分。这种工艺适用于配制同一宽度或厚度规格的大批量毛料，可在机械进料的多锯片纵解锯上加工，生产效率高、质量好，且在截去缺陷部分时，有用木材锯去较少，能提高木材的出材率。但是在锯制过程中，长板条在车间占地面积大，运输也不太不方便，所以其应用不如上面的配料工艺广泛。

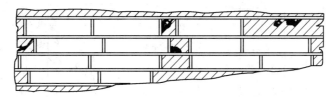

图5-8　先纵解后横截

先划线后锯截（解）配料工艺　首先根据零件的规格、形状和质量要求，先在板面上按套裁法划线，然后再按线锯截。预先划线后锯解可以用相同数量的板材生产出最大数量的毛料，根据实验比前两种工艺的出材率约提高9%，尤其对于曲线形零件，划线法既能保证质量还能提高生产率，但增加了划线工序。

划线法有平行划线法和交叉划线法两种，如图5-9所示。

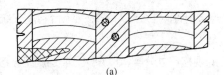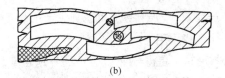

(a)　　　　　　　　　　　　　　(b)

图 5-9　先划线后锯截
（a）平行划线法　（b）交叉划线法

平行划线法一般是按毛料的长度先将板材截成短板，同时除去缺陷部分，然后再用样板（样板是根据零件的形状、尺寸要求，再放出加工余量制成的）在短板上平行划线。此法加工方便，生产率高，适合于机械化加工。

交叉划线法又称套裁法，与平行划线法相比，可充分利用板材上的好材部分锯出尽量多的毛料，因此出材率高。但此种划线法使毛料在板面上的排列不规则，较难用机械下锯，生产率低。所以这种配料工艺一般用于特别贵重木材的配料，不适合机械化大批量生产，应用较少。

先粗刨后锯截（解）配料工艺　首先将板材经压刨刨削加工，再进行横截或纵解成毛料。这种工艺因板面先经粗刨，其缺陷、木材纹理及材色能更明显地显露在材面上，便于配料人员按缺陷、纹理等分布情况合理配料，并及时剔除不适用的部分。而对于某些缺陷如节子、钝棱、裂纹等可以按用料要求所允许的限度，在配料时予以保留或修补，以提高出材率。另外，由于板面已先经压刨刨削，所以在锯解成毛料之后，对于一些质量要求不高的零件，就只需加工其余两个面，减少了加工工序。对于内框料之类的零件，若采用"刨削锯片"进行"以锯代刨"加工，可以得到四面光洁的净料。此配料工艺中，在刨削未经锯截的长板材时，长板材在车间内运输不方便，占地面积也大；此外，板材虽经压刨粗刨一遍，但往往不能使板面上的锯痕和翘曲度全部除去，因此并不能代替基准面的加工。对于尺寸精度要求较高的零件，特别是配制长毛料时，仍需要先通过平刨进行基准面加工和压刨进行规格尺寸的加工，才能获得正确的尺寸和形状。此种配料工艺主要用于高级木材的配料，以确保高级家具的材质要求。

先粗刨、锯截和胶合再锯截的配料工艺　如图 5-10 所示，将板材经刨削、锯截和剔除缺陷后，利用指形榫和平拼，分别在长度、宽度和厚度方向进行接长、拼宽、胶厚，然后再锯截成毛料。这种工艺增加了刨削、锯截、铣齿形榫和胶接等工序，虽较费工、生产率较低，但能有效提高木材出材率和保证零件的质量，是配料发展的方向，应大力提倡使用。此种方法特别适用于长度较大、形状弯曲或材面较宽、断面较大、强度要求较高的毛料（如椅类的后腿、靠背、扶手等）的配制。

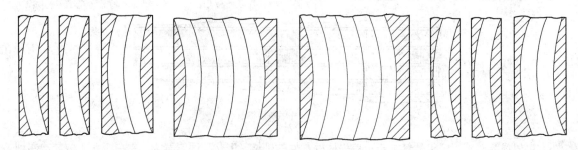

图 5-10　先胶合再锯截

熟悉了上述几种配料工艺的特点之后，可以根据零件的要求，并考虑到尽量提高出材率和劳动生产率以及保证产品质量等方面的因素，进行组合选用，可制成多种配料工艺。例如，可以先划线，再按第一、二种工艺进行；也可以先粗刨板面，再按第一、二种工艺配料；或先粗刨、划线，然后再按第一、二种工艺加工等等。在实际生产中，应当根据不同的生产条件和不同的技术要求来选定最合理的配料方案。无论采用何种配料方案，都应先配大料后配小料，先配表面用料后配内部用料，先配弯料后配直料等。

（3）配料设备

根据配料工序和生产规模的不同，配料时所用的设备也不一样。目前，我国家具生产中的配料设备主要有以下几类：

横截设备　横截锯，用于实木锯材的横向截断，以获得长度规格要求的毛料。其类型较多，常用的有吊截锯、万能木工圆锯机、悬臂式万能圆锯机、精密推台锯、气动横截锯、自动横截锯、自动优选横截锯（万能优选锯）等。

纵解设备　纵解锯，常用的有手工进料圆锯机（普通台式圆锯机）、精密推台锯、机械（或履带）进料单锯片圆锯机、机械（或履带）进料多锯片圆锯机、小带锯等。

锯弯设备　用于实木锯材的曲线锯解，以获得曲线形规格要求的毛料，也可以使用样模划线后再锯解。主要包括细木工带锯机和曲线锯。

粗刨设备　用于先对实木锯材表面粗刨，以合理实施锯材锯截和获得高质量的毛料。常用的有单面刨、双面刨（平压刨），也可用四面刨。

指接与胶拼设备　用于板方材在长度、宽度、厚度方向上接长、拼宽、胶厚，以节约用材和锯制获得长度较大、形状弯曲或材面较宽、断面较大、强度较高的毛料。主要有指形榫铣齿机、接长机（接木机）、拼板机等设备。

配料常用工艺设备及方式见表5-6。

表5-6　配料常用工艺设备及方式

工序名称	图　示	机床与设备
横截	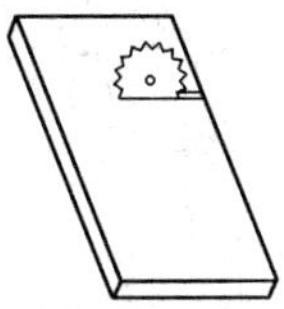	吊截锯，万能木工圆锯机，悬臂式万能圆锯机，自动木工截锯机
纵截	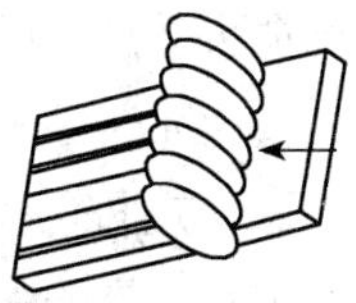	手工进料圆锯机，万能木工圆锯机，多锯片木工圆锯机，机械进料圆锯机，细木工带锯机
画线	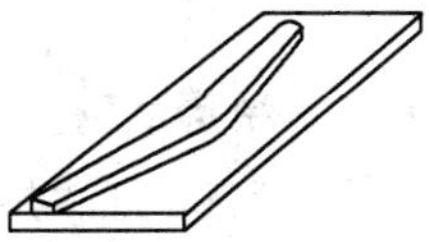	样模（根据零件尺寸、形状再留出加工余量，用铁板或胶合板制成）
粗刨	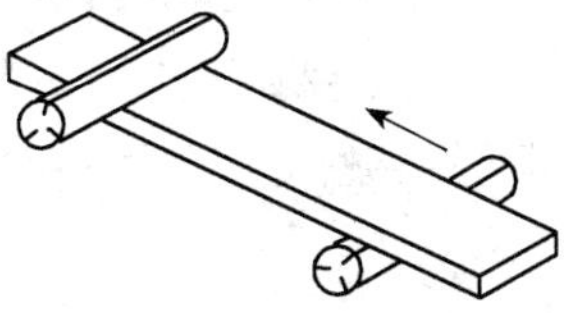	四面木工刨床，双面木工刨床

3 毛料加工余量与出材率

1）加工余量

毛料加工余量是指将毛料加工成形状、尺寸和表面质量等方面符合设计要求的零件时，所切去的一部分材料。所以，加工余量就是指毛料尺寸与零件尺寸之差。如果采用湿材配料，则加工余量还应考虑湿毛料的干缩量。据有关统计，在实木家具生产中，加工余量所消耗的木材约为12%左右。如何合理确定加工余量，一直是生产企业普遍关注和研究的重要问题。

实验证明，加工余量直接影响木材的损失和零件的加工精度。

图5-11所示为加工余量与木材损失之间的关系。从图中可以看出，如果加工余量过小，加工时，大部分零件将达不到设计要求，从而使废品率增大，因废品引起的木材损失就增多，这时虽然消耗于切屑的木材损失较小，但由于废品增多会使总的木材损失大幅度增加；相反，如果加工余量过大，虽然废品率可以显著降低，但因为切屑过多木材损失将逐渐增大，同时还会使切削刀具的磨损和能源消耗增加。

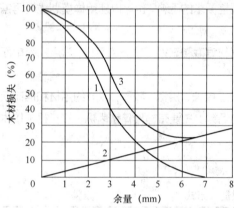

图5-11 加工余量与木材损失之间的关系
1. 废品损失 2. 余量损失 3. 总损失

关于加工余量与零件加工精度之间的关系，如果余量过小，零件加工精度必然得不到保证；如果余量过大，为保证生产率，则每次切削时切削层厚度势必要增大，这样又会使切削力增加从而引起刀具刚度降低，而使整个工艺系统的弹性变形加大，加工精度随之降低；如果增加切削次数，又会降低生产率，增加动力消耗，同时也难实现连续化、自动化生产。

综上所述，只有合理确定加工余量，才能节约木材，节省加工时间和动力消耗，保证零件的加工精度和其他质量。

实际生产中，影响加工余量的因素很多，如被加工材料的性质及干燥质量、设备的加工精度、切削刀具的几何参数、切削用量以及机床-刀具-夹具-工件工艺系统的刚度等。有的树种如南方的荷木，容易产生较大的翘曲变形，其加工余量就要适当放大。凡干燥质量差、具有内应力、翘曲变形较大的锯材都需留较大的加工余量。某些零件因加工精度和表面光洁程度要求都较高，这样也需增大余量值。因此，为使加工余量适当减少，可从以下四个方面来考虑：①尽量提高锯材的干燥质量；②选用高精度的机床设备和刀具；③做好设备的调试及刀具的锉、磨工作；④确定合适的切削用量。

加工余量又分为工序余量和总余量。工序余量是为了消除上道工序所留下的形状或尺寸误差，应当从工件表面切去的一部分木材的量。所以工序余量为相邻两工序的工件尺寸之差。总余量是为了获得形状、尺寸和表面质量都符合技术要求的零、部件时，应从毛料表面切去的那部分木材的量。总余量等于各工序余量之和。总余量还可分为零件加工余量与部件加工余量两部分。凡是零件装配成部件后不再进行部件加工的，其总余量就等于零件加工余量；如果零件装配后还需再进行部件加工的，总余量则等于零件加工余量与部件加工余量之和。

目前，我国实木家具生产中还没有制定统一的余量标准，所采用的加工余量均为经验值。

（1）干毛料的加工余量

宽度和厚度上的加工余量　在这两个方向上主要是刨削加工，只需单面刨光时为 2~3mm，两面刨光时为 3~5mm。长度在 1m 以下的短料，取下限值 3mm；长度在 1m 以上的毛料，取上限值 5mm；长度在 2m 以上的特长料或弯曲、扭曲的毛料则应取大一些，一般取 6~8mm。

长度上的加工余量　长度上的加工余量一般为 5~20mm。对于端头带有榫头的毛料取 5~10mm；端头无榫头的毛料取 10mm；用于胶拼的毛料取 15~20mm。

（2）湿毛料的加工余量

如果先用湿锯材或半干材来配料，然后再进行毛料干燥，则在配料时还应考虑毛料的干缩量。湿毛料的干缩量、湿毛料的尺寸可分别按以下公式计算：

$$Y=\frac{(D+S)(W_C+W_Z)K}{100}$$

$$B=(D+S)\left[1+\frac{(W_C-W_Z)K}{100}\right]$$

式中：Y——含水率由 W_C 降至 W_Z 后木材的干缩量（mm）；

　　　B——湿毛料宽度或厚度上的尺寸（mm）；

　　　D——零件宽度或厚度上的公称尺寸（mm）；

　　　S——干毛料宽度和厚度上的刨削加工余量（mm）；

　　　W_C——木材初含水率（%，若 $W_C>30\%$，仍以 30% 计算）；

　　　W_Z——木材终含水率（%）；

　　　K——含水率每变化 1% 时木材的干缩系数（从"木材干燥"或"木材学"书中可查到）。

例：用含水率为 35% 的水曲柳弦向湿板材加工宽度为 120mm、厚度为 20mm、长度为 1200mm 的无榫零件，终含水率要求为 10%。试问：先配料后干燥时应配制成多大规格的湿毛料？

解：零件公称尺寸为

$$D_长=1200mm，D_宽=120mm（弦向），D_厚=20mm（径向）$$

干毛料的刨削加工余量（根据经验值取）为

$$S_长=10mm，S_宽=5mm，S_厚=5mm$$

含水率 $W_C=30\%$（大于 30% 时仍取 30%），$W_Z=10\%$；干缩系数查表得 $K_弦=0.353$，$K_径=0.197$。

计算干缩量如下：

$Y_长$极小，不予计算；

$$Y_宽=\frac{(120+5)\times(30-10)\times0.35}{100}=8.25\approx9（mm）$$

$$Y_厚=\frac{(20+5)\times(30-10)\times0.197}{100}=0.958\approx1（mm）$$

计算湿毛料尺寸如下：

$$B_长=1200+10=1210(mm)$$

$$B_宽=(120+5)\left[1+\frac{(30-10)\times0.353}{100}\right]\approx134（mm）$$

$$B_{厚}=（20+5）\left[1+\frac{（30-10）\times 0.197}{100}\right]\approx 26（mm）$$

（3）倍数毛料的加工余量

如果所需毛料的长度较短或断面尺寸较小时，可配成"倍数毛料"。确定倍数毛料的加工余量时，除上述各种加工余量外，还应另加锯路损失余量。锯路损失总余量为锯口加工余量（一般为 3~4mm）乘以锯口数量（或倍数毛料数量减 1）。

2）毛料出材率

（1）毛料出材率概念与计算公式

锯材配料时，材料的利用程度可用毛料出材率来表示。毛料出材率是毛料材积与锯成毛料所耗用的锯材材积之比，即

$$P=V_1 / V_2\times 100\%$$

式中：P——毛料出材率（%）；

V_1——毛料材积（m³）；

V_2——锯材材积（m³）。

（2）提高毛料出材率的工艺措施

影响毛料出材率的因素很多，如加工零件的尺寸和质量要求，配料方式与配料工艺，所用锯材的规格、质量与等级，配料人员的技术水平，采用的设备和刀具等。提高毛料出材率，在实际生产中可考虑采取以下一些措施。

尽量实行规格化生产　按零件尺寸规格来选用相应规格的锯材，或是选用与零件宽（厚）度成倍数的锯材来配料，以充分利用板材幅面锯出更多的毛料。

尽量采用综合配料法等合理的配料方式　配料人员应根据板材质量，将各种长短、大小规格的零件毛料统一考虑后，综合搭配下料，将配制大料后剩下的边、角料及时配制小料，根据试验可节约木材10%左右，同时还可提高生产率。另外，对一些短小零件如线条、拉手、小块包镶板的内衬档等，可以配成"倍数毛料"，先加工成净料，或成型后再截断或纵解，这样既可提高生产率，又可减少每个毛料的加工余量。

合理利用短小料　对尺寸规格较大的零部件，根据技术要求可以采用短小料胶拼的方法代替整块板材，用于暗框料、芯条料、粗大料和异形料等。这样既能减少变形，保证质量和强度，又可提高木材利用率。

合理利用低质材　配料人员应熟悉各种产品零、部件的技术要求，在保证产品质量的前提下，凡是用料要求所允许的缺陷，如缺棱、节子、裂纹、斜纹等不要过分剔除；对于材面上的树脂囊、虫眼等缺陷，可用挖补、镶嵌等方法修补后利用。

选择合理的配料工艺　应尽量采用划线套裁及先粗刨后配料工艺。生产实践证明，采用这些工艺后，毛料出材率可提高 9%~12%。另外，应积极选用薄锯片或薄锯条，大力推广采用刨削锯片或"以锯代刨"工艺。

积极采用高科技、新工艺　例如目前国外许多研究认为，利用激光技术不必将锯材先切断和裁边，而是可以直接加工成所需要的零件，激光切割无锯屑，而且锯路只为常规锯路的十分之一，因此可提高木材出材率 15%左右。

目前，我国实木家具生产中，各企业计算出材率一般不是分别统计一批零件的出材率，而是在加工

完一批产品后综合统计出材率，其中不仅包括直接加工成毛料所耗用的材积，也包含锯出毛料时边角余料再利用后的材积，这实际上是木材利用率。各企业的木材利用率因生产设备条件、技术水平、综合利用程度和企业管理水平的不同而有较大的差异。如果锯材等级低时，木材利用率会较低。一般来说，从原木制成锯材的出材率为 60%～70%，从锯材配成毛料的出材率也为 60%～70%，从毛料加工成净料（或零部件）的出材率为 80%～90%。因此，净料（或零部件）的出材率一般只有原木的 40%～50%或板方材的 50%～70%左右。如何提高木材利用率，一直是各企业十分关注的问题，因此许多新技术如薄型锯片、自动控制和机器扫描等方法正在尝试提高木材利用率。

任务实施

（1）以 4～5 人为一组，根据设计图纸进行工艺分析，正确选料，确定加工余量编写配料指示单。

（2）根据实木板材具体情况确定配料方案。

（3）曲线加工（细木工带锯机）：

准备工作　根据加工要求将带锯条安装好，如是新锯条，使用前需先进行分齿（开锯路），再对上锯轮，对锯卡高度（一般锯卡离工件表面 8mm）、导尺与工作台角度进行调整，画线曲线锯锯割时，先应核对工件与模具无误后，将工件按模具形状画好轮廓线条。用模具划线时，要注意两件料之间的最小部位间距不得小于 8mm，且圆弧段的中间部位不得出现横纹。开机前检查锯条有无裂痕，锯片按口是否平整，将各部位螺钉扭紧。机点动检查锯条旋转正确后，盖好防护罩，并将待加工工件整齐堆放于机台左侧。

曲线零件加工　锯解小工件一般一人操作，只有在锯解大而长的工件时，才由上下机手两人操作。操作者面对锯条，站在工作台中心线偏左的位置。

将加工来料平整放在机台操作台面。锯切时，通常是左手引导工件，右手压住并推动工件进给，注意进料速度应根据加工材料不同而选择急缓，以免造成锯条断裂。

锯切斜面时，则需要调整工作台到所需的角度，再进行锯切。

如果锯切曲率半径较小，进给速度不得过快，如锯切工件只用一边（另一边为废余料），可先锯掉部分余料，再退离画线稍近锯解，或调转工件反向锯切。

如有特殊工件加工，必须使用专用工具或模具。

将加工好的零件整齐堆放于机台右侧的卡板上，并做好标识。

加工完成后给设备断电，在机械各转动部位完全停止后，再进行木屑清理，卸下锯条，并给机械加油、做好保养。

零件检测　用画线专用模具检验形状。

（4）横截加工（横截圆锯）：

准备工作　将锯片装好，旋紧螺母，确保锯片的牢固性且不得出现松动；装上外防护罩，并将锯片调至所需加工的高度，再扭紧卡闸。将工作台来回推拉数次，以检查推拉滑动杆是否顺畅。所有准备工作完成后，开启抽尘阀门。

操作设备进行横截加工　确定位置正确后开启电源，启动电动机，待锯片的转速达到正常后再开始加工。在操作过程中，操作员不得正对着锯片操作。操作时必须先把板材靠紧工作台前方靠山，然后双手压紧工件，并保持平稳向前推工作台。对于长的板材，要有助手一起协助加工，保证加工的安全。锯片运转过程中不得用手直接清除机台上的杂物，只能使用吹尘枪进行清除，确保安全。操作员副手将零件按长度分类堆放好。

零件质量检测　用目视方法检测表面质量，用卷尺测量长度尺寸。

（5）纵剖加工（纵剖圆锯）：

准备工作　关断所有电源开关，将锯片装好，旋紧螺母；用双手摇动锯片确定锯片是否锁紧。关上锯片箱门后将主轴升至适当高度。根据工件的加工要求对设备的导尺、进料高度与传送带速度进行适当调整。所有准备工作完成后，开启抽尘阀门。

操作设备进行纵剖加工　先开启锯片运转开关，10s后再开启输送链运转开关，等运转速度均匀后方可进料。

操作员操作时应站立于定位导尺的右侧，以防锯片由于惯性作用将碎木屑倒回。将零件平整的一面紧靠导尺，左手稳压零件的边部，右手稳压零件的后端头，用推力往输送带送料。操作员副手将加工的零件堆放整齐，以备后续加工。

设备在作业期间，需定时对锯片两面的木屑和锯片箱内的木糠进行清理，否则对安全生产不利。

零件质量检测　用目测方法检测表面质量；用卷尺测量宽度（厚度）尺寸；用导尺测量加工面平整度。

（6）双面刨加工（先粗刨后锯截配料工艺需要进行双面刨加工）：

准备工作　关断所有的电源开关，进行低刀与面刀的安装。以刀轴槽水平线为基准，刀具口高出刀轴槽水平线4mm左右，使刀具口与刀轴上的装刀夹水平线保持平行，紧固好压力条螺钉使四片刀具的刀刃在同一圆周上。

操作设备进行刨削加工　闭合机台电源开关，启动上下刨刀的电动机，待半分钟后，再启动送料带的电动机。进料之前，检查板件表面有无铁钉等坚硬物，如有必须先去除，然后方可进料刨削。操作员副手将零件从工作台上取出并堆放整齐。

零件检测　用卷尺测量零件加工后的厚度尺寸；用直导尺测量表面平整度；用目测检测表面加工质量。

■ 成果展示

任务完成后可进行成果展示，包括生产图纸、配料指示单、已配好料的零件等。

■ 总结评价

本任务重点掌握配料工艺、配料生产过程中使用的设备调试及操作方法。在配料时应合理确定加工余量，采用合理的配料方式进行加工，以提高毛料出材率。考核标准见表5-7。

表5-7　锯材配料考核标准（满分15分）

能力构成	考核项目	分值
专业能力（5分）	配料指示单的编制能力	2.5
	配料设备操作、维护能力	2.5
方法能力（5分）	配料工艺制定和实施工作计划能力	2.5
	配料指示单的检查、判断能力	1.5
	配料理论知识的运用能力	1

能力构成	考核项目	分值
社会能力（5分）	配料工作流程确认能力	0.5
	沟通协调能力	0.5
	语言表达能力	0.5
	团队组织能力	1
	班组管理能力	1
	责任心与职业道德	0.5
	安全和自我保护能力	1
合　计		15

（续）

■ 拓展提高

了解不同企业实木零部件配料的加工设备、加工标准。

■ 巩固训练

根据某家具企业实木家具订单要求，完成裁板规格表，确定配料工艺。

任务6　方材毛料机械加工

学习目标

1. 知识目标

（1）了解基准面的选择原则；

（2）掌握毛料四个表面刨削加工和截端加工的方法；

（3）掌握毛料刨削加工的典型组合方案。

2. 能力目标

（1）掌握平刨、压刨、立式铣床、推台锯等设备的加工规程及操作要点；

（2）学会根据毛料具体情况选择刨削加工组合方案。

3. 素质目标

（1）培养"敬业爱岗、诚实守信"的职业道德和"吃苦耐劳、严谨细致"的敬业精神；

（2）培养自我学习与团队合作意识；

（3）培养获取信息、解决问题的策略等方法能力。

- -

工作任务

- -

1. 任务介绍

锯材经过配料，制成了符合零件规格尺寸和技术要求的毛料。有时由于锯材的干燥质量不高，存有内应力，或者因为锯材本身的材性特点等，使锯成的毛料可能带有翘曲、扭曲等各种变形；另外配料加工时，都是使用粗基准，或者由于机床、刀具的精度等因素，使毛料的形状和尺寸总带有偏差，表面也存在粗糙不平。为了获得正确的形状、尺寸和表面光洁的净料，必须先对毛料进行机械加工（平面加工）。毛料机械加工包括基准面和相对面的加工。本任务是以任务5配料得到的毛料为加工内容，操作机床进行基准面和相对面的加工。

2. 任务分析

毛料加工首先是要确定一个基准面，加工基准面采用设备为平刨；有基准面后再进行定厚加工，定厚加工主要设备为压刨或双面刨，可根据具体情况选择刨削加工组合方案。按照设备的安全操作规程、操作方法进行安全操作，加工出合格的毛料。

3. 任务要求

（1）本任务必须现场教学，以组为单位进行，组员分工协作、责任到人。禁止个人单独行动。

（2）根据毛料具体情况选择刨削加工组合方案。

（3）了解毛料加工的设备并能正确操作，掌握设备的操作技能。加强安全教育与管理，要牢记安全第一。

（4）做好记录，提出学习中碰到的问题并相互评议。

4. 材料及工具

配料得到的毛料、平刨、压刨、立式铣床、推台锯、钢卷尺、直尺、卡尺等。

知识准备

----

1 基准面的加工

基准面作为零件后续工序切削加工的工艺基准（一般也是零件的设计基准），务必首先加工好，以保证后续工序加工的尺寸精度。

基准面包括平面、侧面和端面三个面。应根据各零件不同的加工要求来确定基准面的加工。零件质量要求特别高时，需加工三个基准面。一般只需将其中的一个面或两个面精确加工，作为后续工序的定位基准。有的零件对加工精度要求不高时，也可以在加工基准面的同时加工其他表面。直线形毛料是将平面加工成基准面，对于曲线形毛料，可利用毛料上的平直面或凹面作为基准面。

平面和侧面的基准面常在平刨床或铣床上用铣削方式加工，在平刨或铣床上完成；端面的基准面一般用推台圆锯机、悬臂式万能圆锯机或双头截断锯（双端锯）等横截锯加工。

1）平刨加工基准面

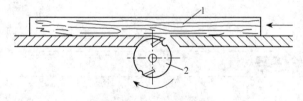

图6-1 在平刨上加工基准面

1. 工件 2. 刀头

在平刨床上加工基准面，如图6-1所示，是生产中广泛采用的一种方法。它可以消除毛料的形状误差及锯痕等。为获得平整光洁的表面，应将平刨床的后工作台调整到与圆柱形铣刀头的切削圆在同一切线上。前后工作台应平行，两台面的高度差即为切削层厚度，采用平刨床加工工件时，一次刨削的最佳切削层厚度为 1.5～2.5mm，若超过 3mm，易使工件出现崩裂和引起振动，致使刨削加工条件变差，影响工件表面质量。因此，如果该工序的加工余量较大，应通过多次切削来获得精基准面。

采用平刨床加工基准面，进料方式主要有手工进料和机械进料两种。实际生产中，大多数是采用手工进给，这样可根据毛料的具体情况，灵活调整进料速度或采取相应的刨削方法，因此刨削出来的零件质量较高。但手工进料的劳动强度大、生产率低，尤其是操作不安全，机械进料可以避免这个问题，目前在平刨上使用的机械进料装置有滚筒、履带及弹簧销等，如图 6-2 所示。此外，也有采用各种摩擦式进给元件的自动进料器，作为机床的独立部件，这种进料器也可以用于铣床及圆锯机上。以上各种机械进料装置，都是通过对毛料施加一定的压力产生摩擦来实现进给的。由于毛料形状不规则，给机械进料带来一定的影响，特别是长而薄且弯曲不平的毛料，在垂直压力的作用下会被强迫压直，而当刨削完毕，垂直压力消除后，因木材的弹性作用毛料仍将恢复原有的翘曲状态，因而不能得到精确的平面。

侧基准面的加工，一方面要求获得光洁的表面，另一方面与基准面之间要达到设计规定的角度，在平刨上加工时，可以通过调整导尺与工作台的夹角来达到这些要求，如图 6-3 所示。

当毛料的侧边长度较大，且数量较多时，可以用如图 6-4 所示的专用刨边机，利用一条履带进料机构，将两个工件作相对方向进料，可以同时加工出两个工件的侧基准面。也可将侧面加工成型面，如地板条的加工，一边开出榫槽，一边可铣出榫簧。

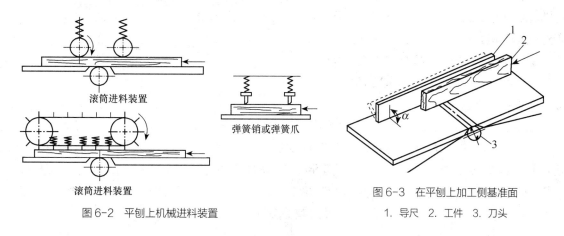

图 6-2　平刨上机械进料装置

图 6-3　在平刨上加工侧基准面
1. 导尺　2. 工件　3. 刀头

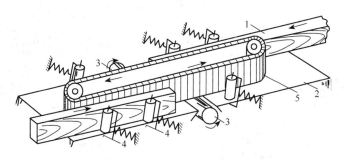

图 6-4　用专用刨边机加工毛料侧面
1. 工件　2. 压紧辊　3. 刀头　4. 履带进料机构　5. 工作台

2）铣床加工基准面

铣床是一种多功能的木工机械，它以加工型面为主，也可以加工基准面、基准边及曲面。

基准面采用铣床来加工时，如图 6-5 所示，是将毛料靠住导尺进行。这种方法特别适合于宽而薄或宽而长的毛料侧边加工，此时可以保持稳固，操作安全。对于短料需用夹具，加工曲面需用夹具、模具，特别是加工曲面必须用夹具，将毛料固定在夹具（带样模）上，样模边缘紧靠挡环移动，就可加工出所需的基准面（参见图 6-12 所示）。

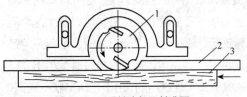

图 6-5　采用铣床加工基准面

1. 刀具　2. 导尺　3. 工件

毛料的侧基准面也可以在铣床上加工，如果要求它与基准面之间呈一定角度，则必须使刀具有相应倾斜的刃口，或是使工作台倾斜，或是使刀轴倾斜。

3）横截锯加工基准面

有些实木零件需要作钻孔及打眼等加工时，往往要以端面作为基准，而在配料时，因锯割加工精度一般较低，端面不能获得要求的加工精度。因此，毛料经过刨削以后，一般还需要再截端（精截），也就是进行端基准面的加工，使端面与其他表面都具有规定的相对位置及角度，使零件具有精确的长度。在此须提出的是：对于两端需要加工榫头的零件，其端面不需专门进行截端，可在加工榫头这道工序中进行截端，以提高榫头长度尺寸的精度。

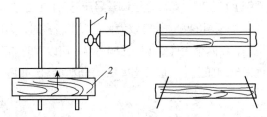

图 6-6　在带推车的圆锯机上截断

1. 锯片　2. 工件

端基准面的加工，通常在带推车的横截圆锯机（图 6-6、图 6-7）、悬臂式万能圆锯机（图 6-8）上加工，双端锯（双端铣）也可以精确地加工两个端面，此时端面与侧边是垂直的，双端铣多数是自动履带进料或用移动工作台进料，适合于两端面平行度要求较高的宽毛料。斜端面的加工，可以用悬臂式万能圆锯机、精密推台锯，双端锯机不适合斜端面的加工。其中带推车的圆锯机和悬臂式万能圆锯机运用灵活，使用广泛；双面截断锯只适合于端面和其他表面相垂直的情况。

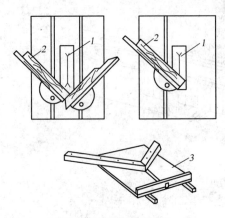

图 6-7　长度上倾斜截断

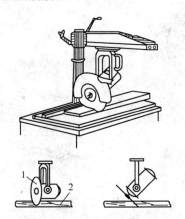

图 6-8　悬臂式万能圆锯机截断

2 相对面的加工

毛料的基准面加工完毕后，还需对其余表面（相对面）进行加工，使之平整光洁及与基准面之间具有正确的相对位置，使毛料能达到零件技术要求规定的断面尺寸和形状。这就是基准相对面的加工，也称为规格尺寸加工。一般相对面的加工可以在压刨、三面刨、四面刨或铣床上完成。

1）压刨加工相对面

图 6-9 所示为在压刨上加工相对面的情况。由于利用加工相对面与相对边，不仅能使零件获得较精确的厚度和宽度尺寸，而且生产效率高，安全可靠，所以应用十分普遍。如果零件的相对面为斜面时，则应增添夹具，如图 6-10 所示。采用压刨床加工相对面，可以得到精确的规格尺寸和较高的表面质量。加工时，用分段式进料辊进料，既能防止毛料由于厚度的不一致而造成切削时的振动，又可以充分利用压刨工作台的宽度，提高生产率。加工时所用的刨刀有直刃刨刀或螺旋刨刀两种。直刃刨刀因结构简单、刃磨方便，故使用广泛。但用此刨刀切削时，一开始刀片就在毛料的整个宽度上进入切削，瞬间产生很大的切削力，引起整个工艺系统的强烈振动，从而影响加工精度，而且噪声也很大。螺旋刨刀加工是一种连续均匀的逐渐切削方式，切削平稳、噪声小、质量好。但螺旋刨刀的制造、刃磨和安装技术都较复杂。

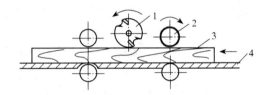

图 6-9　压刨床加工相对面（平面）

1. 刀具　2. 进料辊　3. 工件　4. 工作台面

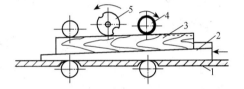

图 6-10　压刨床加工斜面

1. 工作台面　2. 夹具　3. 工件　4. 进料辊　5. 刀具

当工件的相对面为曲面或者很窄的平面时，都可以在压刨上加工。如图 6-11 所示，当被加工工件薄而宽时（如屉旁板），可以将数个工件叠起来放在夹具里进行刨削，这样可避免逐个零件安装费事，可提高生产率。

2）铣床加工相对面

宽毛料的侧面尺寸规格不大时，可在铣床上加工。如图 6-12 所示，在铣床上加工相对面时，应根据零件的尺寸，调整样模和倒尺之间的距离或采用夹具加工，此法安放稳固、操作安全，很适合宽毛料侧面的加工。与基准面成一定角度的相对面加工，也可以在铣床上采用夹具进行，但因是手工进料，所以生产效率低。由于立式铣床的刀轴转速较高，所以工件被加工表面的光洁程度较高，但生产效率远低于压刨，操作较烦琐，故应用也不如压刨广泛。当压刨负荷过重，而铣床的生产任务又不足时，可利用铣床来加工相对面和相对边，以减轻压刨的负荷，这也是企业单位常采用的加工措施。

3）四面刨或三面刨加工相对面

对于精度要求不太高的零件，可以在基准面加工之后，直接通过三面刨或四面刨加工其他表面。对于一些次要的和精度要求不高的零件，还可以不经过平刨加工基准面，而直接通过四面刨一次加工出所有的面。

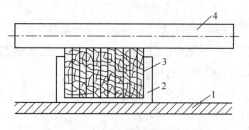

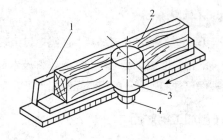

图6-11　在压刨上加工薄而宽的工件
1. 工作台面　2. 夹具　3. 工件　4. 刀具

图6-12　在铣床上加工相对面
1. 夹具带模板　2. 工件　3. 刀具　4. 挡环

综上所述，在各种刨床上进行毛料平面加工可组合成以下几种工艺方案：

第一种方案是平刨加工基准面和边，压刨加工相对面和边。此法可以获得精确的形状、尺寸和较高的表面质量，所以是生产中应用最广泛的典型工艺方案。但劳动强度大，生产率低。有些企业在生产实践中，运用机械进料平刨，同时研究解决机械进料中存在的技术问题，在一定程度上克服了上述缺点。还有些厂家将平、压刨组合成联动多工位机床，效果也较好。

第二种方案是平刨加工基准面和边，多面刨床加工其他几个面。此方案的加工精度和表面质量比第一种稍低，但生产率较高。

第三种方案是用四面刨一次加工四个面。因没有预先加工出基准面，虽然生产率高，但加工精度和表面质量都较差。

第四种方案是先加工出一基准面，再用三面或四面刨加工其他面。此方案可适当兼顾上述三种的优点及克服其缺点。

此外，某些断面尺寸较小的次要零件，可以先配成倍数毛料，然后根据宽（厚）度规格要求直接用刨削锯片加工。此方案加工精度和表面质量稍差，但从提高出材率和劳动生产率的角度看，也是一种可取的工艺方案。

在生产中，应根据零件的工艺质量要求、工厂的设备条件及对生产效率的要求等具体情况，合理选择其中一种或几种方案配合进行加工。

任务实施

----

1 人员和方案配置

以4~5人为一组，确定毛料生产工艺流程，可根据具体情况选择刨削加工组合方案。

2 平刨加工基准面

（1）准备工作

① 后工作台的调整：后工作台必须调整至比刀轴（不包括刀片伸出量）高1mm，并调整小滑板，紧固好三个方头紧固螺钉及小滑板螺钉，使工作台台牢固、稳定。

② 刨刀片的安装：关断机台电源总开关和机台开关。以后工作台为基准，将对刀器用手轻压放置在后工作台平面上，使刀片与其相切，并且把刀片侧面的刀刃调至略突出后工作台左边的侧面（约0.5mm），

紧固好压刀条螺钉使几片刀片的刀刃在同一圆周上，刀头切削圆最高点与后工作台面相平。

③ 选择刨刀。

④ 前工作台的调整：松开三个方头螺钉及小滑板螺钉，根据切削量旋转前工作台下部的手轮。标尺所示的尺寸即为切削量，锁紧螺钉。

⑤ 导尺的调整：松开导尺移动杆上的锁手把，转动导板调节手轮，调整导板到所需的横向位置。

⑥ 工作台角度调整：松开导尺上右侧的角度锁手把，根据要求转动角度调节手轮到所要求的倾斜角度，锁紧把手。

⑦ 选择基准面：对加工的材料应首先确定第一次平刨面，选择原则是：平刨加工弯曲或翘曲工件时，应取其中凹面作为基准面、以较大面的较少缺陷面作为基准面、以平面度较大面作为基准面。加工第二面时，必须将第一次加工面作为基准并紧靠导尺加工第二平面。

（2）平刨加工

机台运转速度均匀后，方可进料加工。刨削前应通过目测对被加工的工件进行检查，确定操作方法并将有严重材质缺陷或刨削余量很大的工件剔除另行处理。原则上都要采取顺纹刨削，当出现崩茬、节子、纹理不直或材质坚硬的木料时，要特别注意随时调整进给速度和吃刀量，应尽量保持平稳刨削并注意安全操作。

① 短料刨削：操作者站立于机台左侧稍后，机台运转速度均匀后，方可进料加工。加工时，左手按住部件长度的前 1/3 处，右手按住部件长度的后 1/3 处，均匀用力往前推送木料。

② 长料刨削：一般超过 1200mm 的工件需两人操作，有一人在平刨工作台进行刨削送料，当工件前端超过刨口 200mm 时，另一人方可接料。在操作时应随着工件的移动，调换双手。

③ 相邻垂直面的刨削：应先刨大面（基准面）后刨削侧面（基准边）。

④ 弯曲与翘曲变形工件的刨削：先刨凹面再刨凸面。

⑤ 零件质量检验：用直角尺测量基准面与基准边加工后的角度，用卷尺测量尺寸，如果没有达到质量要求可继续进行刨削，直到达到质量要求为止。

⑥ 零件码放：加工出的零件应纵横交错分层码放在地。零件码放应结实整齐，不下陷不歪斜。

3 压刨加工相对面

（1）准备工作

① 刀具安装：关断电源开关，打开机台上端的抽尘罩，用扳手将刀轴槽的弹簧螺杆扭松，打开装刀盒。取出刀具，并清理刀轴槽内的木屑，再将合格刀具放入刀轴槽，以刀轴槽水平线为基准，刀具口高出刀轴槽水平线 2~3mm。使刀具口与刀轴上的装刀夹水平线保持平行，紧固好压刀条螺杆使四片刀具的刀刃在同一圆周上，保证加工时所有刀的加工轨迹重合。

② 机台调试：压紧装置高低调整、压紧力调整、吃刀量调整。

（2）压刨加工

① 进料方向的选择：每一工件进料加工之前，须根据材料的纹理选择顺纹方向进料。

② 加工面的选择：每一工件加工之前，应选择板材有缺陷的面进行加工，以便去除缺陷。

③ 进料方法：对于一次进料数量较少（1 件或 2 件）的进料，只需紧握零件的尾端进料即可。对于一次进料（在料比较窄的情况下）数量 3 件以上，需用双手握料，将几块料平铺在进料工作台上向里推入。

④ 短小工件的加工：加工时，放置于模具上的工件之间必须紧密排放，否则将导致跳刀而损坏设备。

⑤ 零件质量检测：用目测检测零件表面质量；用卷尺或卡尺测量零件的尺寸；用直角尺测量角度；用直尺测量变形度。

⑥ 零件码放：将加工好的零件按编号进行堆放，以备后续加工。叠放零件时，应纵横交错分层码放在地，将加工面放在同一方向，以免影响加工速度和质量。

4 万能圆锯机加工端面

① 准备工作：

调机 将锯片装好。锁紧螺母，确保锯片的牢固性，不得出现松动。装上外防护罩；升降主轴，将锯片调至所需加工的高度。将机台升降杆上的卡闸松开，调整升降杆，使锯片齿刚好接触工作台面，然后再扭紧卡闸。

锯片角度的调整 根据加工的要求确定定位板的定位为直线或所需的角度，确保所调位置符合图纸加工要求，且注意定位板必须固定，不得出现松动，以防因定位松动引起加工误差增大。

所有准备工作完成后，开启抽尘阀门。

② 端面加工：闭合电源，启动电动机，待锯片的转速到正常后再开始加工。将工件取放到工作台上，先精切一端的直角或角度，再把已加工好的一端作为基准定位。

操作时操作员需要站在锯片的左侧面，不得正对着锯片操作，用左手压紧工件，右手控制锯片的进刀。操作员副手将加工好的零件规整放好。

③ 检测：精切角度、精切长度、对角线的公差用卷尺或直尺检测。

■ **成果展示**

任务完成后可进行成果展示，包括毛料刨削组合方案、已加工好的毛料等。

■ **总结评价**

本任务重点掌握毛料刨削加工的典型组合方案、毛料四个表面刨削加工和截端加工的方法，掌握平刨、压刨、立式铣床的安全操作规程。在教师指导下，要求能正确调试、操作上述设备，加工出合格的毛料。考核标准见表6-1。

表6-1 毛料加工考核标准（满分15分）

能力构成	考核项目	分值
专业能力（5分）	选择毛料刨削加工组合方案的能力	2.5
	毛料加工设备操作、维护能力	2.5
方法能力（5分）	毛料工艺制定和实施工作计划能力	2.5
	毛料刨削加工组合方案的检查、判断能力	1.5
	毛料加工理论知识的运用能力	1
社会能力（5分）	毛料加工工作流程确认能力	0.5
	沟通协调能力	0.5

（续）

能力构成	考核项目	分值
社会能力（5分）	语言表达能力	0.5
	团队组织能力	1
	班组管理能力	1
	责任心与职业道德	0.5
	安全和自我保护能力	1
合　　计		15

■ **拓展提高**

了解不同企业实木零部件毛料加工的设备、加工标准。

任务7　方材净料机械加工

学习目标

1. 知识目标

（1）掌握净料的榫头、榫眼、圆孔、榫槽、榫簧、型面等的加工方法；

（2）熟悉零件表面修整的方法。

2. 能力目标

（1）掌握开榫机、立式铣床、镂铣机、榫眼机、木工钻床等设备的加工规程及操作要点；

（2）学会根据净料具体形式与加工要求选择表面修整的砂磨设备；

（3）掌握砂磨设备的加工规程及操作要点。

3. 素质目标

（1）培养"敬业爱岗、诚实守信"的职业道德和"吃苦耐劳、严谨细致"的敬业精神；

（2）培养自我学习与团队合作意识；

（3）培养获取信息能力、解决问题的策略等方法能力。

- -

工作任务

- -

1. 任务介绍

本任务是对任务 6 加工后的毛料，操作机床加工出各种接合用的榫头、榫眼，或铣出各种型面和槽簧，加工合格的零件经过砂光机表面砂光，达到加工要求。

2. 任务分析

毛料经过基准面和相对面的加工以后，表面平整光洁，形状、尺寸规整，但按零件设计要求，一般还需要进一步加工出各种接合用的榫头、榫眼，或铣出各种型面和槽簧以及进行表面修整加工等，这些就是方材净料加工的内容。本任务重点加工出合格产品，为此必须调整好设备和刀具，按照设备的安全操作规程、操作方法进行操作，以加工出合格的净料。

3. 任务要求

（1）本任务必须现场教学，以组为单位进行，组员分工协作、责任到人。禁止个人单独行动。

（2）了解净料工的设备并能正确操作，掌握设备的操作技能。加强安全教育与管理，要牢记安全第一。

（3）做好记录，提出学习中碰到的问题并相互评议。

4. 材料及工具

加工好的毛料、开榫机、台钻、四面刨、铣床、砂光机、游标卡尺、卷尺、吹尘枪等。

知识准备

---

1 榫头加工

实木家具采用榫接合时，相应的零件上需加工出榫头或榫眼。常见各种榫头形式及加工工艺如图 7-1 所示。

开榫工序是零件加工的主要工序，加工质量的好坏直接影响到制品的接合强度和使用质量。一般榫头制成后，在零件上就形成了新的定位基准和装配基准，因此开榫工序对于后续加工和装配精度有直接的影响。

榫接合的榫眼是用固定规格尺寸的木凿或方形钻套加工的，同一规格的新刀具和使用磨损后的旧刀具之间常有尺寸误差。因此，在开榫头时，应采用基孔制的原则，即先加工出与榫头相适应的榫眼，再以榫眼的尺寸为依据来调整加工榫头的刀具。如果不按已加工的榫眼尺寸来调节榫头尺寸，就必然产生榫头过大或过小的现象，装配后其配合必然或紧或松。

影响榫头加工精度的因素很多，如加工机床本身的状态及调整精度、开榫工件在机床或托架上定基准的情况。在生产实际中，要提高精度，就得合理控制各因素的状态。如工件两端需开榫头时，就应该用相同表面作基准面；在机床上安装工件时，工件之间及工件与基准面之间不能有刨花、锯末杂物，加工操作应平稳，进料速度需均匀。总之，榫头应严格按照零件技术要求进行加工。

榫头加工工艺与刀具应根据各种不同榫头的形状、数量、榫头的长度及榫头在零件上的位置来选择。切削榫头一般选用具有割刀的铣刀头、切槽铣刀和圆盘铣刀等。

1）直角榫、燕尾榫或梯形榫、指形榫的加工

直角榫、燕尾榫或梯形榫、指形榫一般为整体榫，图 7-1 中编号 1、2、4、5 几种直角榫和燕尾单榫可以在单头或双头开榫机上进行加工，如图 7-2 所示。具体加工过程为：当工件通过圆锯片时被截端，通过圆柱形铣刀头时切削榫舌，通过锥形铣刀时铣削榫肩，最后还可以通过圆盘铣刀开双榫，共有四个工位。对于加工不需开纵向双榫的直角榫头，只要经前面两个工位加工即可。双头开榫机每次能同时加工零件两端的榫头，可以利用链条机构连续进料，生产效率高，但加工质量较差，主要是榫头与榫肩的垂直度较差，故应用不甚广泛。

不太大的榫头也可以在铣床上完成加工，如图 7-3 所示。采用铣床开榫头之前须先将零件精截。如果在铣床上加工燕尾形榫头，必须将工作台面或刀轴调整倾斜一定角度，也可以采用夹具以保证形状的正确。

编号	榫头形式	加工工艺示意图		
		I	II	III
1				
2				——
3		——		
4				
5				——
6		——		
7		——		——
8		——		——
9				——

图 7-1　常见各种榫头形式及加工工艺

　　图 7-1 中编号 3 和 8 是直角多榫和齿形榫的加工，可以在直角箱榫开榫机或铣床上，采用切槽铣刀或指接刀组成的组合刀具进行加工，如图 7-4 所示。图（a）是工件向刀具推进进行加工的方式，这种方式每次只能加工一块工件，榫肩成弧形，生产率也较低；图（b）是依靠工件或刀轴移动来完成加工的，一次可加工一叠工件，加工出的榫肩平整，生产率高。直角多榫也可以在单轴或多轴燕尾榫开榫机上，采用圆柱形端铣刀进行加工。

　　图 7-1 中编号 6 和 7 是燕尾形多榫及梯形多榫的加工，它们可以在铣床上完成。

　　在铣床上用组合刀具加工燕尾榫时，先以工件的一边为基准，加工一次后将其翻转 180°，仍以原来一边为基准再次加工，采用的是不同直径的鱼形（钩形）铣刀，如图 7-5 所示。

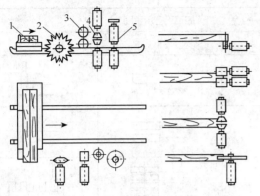

图 7-2　单头开榫机加工榫头

1. 工件　2. 圆锯片　3. 圆柱形铣刀头　4. 锥形铣刀　5. 圆盘铣刀

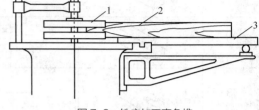

图 7-3　铣床加工直角榫

1. 圆盘铣刀　2. 工件　3. 开榫架推车

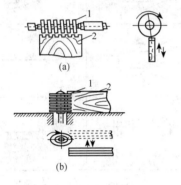

图 7-4　直角箱榫的加工

1. 刀具　2. 工件

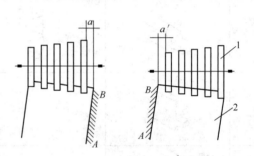

图 7-5　加工燕尾榫定基准的方法（AB 边基准 a=a'）

1. 圆盘铣刀或鱼形铣刀　2. 工件

　　燕尾形多榫也可以在单轴或多轴的燕尾开榫机上，采用端铣刀沿梳形导向板移动进行加工，如图 7-6 所示。加工时，可将两块工件互成直角地固定安装在机床的托架上，配对两工件，一次加工完成。

　　在铣床上加工梯形多榫时，工件的两侧需用楔形垫板夹住，当第二次定位时，需将楔形垫板翻转 180°，使工件以同样角度向相反方向倾斜，同时在工件下面增加一块垫板，如图 7-7 所示。采用的刀具是鱼形铣刀或开榫锯片。

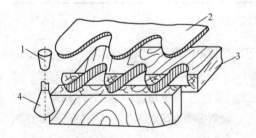

图 7-6　在燕尾榫开榫机上加工半隐燕尾榫

1. 定位销　2. 端铣刀　3. 工件　4. 梳形导向板

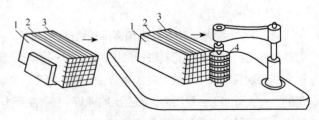

图 7-7　在铣床上加工

1. 楔形垫板　2. 垫板　3. 工件　4. 刀具

　　图 7-1 中编号 9 为直肩斜榫的加工，可以在开榫机上完成。加工时，在工件下面垫一模板，即可开出直肩斜榫，如图 7-8（a）所示；此外，在开榫机工作台上放一斜度适当的模板，使工件紧贴模板旁侧，即可开出斜肩直榫，如图 7-8（b）所示。

2）椭圆榫（长圆形榫）、圆形榫的加工

椭圆榫（长圆形榫）、圆形榫也为整体榫，近年来，椭圆榫（长圆形榫）和圆形榫已被广泛地应用在现代实木家具生产中。椭圆榫可在自动开榫机上加工。该机床上使用由圆锯片和铣刀组成的组合刀具，锯片用于加工榫头前精截榫端，铣刀用于铣削榫头。加工时，先将工件在工作台上安装压紧，启动按钮，转动着的刀轴将按预定轨迹与工作台作相对移动，即可铣削出相应断面形状的椭圆榫（也可加工整体圆榫），如图 7-9 所示。此外，将工作台调到一定角度， 即可在方材端部加工斜肩椭圆榫。

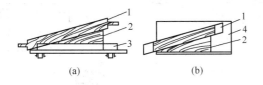
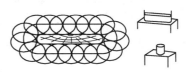

图 7-8 开榫机上加工斜角榫

（a）开直肩斜榫 （b）开斜肩直榫

1. 工件 2. 模板 3. 工作台导规 4. 工作台

图 7-9 自动开榫机加工椭圆榫

3）圆榫的加工

插入榫常见的圆榫多为标准件，其加工工艺流程为：板材经横截、刨光、纵解成方条，再经圆榫加工、圆榫截断而成为圆榫。图 7-10 所示为圆榫机和圆榫截断机。在圆榫机上加工时，方条毛料通过空心主轴由高速旋转的刀片（2～4 把）进行切削，并由三个滚槽轮压紧已旋好的圆榫和滚压出螺旋槽，同时产生轴向力将旋制好的带螺纹槽的圆榫送出。在圆榫截断机上加工时，常将旋制和压纹后的圆榫插入截断机上进料圆盘的各圆孔内，随着进料圆盘的回转，圆榫靠自重逐一落入导向管，并由组合刀头（圆锯片和铣刀）作进给切削运动而完成截断和倒角作业，如此循环反复，可将圆榫截成所需的长度并同时在端部倒成一定角度的圆榫。圆榫截断机常与圆榫机配套使用，圆榫机完成旋制和压纹工序；圆榫截断机完成截断和倒角工序。

图 7-10 圆榫机和圆榫截断机

2 榫槽加工

实木家具零部件除采用端部榫接合外，有些还需沿宽度方向实行横向接合或开出一些槽簧，这就需要进行榫槽加工，常见榫槽形式及加工工艺如图 7-11 所示。

榫槽加工有的是顺纤维方向切削，有的是横纤维方向切削。顺纤维切削时，刀头上不需要装有切断纤维的割刀。在加工榫槽及榫簧时，为了保证要求的尺寸精度，应正确选择基准面和采用不用的刀具，并使导尺、刀具及工作台面之间保持正确的相对位置。榫槽与榫簧加工一般是在刨床、铣床、锯机或专用机床上完成。

编号	榫槽形式	加工工艺示意图	
		I	II
1	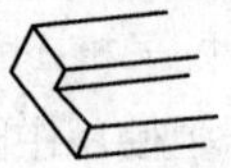	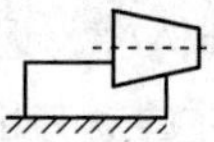	
2	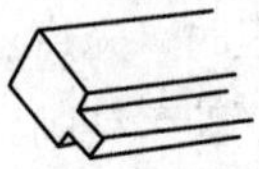	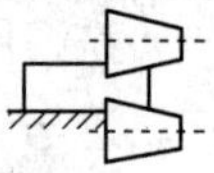	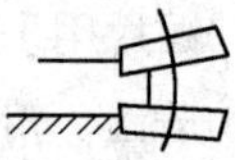
3	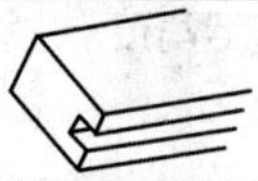	—	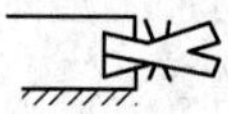
4	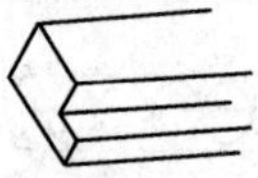	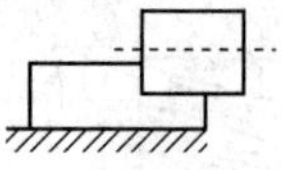	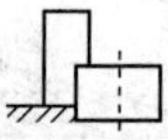
5	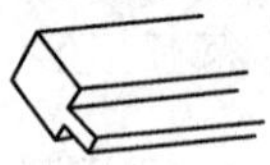	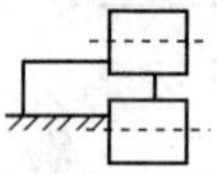	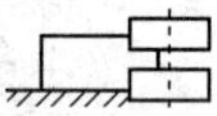
6	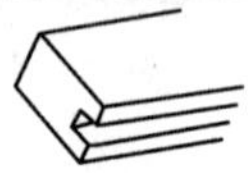	—	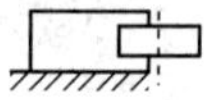
7	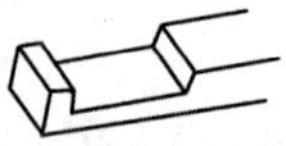	—	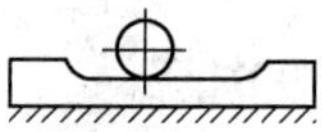
8	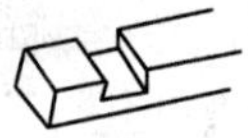	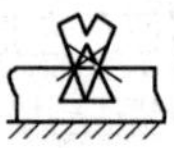	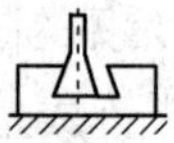
9	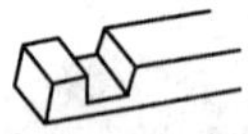	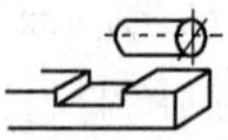	—
10	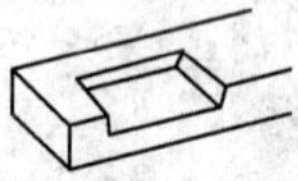	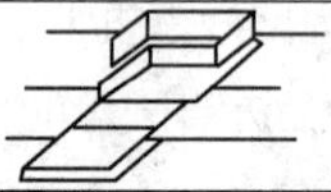	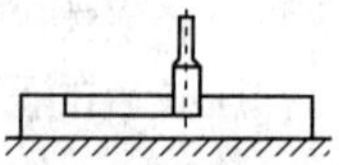

图 7-11　常见榫槽形式及加工工艺

　　图 7-11 中编号 1~6 几种是直角形和燕尾形的榫槽和榫舌，可以采用四面刨进行加工。加工时，要正确选择基准面，根据榫槽的宽度来选用刀具，宽度较大时应采用上下水平刀头，宽度较小时用垂直的立刀头，如图 7-12 所示。

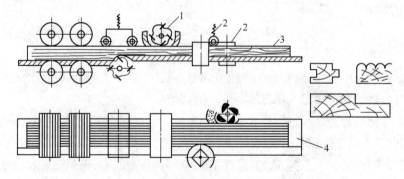

图 7-12　在四面刨上加工榫槽
1. 水平刀头　2. 立刀头　3. 工件　4. 工作台面

上述几种榫槽也可在铣床上加工，只需要换不同的刀具（如镶可换铣刀头、圆盘铣刀、圆锯片等）就可以达到加工要求，但是2、3两种榫槽形式在铣床上加工时，还须将刀轴或工作台面倾斜一定角度。

图7-11中编号7和8是在零件长度方向上加工出较长的槽，这可在一般铣床上加工，如图7-13所示。槽的深度是由刀具对导尺表面的突出量来控制，而切削长度是用限位挡块控制。这种加工是顺纤维方向切削，加工表面质量高。缺点是加工后槽的两端会形成圆角，必须增加工序来加以修正。

图7-11中编号9、10是在零件上开出短槽口，它们可以在悬臂式万能圆锯机上，采用铣刀头或多锯片叠在一起或在两锯片中间夹切槽铣刀等多种方式进行加工。对燕尾形槽口的加工，必须用不同直径的圆锯片叠在一起或采用锥形铣刀头，加工时须将刀轴倾斜一定角度；此外也可以在立式上轴铣床上利用燕尾形端铣刀加工。

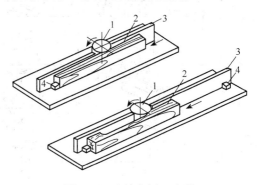

图7-11中编号11是合页槽，这种槽可以在专门的起槽机上进行加工。它由两把刀具联合完成加工，一把是作上下垂直运动的"∏"形起槽刀；另一把是作往复运动的水平铲刀。"∏"形刀将纤维切断，水平刀将切

图7-13　在铣床上加工长槽

1. 刀具　2. 工件　3. 导尺　4. 限位挡块

断的木材铲下，从而得到要求的槽口。此法加工因水平铲刀是横纤维切削，所以加工表面质量差，只能用于浅槽的加工。对于较深槽的加工，可以采用水平回转铣刀或在立式上轴铣床上用圆柱形端铣刀加工。这种加工方法质量较好，生产率较高，但需增加工序消除槽口两端圆角。

3　榫眼和圆孔加工

各种榫眼和圆孔大多用于实木家具中零部件的接合部位。常见的榫眼和圆孔，按其形状可分为直角榫眼（长方形榫眼）、椭圆榫眼（长圆形榫眼）、圆孔和沉孔等，其一般形式及加工工艺如图7-14所示。

1）直角榫眼的加工

图7-14中编号1是应用最广的长方形榫眼，在框式部件中应用极其普遍。这种榫眼一般是在打眼机上（木工钻床），采用方形空心钻套和麻花钻心配合来加工，如图7-15所示。工件在钻削加工时，需要利用工件上的三个定位基准，即基准面、基准边、基准端。利用基准面的高、低位置，以控制榫眼的深度；利用基准边的前后位置，以控制榫眼壁的边宽；利用基准端，以确定榫眼的起始位置。此法加工精度高，能保证配合紧密。加工时，注意必须使用方凿钻头刃口的全部，否则会由于受力不均匀而使刃口弯曲或破裂。由于长方形榫眼的宽度大，需进行多次钻凿，当凿到孔末端时，剩余部分不够一凿宽度时，则应先凿末端，然后回转来凿净孔内的余下部分，如图7-16所示。如果是不贯通深孔，不宜一次凿进过深，应分两次或多次凿削。第一凿的凿进速度要慢，当凿到一定深度后，应退凿待钻屑排除后再凿进。如凿削通孔，不要一次凿通，应留存一部分，翻过来再凿通，这样可以保证加工件两面光洁，如图7-17所示。

对于尺寸较大的直角榫眼，也可以采用链式打眼机（链式榫槽机）加工，即图7-14中Ⅰ—Ⅱ所示的加工工艺。加工时在铣削链上升的一端常会发生端壁劈裂现象，这时可用压块把孔边压住，如图7-18所示。为使孔壁不过分粗糙或出现沟痕，铣削链上每节铣刀的宽度尺寸也不应有明显的误差。此法加工出的榫眼底部两端呈弧形，且加工精度和表面质量也比打眼机加工差，但生产率高。

图 7-14 中 Ⅰ—Ⅲ 所示的是加工长方形榫眼的第三种工艺方案，当长方形榫眼较狭长时，可用整体小直径铣刀或锯片在铣床或圆锯机上加工。但用此法加工的榫眼底部两端也呈圆弧形，因而与这相配的榫头长度须作得很短，或增补工序修正圆角。

编号	榫眼、孔的形式	加工工艺示意图		
		Ⅰ	Ⅱ	Ⅲ
1		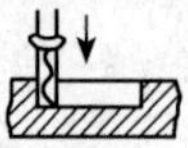		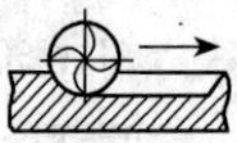
2		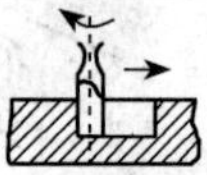		
3			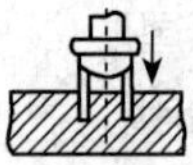	
4		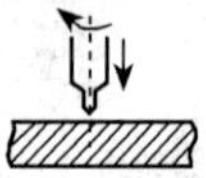		

图 7-14　榫眼、孔的一般形式及加工工艺

1. 长方形榫眼　2. 长圆形榫眼　3. 圆孔　4. 沉孔

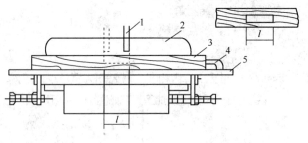

图 7-15　打眼机上加工榫眼

1. 刀具　2. 导尺　3. 工件　4. 挡木　5. 工作台

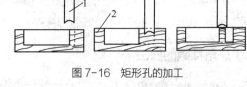

图 7-16　矩形孔的加工

1. 方凿钻头　2. 工件

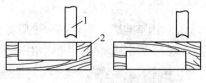

图 7-17　矩形通孔的加工

1. 刀具　2. 工件

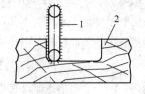

图 7-18　链式榫槽机加工榫眼

1. 铣削链　2. 工件

2）椭圆榫眼的加工

图 7-14 中编号 2 是与椭圆榫接合的长圆形榫眼，一般在各种钻床（立式或卧式、单轴或多轴）或立式上轴铣床上，借助夹具、导尺及定位机构，采用钻头或端铣刀进行铣削加工，其加工方法简单可靠，生产质量好、效率高，应用广泛。

椭圆榫眼的宽度和深度较小时，可以采用立式单轴钻床加工，为适应工艺的需要，工作台具有水平

方向和垂直方向的移动,能在水平回转且倾斜一定角度。但在加工时应注意工作台的移动速度不应太快,以免折断钻头。

椭圆榫眼的零部件批量较小时,可以适当采用立式上轴铣床(镂铣机)进行加工,但在加工时应根据工件的加工部位等确定使用立式上轴铣床的靠尺或模具加定位机构来保证加工时的精确度。

椭圆榫眼的零部件批量较大时,常采用专用的椭圆榫眼机加工。

3)圆孔的加工

图 7-14 中编号 3 是各种直径的圆孔,加工时应根据孔径的大小、孔的深度、零件的厚度、零件材料的性质来选择不同的机床和刀具。

小直径的圆孔可以在钻床上加工,如果工件上孔的数目较多,应用多轴钻床加工。

采用单轴立式钻床加工圆孔时,可以按划线钻孔,但有时会因钻头轴线和孔中心线不一致而产生加工误差。因此可以依靠挡块、夹具和钻模来定位,利用挡块定基准,能保证一批工件上孔的位置精度。若在一条线上配置有几个直径相同的圆孔,则可用样模夹具来定位。对于不是配置在一条直线上的几个孔,宜用钻模进行加工,工件一次定位后只需改变钻模相对于钻头的位置,即可依次加工出所有的孔。

图 7-14 中编号 3 按最后一种加工工艺图所示,如在薄板上加工直径较大的圆孔,可以在刀轴上装一刀梁,刀梁上装一把或两把切刀,刀轴旋转,切刀就在工件上切出圆孔。另外,还可制作相应直径的圆筒形锯片进行加工。当圆孔直径改变后,可调换圆筒形锯片或调整切刀在刀梁上的距离,再进行加工。

薄的胶合板也可以按金属加工冲压机床的工作原理进行冲压加工。

图 7-14 中编号 4 为螺钉沉孔,它一般在立式或卧式钻床上采用沉头钻来加工,使加工出来的孔呈圆锥形或阶梯圆柱形。

在钻床上加工孔时的切削速度取决于工件材料的硬度、孔径的大小和孔深。随着孔径和孔深的增大,钻头的定心精度会降低。

4 型面和曲面加工

由于使用功能或造型上的需要,实木家具的有些零部件需加工成各种型面或曲面,图 7-19 所示为常见的几种类型。

型面和曲面通常是根据设计的形式选用相应的成型铣刀或端铣刀在各种铣床上加工。有些加工还需借助于夹具和样模。

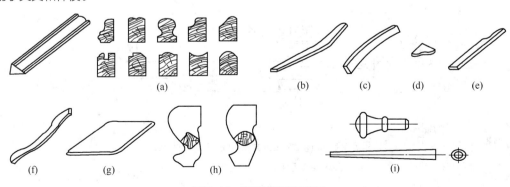

图 7-19 常用的型面与曲面

实木家具生产中进行型面和曲面加工的设备主要有立式单轴木工镂铣床、立式双轴木工镂铣床、木工镂铣床、手锣机。不同设备对比见表 7-1。目前家具企业中实木家具零件基本是利用立式铣床加工而成。

表 7-1　型面和曲面加工不同设备的对比

设备名称	加工效率	操作方便程度	加工精度	占地面积	作业危险	设备维护
单轴木工镂铣床	较高	方便	高	较大	危险	易维护
双轴木工镂铣床	高	方便	高	较大	危险	易维护
木工镂铣床	较高	方便	高	较大	一般	易维护
手锣机	较高	较方便	高	小	一般	易维护

1）成型面的加工

如图 7-19（a）所示，零件断面呈一定型面，沿长度方向呈直线形，即零件纵向是直线，而断面呈各种不同的型面。一般在立铣上用成型铣刀加工，也可用四面刨进行加工等。

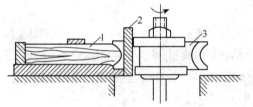

图 7-20　铣床加工成型面
1. 工件　2. 导尺　3. 成型铣刀

这类零件由于长度方向是直线型的，所以只需在铣床上（图 7-20）使用成型铣刀加工，工件沿导尺移动进行铣削，而刀刃相对于导尺的伸出量即为需加工型面的深度。

有许多零件要求在宽面上制成型面，为了生产安全，使零件能放置稳固，一般用水平刀头上能安装成型铣刀的四面刨进行加工，如图 7-12 所示。

2）曲面和曲线形零件的加工

图 7-19 中（b）～（g）所示的零件，有的是边呈曲线形，有的整个面构成曲面，也有的边和面上均带有曲线形而形成双向弯曲，而有的零件只是局部边缘带有曲线形。加工这类零件通常是在铣床上按照线型和型面的要求，采用不同的成型铣刀或者借助夹具、模具等的作用来完成加工的，如图 7-21 所示，一般是手工进料。加工这类零件必须使用样模夹具，样模的边缘做成零件所需要的形状。此时不需要安装导尺以方便样模自由移动。工件夹紧在样模上，使样模沿刀轴上的挡环进行铣削，即可加工出与样模边缘相同的曲线零件。挡环可以装在刀头的上方或下部，铣削尺寸较大的工件周边时，为保证加

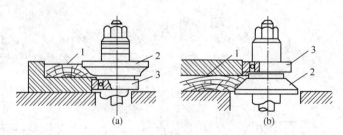

图 7-21　铣床上加工型面和曲面时挡环的安装方式
（a）挡环安装在刀头下部　（b）挡环安装在刀头上方
1. 工件　2. 铣刀头　3. 挡环

工质量和操作安全，挡环最好安装在刀头之上。当加工一般曲线形零件时，为使零件在加工时具有足够的稳定性，宜将挡环安装在刀头下部。挡环的半径必须小于零件要求加工曲线中最小的曲率半径，以保证挡环与样模夹具的曲线边缘能充分接触而得到要求的曲线形状。

图 7-22 所示为在立式铣床上用双面样模铣削曲线形零件，可提高生产效率。此外，应尽可能地顺纹理铣削，以保证较高的加工质量；对于曲率半径较小的部位或逆纹理铣削时，应适当减慢进料速度，以防止产生切削劈裂。为克服这种情况的产生，也可采用双轴铣床加工，机床的两主轴上安装相同的铣刀，但其转动方向相反，根据工件的纤维方向可以选用与进料方向同向或逆向切削。同向切削可以得到均匀且质量高的加工表面，不会引起纤维的劈裂。

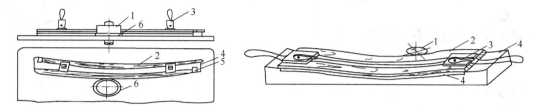

图 7-22　用双面样模在立式铣床上加工曲线形零件

1. 铣刀头　2. 工件　3. 夹紧装置　4. 样模　5. 挡块　6. 挡环

图 7-19（c）所示的曲线形零件，整个长度上厚度是一致的，若其宽度较大且弯度也较小时，如果在下轴铣床上加工，既不安全，生产效率又低。因此，在加工批量较大时，可先用曲线锯锯出粗坯，然后在压刨上使用相应夹具来加工两个弧面，如图 7-23 所示。可先将做好的样模固定在压刨床的工作台面上，并调整好工件相对刨刀、进料辊的位置，即可开启机床，将零件送进压刨进行刨削加工即可。零件的幅面可以较宽，弧线也可较长。被加工零件的厚度要一致且弯曲度要小，并有模具配合才行。在压刨床上进行加工，不仅生产效率高、质量好，而且安全可靠。

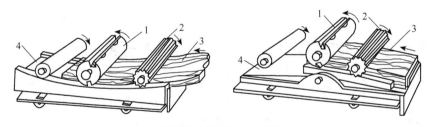

图 7-23　压刨上加工曲面

1. 刀具　2. 进料辊　3. 工件　4. 样模夹具

图 7-19（d）、（e）所示的零件上曲线部分较少，其曲线部分可以在悬臂式万能圆锯上安装成型铣刀头进行加工。此法加工生产率很高，但因为是横纹理切削，加工质量不如在铣床上顺纹理铣削好。

总之，曲面和曲线形零件多数是利用铣床加工。在立式下轴铣床上加工曲线形零件，除了手工进给外也可以运用机械进料。铣床常用的机械进料装置有链条进给及回转工作台进料两种，如图 7-24、图 7-25 所示。链条进给机构不能在加工的同时调整进料速度，所以有时加工质量较差。回转工作台进料的铣床加工时，工件的装卸和加工可同时进行，工作行程时间和辅助时间相重合，所以生产率高，适合大量生产。

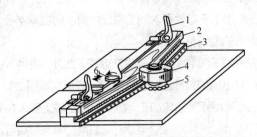

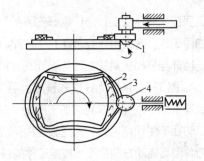

图 7-24 在链条进给的铣床上用样模加工曲线型零件

1. 夹紧器 2. 工件 3. 从动链条 4. 刀具 5. 链轮 6. 压紧装置

图 7-25 在回转工作台进给的铣床上加工

1. 挡环 2. 工件 3. 样模 4. 铣刀头

3）宽面及板件型面零件的加工

有些实木家具，特别是现代家具为了满足人们丰富多彩的现代生活的需要，采用较宽零部件以及板件的边缘或表面铣削成各种线型，以达到美观的效果，如图 7-19（g）所示。其中如柜类家具的各种板件和桌几的台面板、椅凳的坐靠板等，一般可在回转工作台式自动靠模铣床、镂铣机、数控镂铣机以及双端铣床上加工。轻型的线型表面一般是在立式上轴铣床上加工，如图 7-26 所示，其工作台上需有仿型定位销，仿型定位销与刀轴的中心应在同一垂直线上，样模边缘紧靠仿型销移动，即可加工出所需要的曲线形状；此法生产率低，但较适合零、部件内侧线型的加工。

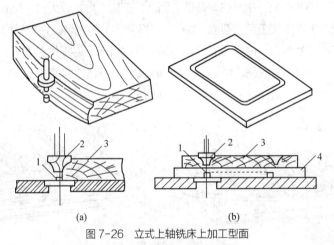

(a)　　　　　　(b)

图 7-26 立式上轴铣床上加工型面

（a）型面加工 （b）浮雕加工

1. 仿型定位销 2. 端铣刀 3. 工件 4. 样模

进行一般浮雕加工的上轴铣床有单轴的、多轴的，有手工操作和用数控装置自动控制操作程序的。

在普通上轴铣床上作浮雕加工，只需将设计的花纹图案先做成相应的样模，套在仿型销上，根据花纹图案的断面形状来选择端铣刀，按图 7-26（b）所示的方法加工即可。但此法加工是手工操作，由于操作人员的技术水平不同，质量往往会有差别。目前数控机床广泛应用于生产中，它可以根据已定的程序进行自动操作，既降低了工人的劳动强度，又能保证较高的加工质量。花纹较浅的零件还可以在热模压花机上直接压成。此外，还可用激光技术来进行雕刻加工。

4）回转体零件的加工

如图 7-19（i）所示，零件的横断面呈圆形或圆形开槽形式，如各种形状的弯形脚、圆柱体、圆锥体等以中心线对称的零件。回转体零件的加工可在圆棒机或木工车床（手动、半自动或自动进给）上进行。圆棒机只能加工出等断面的零件，而木工车床在工件的长度上除能加工成同一直径外，还可以车削成各种断面形状或在表面上车削出各种花纹。一般较小的圆柱体零件与圆棒榫，可用圆棒榫机进行加工。对于较大的圆柱体、圆锥体、螺旋体以及中心线为直线的各种圆弧面的组合件，都可利用木工车床加工而成。图 7-27 所示为一数控木工车床的加工照片。图 7-28 所示为车削加工选用车刀的方法。

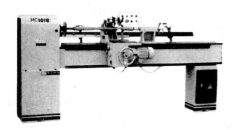

图 7-27 自动木工车床

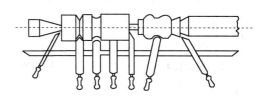

图 7-28 车削加工选用车刀的方法

5）复杂型体的加工

如图 7-19（h）所示，零件纵向和横断面均呈复杂的曲线型，如鹅冠脚、老虎脚、象鼻脚等。实木家具零件通常用仿型铣床（靠模铣床）加工，如图 7-29 所示。其工作原理是按零件形状、尺寸要求先作一个样模，将仿型辊紧靠样模，样模和工件作同步回转运动，仿型铣刀就将工件加工成相应的形状。采用的刀具一般为杯形铣刀。仿型铣床加工时，零件的加工精度主要取决于样模的制造精度和刀具与工件之间的复合相对运动是否协调。

5 表面修整加工

工件在刨削、铣削过程中，因刀具的安装精度、工艺系统的弹性变形以及加工时的振动等因素的影响，往往会在其表面上留下微小的凹凸不平。开榫、打眼的过程中也可能使工件表面出现撕裂、毛刺、压痕等，而且工件表面的粗糙度一般只能达到粗光的要求。为使零部件形状尺寸正确、表面光洁，在尺寸加工与形状加工以后，还需进行表面修整加工，以除去各种不平度、减少尺寸偏差、降低粗糙度，以达到油漆涂饰与装饰表面的要求（细光或精光程度）。

表面修整加工常用净光（刮光）和砂光（磨光）两种方法。

1）净光

工件表面净光是采用光刨机加工。图 7-30 所示为生产中广泛应用的通过式光刨机加工。加工时刀头不动，工件在环形橡胶履带带动下作进给运动。该机床的刨刀片安装在刀盒内，根据被加工木材性质的不同，转动刀盒就可以调整刀片的水平倾斜角度，以保证表面的修整质量。由于零件的被修整表面是相对刨刀作直线进给切削运动的，所以能把原来的波纹刨掉。零件表面经修整后，平直光滑度高，木纹清晰，主要适用于方材、拼板等矩形零件平表面的修整加工（顺纤维方向刮削，每次刮削厚度不大于 0.15mm）。此种光刨机具有生产效率高、工作噪声小、加工质量高等优点，应用较为广泛。

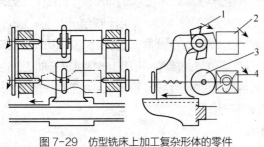

图 7-29　仿型铣床上加工复杂形体的零件
1. 刀具　2. 工件　3. 样模　4. 仿型辊

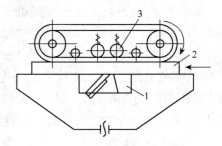

图 7-30　通过式光刨机加工
1. 装刀盒　2. 工件　3. 压紧辊轮

2）砂光

砂光也是一种木材切削加工过程。砂纸、砂带上的砂粒就像无数把小切刀，在工件表面磨削，从而除去细微的刀痕、毛刺或污垢等。因此砂带可以看成是无数小切刀构成的一种多刃磨削工具。用砂光方法可以使零件获得相当高的表面光洁程度。

实木家具生产中常用的砂纸号和磨料粒度号见表 7-2。

表 7-2　常用砂带（纸）号与磨料粒度号

名　称	代　号				
粒度号	120#	100#	80#	60#	40#
砂带（纸）号	0#	1#	3/2#	2#	5/2#
用　途		精砂 ← 细砂 → 粗砂			

影响砂光质量的因素很多，如磨具的特性、磨料粒度大小、砂削的方向、砂削速度和压力，以及木材的性质等。主要因素有以下方面。

（1）磨料粒度

磨削加工时，磨料的粒度越大，磨削的效率越高，但加工出的表面较粗糙。反之，磨料粒度越小，被磨削工件的表面光洁程度越高。因此，应根据零件表面质量要求来选择砂纸型号。例如，在家具生产中，当零件的表面光洁程度要求高时（家具的面板、门、抽屉面板等正面部位），一般选 0#或 1#等粒度小的砂纸；当零件的表面光洁程度要求较高时（家具的侧面等），可选择 1#或 3/2#砂纸；其他不显露的次要部位的零件，则选 3/2#或 2#即可。为了提高生产率同时又保证加工质量，常采用二次砂磨的方式，即先粗磨后细磨。此外，当工件表面光洁程度要求相同的情况下，选择砂纸型号要考虑木材的性质，即工件材质的软硬程度，当材质松软时，应选粒度较小的砂纸号，反之，磨削硬材就应选用粒度稍大的砂纸号。

（2）砂带运动方向与木材纤维方向

磨光时，砂带的运动方向与木材纤维方向之间的关系也直接影响表面光洁程度，采用顺纤维方向砂磨可获得较高的光洁程度。如果砂磨方向与木材纤维方向垂直，砂粒会将纤维横向切断，表面会出现条痕，形成很多毛刺。但是，对于幅面较宽的板面，全部采用顺纤维磨削时，往往不易将表面均匀磨平。

实际生产中，为提高效率、保证质量，一般是将横向和纵向磨削配合进行，先横向后纵向，将工件表面先磨平后磨光。但对于薄木拼花表面，磨光时应以少割断纤维为原则，尽量采用顺纹磨削。此外，磨横切面时，质量不如磨径切面和弦切面好，径、弦切面上磨削质量无明显差别。低速磨削时，顺纹磨削较横纹磨削质量好，但高速磨削时，顺、横纹频繁交错磨削，反而能提高磨削质量。

（3）砂磨压力

磨削时单位压力大小要适中。压力较大，磨粒深入工件越深，磨削量越大，磨削质量越差。粗磨时压力应比精磨时大。一般在带式砂光机上，砂带的压力应不超过 0.1MPa，辊式砂光机压力不大于 0.0012MPa。

（4）砂磨速度与进料速度

磨削速度、进料速度与质量有一定的关系。磨削速度高时，单位时间内参与磨削的磨料多，单个磨粒的切削厚度小，磨削力小，磨料变钝慢，有利于提高质量。但磨削速度太高时，发热严重，可能烧伤木材或导致粘结剂软化，反而不利于提高磨削质量。因此，磨削速度应控制在一定范围内并与进料速度相适应。如一般宽带砂光机磨削速度为 25～30m/s 时，进料速度为 6～18m/min。进料速度高时，生产率高，但磨粒磨损快，不利于提高磨削质量。

（5）振动

研究表明，在磨削平面内，垂直于磨削方向的往复振动可频繁改变磨粒的运动方向，能使工件上刻痕减小。此外，这种振动还导致磨粒在不同方向受力，使磨粒磨损均匀，可提高磨削量，改善磨削质量。故宽带砂光机和多辊筒砂光机都设计成轴向往复窜动的磨削方式，窜动频率为 20～25 次／min。

此外，新砂带在刚开始使用的 8～10min 内，由于个别大颗砂粒的砂磨，会在表面产生部分深的磨痕，经过这段磨合期后，砂带或砂纸就会进入稳定工作状态，从而能保证砂磨质量。

由于零件表面具有各种形状，如平面、曲面、成型面等，尚有回转体零件，因此需要采用各种不同类型的砂光机进行有效地砂磨，以确保修整的质量。实木家具生产中，砂光工序普遍采用各种类型的砂光机进行，可分为盘式、带式、鼓式以及联合式砂光机这四种类型，其特点与应用见表 7-3。

表 7-3　各种砂光机的特点与应用

机床类型	机床名称	特点及应用
	垂直盘式砂光机	磨盘上各点转动速度不同，中心为零，边缘最大，因此磨削不均匀； 适于工件端面、小型工件平面和框架角部砂磨
	水平盘式砂光机	
	上带式砂光机	操作灵活，可根据质量要求与工件表面，随时调整压力和进料速度以及砂磨部位； 适于大幅面板式部件

机床类型	机床名称	特点及应用
	下带式砂式机	适于板式部件平边线和窄小工件砂磨
	垂直带式砂光机	
	自由带式砂光机	无工作台，适于圆柱形工件的砂磨
	垂直鼓式砂光机 水平鼓式砂光机	适于曲线形或环状工件内表面的砂磨
	刷式磨光机	适于曲线曲率半径小或型面较复杂的工件的砂磨
	三辊砂光机	砂磨时，砂辊除旋转外，还作轴向往复运动，磨削质量好，精度高，但散热差； 适于表面平整的拼板、框架和人造板等的砂磨
	宽带式砂光机	砂带长，散热好。粗磨采用接触辊磨削，精磨采用压带磨削。生产效率高，加工质量好。 适于大幅面工件、覆面板及表面平整的框架的砂磨

任务实施

1 开榫机加工榫头

① 准备工作：检查电源开关、主机电动机、各控制键按钮和气压系统等是否正常。

设备的调整：选择锋利无损坏的专用刀具，用六角匙（专用工具）将刀具装于立轴上，拧紧螺钉。

根据工件的如物料长度、榫厚、榫宽、榫长的加工要求，对工作台面高度、斜位（角度）以及夹紧装置进行适当调整。

清理工作台，装好气管，检查气压是否够大、刀具是否装牢、各设置键是否正确、安全防护装置是否完好。

将待加工工件放在机台右边，操作者侧身伸手即可取到工件，并不妨碍作业。检查来料是否与图纸尺寸一致，然后闭合机器开关，取料进行试机，确认加工后是否与图纸相符。

② 主要操作：在设备工作台面上，以左右工作台上的挡板为定位基准，在加工好一端后再加工另一端时应以已加工好的一端来定位，保证内空尺寸符合图纸要求。

一般由两人一起操作，主操作员站于机台右侧，取料确认加工面，副手位于机台左边，将加工好的工件取下堆放好。当主操作员取料于右工作台面上主轴完成第一基准面榫头加工后，应立即将工件转给副手，放置于左工作台面上加工另一端榫头。如加工弧形料时还需在工作台面上固定模具进行加工。

将加工好的工件在托卡上整齐堆放好，清点好数，填写工艺流程卡，并做好标识。

③ 检测：榫头的长度、宽度、厚度需用游标卡尺测量，内空尺寸需用卷尺测量。

2 榫槽和榫簧加工

（1）镂铣机加工

① 准备工作：在明确所需加工工件的铣槽宽度及深度后，选用符合要求的刀具，安装时注意机台主轴转动方向必须与刀口方向相符；更换适当尺寸的导销，将导柱凸出工作台 5~6mm，并对正锣刀中心，并将其锁紧装防护罩，钉好导板反压条；将工作台高低、倾斜角调整好，并清理机台与加工场地，以防在加工过程中因地面障碍而影响安全操作。

② 主要操作：操作员站于机台前方，取料确认加工面（大件需两人操作），先进行试机，确认加工的工件与图纸要求相符。采用顺时针方向加工，应从左方进料，反之则从右边进料；若刀具直径大于48mm，应采用低速加工。

镂铣时，先将工件装在模具上，双手紧握模具，将底模槽前端靠近导柱（直线镂铣需要将工件的基准面紧靠导尺），启动脚动开关，待锣刀进入既定深度后，双手推动物料用力均匀沿导柱（导尺）进行加工。若逆木纹或工件有节疤时，应减慢进料速度。

将加工好的工件按左右分开，整齐堆放在待加工工件的另一侧的物料板上，堆放高度不得超过1.5m，并填写工艺流程卡，做好标识。

③ 检测：控制尺寸用游标卡尺与卷尺测量。

（2）四面刨加工

① 准备工作：在明确所需加工工件的铣槽宽度及深度后，选用符合要求的平刀或成形刀，安装时注意机台主轴转动方向必须与刀口方向相符；启用前应确定各刀轴锁紧装置，查看刀片是否与其他部分相碰撞；根据加工工件的工艺要求，调好四个主轴上、下、前、后的位置，确定后锁紧各轴；根据木材加工厚度、宽度调整好各送料辊的高度、各压板前后位置及各压料轮的位置。

② 主要操作：起动所需的主轴并在其全速运行后起动送料电动机，在开始送料加工时先启动抽尘装置，注意要先手动试机再使用自动操作方式。

零件开始进料时需要区分加工的正反面，副手对加工出来的零件质量进行监控并反馈给主操作员，并将零件堆放好。

在加工过程中应经常对机台上的木屑用吹尘枪进行清理，保持工作台的清洁可以使机台的定位不移动，有助于加工精度的提高。加工完成后拆下所有刀具及模具。

③ 检测：槽深、槽宽等需要用游标卡尺进行检测，对特殊的经过精加工后开槽的需要用卷尺测量槽长；所有加工工件不允许出现跳刀或崩烂现象。

3 台钻加工圆孔

① 准备工作：对设备的安全性、可靠性进行全面检查，看线路、电源开关、主机电动机、机台转向等是否正常。根据来料的加工要求，选择好合适的钻头，并根据需要调整好机台主轴转速，将选好的钻头安装于机台主转动轴上并锁紧。按加工料的厚度、孔位深浅度要求，对机台作升降调整。

② 主要操作：按加工工件的工艺要求采取适当的定位方式，对于直料加工采用定位式加工，对于弧形、曲线料的加工应采用模具，找出孔位再对准孔位点加工。

加工时按照工艺图纸标示尺寸为基准定好位，加工多个孔时，可采取加减定位块的方法加工，但必须以工件的同一边为基准，保证孔间距离标准。

取料并置于机台上，紧靠定位靠板和基准定位边，左手护住工件，右手握住机台工作手柄，均匀往下用力进行操作。加工工件孔位过深时，不得一次压到位，以免超出机台的承受范围造成卡死钻头，需上下匀速移动手柄，让木屑排出再匀速向下用力压。

加工过程中应时常用吹尘枪将工作台面上的木屑吹净，以免影响物料与定位边的紧贴性，造成加工精度的误差。

③ 检测：孔距用卷尺测量，孔位、孔深用游标卡尺测量。检测孔径、孔深、孔位偏差、孔位垂直度、孔间距离尺寸，孔位表面应无崩烂与毛刺。

4 型面和曲面加工

（1）立式铣床加工

① 准备工作：

安装刀具：根据加工工件的形状及具体要求选好平刀或成形铣刀，确定刀口是否光滑、平整、锋利，安装刀具时刀片的旋转方向必须与主轴一致。装刀时先将主轴锁紧成固定状态，用扳手将螺母拆下，装好刀具，将螺母拧紧再取消锁紧装置。启用前应确定刀轴锁紧装置，查看刀片是否与其他部分相碰撞。

刀具的升降：调好主轴上、下位置；调节挡板的前后位置，达到图纸的加工尺寸要求，将挡板用专用螺杆固定不得松动。

检查来料的尺寸是否符合图纸要求。

根据加工要求确认主轴转向是否正确，再将主轴锁紧销松开。

各项准备工作就绪后方可启动抽尘装置，再开启电动机，并待机器运转正常后才可以进行进料加工。

② 铣型面或曲面加工：取料至工作台，在零件开始进料加工前需要区分加工的正反面，再用双手按住定位夹具将工件夹紧匀速用力靠紧挡板进料加工，工件需用夹具夹紧，不可徒手送料进给，且进给方向应与刀具转向方向相反。在加工过程中只能前进不允许退回，否则容易打坏工件，甚至伤及操作人员；如果必须退出加工时，应先做好准备，左手压紧工件前端，右手将工件沿台面移开刀头。

工件较大就需要两个人协作加工，进料时主操作员右手握着工件夹具向前推进，左手按压工件外侧及上面，使工件顺着台面紧贴挡板前进，操作员副手接料不得猛拉，要根据主操作员的速度来拉，也不能将手伸过刀位，以免发生意外。

在加工过程中需要保持台面的清洁，防止因为木屑或杂物将工件表面刮花，根据加工的实际情况应经常用吹尘枪清理干净机台上的木屑。

③ 零件检测：所有加工工件不允许出现跳刀或崩烂。

（2）圆盘式仿形铣床加工

① 准备工作：先确定圆盘仿形机的加工模具按要求固定在工作台面上，再将工件固定在模具上，启动夹紧装置固定工件。

按要求安装好刀具，调整好主轴进刀速度，并做好刀具位置及方向的检查。在起动所需的主轴并使其全速运行正常后方可起动圆盘的进给加工。

检测完毕后，在开始送料加工时应先打开抽尘装置阀门进行抽尘。

② 主要操作：将零部件放置于机台转盘上的模具上并定好位，并根据刀具的刀形确定正反面。

手动调节变速键加工零件，速度为慢→中→快→退刀，调整完成后再进行自动进刀。加工时需要保持台面的清洁，经常用吹尘枪吹干净表面的加工木屑，以保证加工工件表面的质量及加工精度。

加工完成的零件要整齐地摆放到地台板上，防止出现刮花现象，填好工艺流程卡并做好标记。

③ 检测：所有加工工件不允许出现跳刀或崩烂。

5 表面修整加工

（1）立式砂光机砂光

① 准备工作：安装砂带时先将活动主杆松开再安装砂带，然后调整砂带，并保证砂带方向正确。开启电源，测试设备是否运转正常及砂带的接口牢固性。

② 主要操作：将工件放置于工作台面上，双手紧握工件，紧贴砂带进行砂削，手与砂带保持一定距离；要保证工件与砂带成垂直的角度，保证加工的工件不出现变形及砂斜。

操作时要均匀用力将工件平行匀速推进，防止在操作时出现工件的两端不平行。

加工完成后的产品需整齐堆放在地台板上，并做好产品的保护工作，防止出现人为的产品损坏，并应对设备进行清理，保持机台的清洁。

③ 检测：外形尺寸需要用卷尺测量，达到图纸所要求的尺寸。

（2）宽带砂光机砂光

① 准备工作：按照规定方向安装好砂带，不同型号的机台可选择不同型号的砂带，砂带表面颗粒要均匀分布，表面要平整、粘合力强，砂带接口保证平整、牢固。

根据按钮标示进行砂光带定位厚度的调整，并检查机械设备是否正常，将待砂光料整齐堆放于机台左侧。

② 主要操作：在送料进机时，核对砂带砂粒型号（按物料正反面要求），保证顺纹方向砂磨。

砂光小板件一般送料与接料各一人操作，只有砂光大而长的板件两侧才各有两人共同操作。操作员要面对机台，站在输送台中心线偏左（右）位置。

将加工好的物件整齐堆放于机台右侧的地台板上，并填写工艺流程卡，做好标识。

加工完成后断电，在机械各转动位完全停止后，再进行木屑清理。

③ 检测：按砂光标准进行检验。

■ 成果展示

任务完成后可进行成果展示，包括已加工好的净料。

■ 总结评价

本任务重点掌握开榫机、立式铣床、镂铣机、榫眼机、木工钻床等设备的加工规程及操作要点，学会根据净料具体形式与加工要求选择表面修整的砂磨设备，并能正确操作加工出合格的产品。本任务考核标准见表 7-4。

表 7-4　净料加工考核标准（满分 15 分）

能力构成	考核项目	分值
专业能力（5 分）	选择净料加工工艺的能力	2.5
	净料加工设备操作、维护能力	2.5
方法能力（5 分）	净料工艺制定和实施工作计划能力	2.5
	净料加工工艺的检查、判断能力	1.5
	净料加工理论知识的运用能力	1
社会能力（5 分）	净料加工工作流程确认能力	0.5
	沟通协调能力	0.5
	语言表达能力	0.5
	团队组织能力	1
	班组管理能力	1
	责任心与职业道德	0.5
	安全和自我保护能力	1
合　　计		15

项目 3
板式零部件的制备与加工

 任务 8 板式零部件的裁板加工

 学习目标

1. 知识目标

（1）掌握裁板方式及特点；

（2）掌握裁板的方法与裁板的工艺要求；

（3）了解精密裁板锯、卧式裁板锯及立式裁板锯等裁板设备。

2. 能力目标

（1）能进行板式家具的裁板方式设计，根据裁板规格材料表设计裁板图；

（2）能根据板式家具的裁板工艺要求、裁板规格材料表和裁板图正确裁板配料；

（3）能正确操作精密裁板锯、电子开料锯，掌握操作技能。

3. 素质目标

（1）具备团队合作协作能力；

（2）具备获取信息、解决问题的策略等方法能力；

（3）具备自学、自我约束能力和敬业精神。

工作任务

---

1. 任务介绍

（1）裁板规格材料表及裁板图设计：以项目 2 设计的板式家具为内容，根据设计要求编制裁板规格材料表，确定裁板的方案绘制出裁板图。

（2）根据裁板规格材料表及裁板图，正确操作裁板设备进行裁板加工。

2. 任务分析

裁板是板式零部件加工的重要工序，现在的这道生产工序是采用一锯定"终身"的方式进行，也就是一次裁板，不留加工余量。裁板图是根据零部件的技术要求，在标准幅面的人造板上设计的最佳锯口位置和锯解顺序图。要考虑的问题是：人造板的规格，有纹理图案的人造板在有些情况下不能横裁；配足零部件的数量及规格；使人造板的出材率最高，所剩人造板的余量最小或尽可能再利用。

3．任务要求

（1）本任务必须现场教学，以组为单位进行，组员分工协作、责任到人。禁止个人单独行动。

（2）根据裁板工艺要求及裁板图正确进行裁板配料。

（3）了解板式部件裁板加工的设备并能正确操作，掌握设备的操作技能。加强安全教育与管理，要牢记安全第一。

（4）做好记录，提出学习中碰到的问题并相互评议。

4．材料及工具

绘图纸、直尺、铅笔、游标卡尺、卷尺、双饰面刨花板或中密度纤维板、裁板锯（推台锯）、工作台等。

知识准备

----

1 裁板工艺

1）裁板方式

（1）传统的裁板方式

传统的裁板方式是在人造板上先裁出毛料，而后裁出净料。采用该生产工艺，一是增加了工序，二是浪费了原材料。

（2）现代的裁板方式

现代板式家具生产中的裁板方式是直接在人造板上裁出精（净）料。因此裁板锯的精度和工艺条件等直接影响到家具零部件的加工精度。为了提高原材料的利用率，在裁板之前必须先设计裁板图。

裁板图是根据零部件的技术要求，在标准幅面的人造板上设计的最佳锯口位置和锯解顺序图。裁板图的设计是一个"加工优化"的技术问题。

在任何裁板图设计时，都涉及到余量是否计算的问题。现以一些企业的生产实例来说明这一点，即不管人造板所剩的余量多少，常以余料的宽度来计算，余料的宽度是以抽屉面板的宽度来做基数。如抽屉面板宽度为 140mm，须在抽屉面板宽度的两边各加 5～10mm，再加上锯路（假定为 5mm），即成为 170mm，当宽度大于等于 170mm 时可用于下一批零部件的生产中，但废品率按 20% 考虑，并计算在这批零件的 80% 出材率上考虑到下一批产品中。宽度小于 170mm 为不可用，废品率为 100%，计算在这批零件的废料中。

由于裁板的精度要求，在设计裁板图时第一锯路需先锯掉人造板长边或短边的边部 5～10mm，以该边作为精基准，再裁相邻的某一边 5～10mm，以获得辅助基准。有了精基准和辅助基准后再确定裁板方法，进行裁板加工。

2）裁板方法

（1）单一裁板法

单一裁板法是在标准幅面的人造板上仅锯出一种规格尺寸净料的裁板方法。在大批量生产或生产的零部件规格比较单一时，一般采用单一裁板法。

（2）综合裁板法

综合裁板法是在标准幅面的人造板上锯出两种以上规格尺寸净料的裁板方法。现代板式家具生产中多采用综合裁板法下料，这样可以充分利用原料，提高人造板的利用率。

图 8-1 所示为人造板的裁板方法。

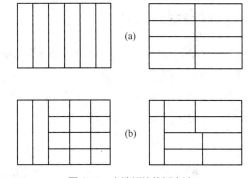

图 8-1　人造板的裁板方法
（a）单一裁板法　（b）综合裁板法

3）裁板的工艺要求

（1）加工精度

由于现代板式家具生产中的裁板工艺是直接裁出精（净）料，因此对于裁板的尺寸加工精度要求很高，其裁板精度要小于 ±0.2mm，一些高精度的裁板设备可以保证加工精度控制在 ±0.1mm 以内。

（2）主锯片与刻痕锯片的要求

现代裁板除要求尺寸加工精度高以外，还要求在裁板时板件的背面不许有崩茬。这种加工缺陷是锯片在切削力、切削方向的作用下产生的，设置刻痕锯片是解决裁板时不出现崩茬的最佳方法，即在主锯片切削前，刻痕锯预先在板件的背面锯成一定深度的锯槽，这样主锯片在裁板时就不会出现崩茬的问题。刻痕锯锯切深度为 2~3mm，刻痕锯片的转向与主锯锯片的转向相反。在一些裁板设备中，刻痕锯还带有"跳槽"功能，即刻痕锯从板件的背面跳到板件的边部和正面锯成一定深度的锯槽，主要用于软成型封边、后成型包边后的侧边裁边处理。

理论上，主锯片的锯路宽度要等于刻痕锯片的锯路宽度，但是由于设备在加工过程中的各部分误差及传输部分的间隙等，使两个锯路发生偏差，因此在实际生产中，主锯片的锯路宽度要小于刻痕锯片的锯路宽度，一般为 0.1~0.2mm，如主锯片的锯路宽度大于刻痕锯片的锯路宽度，则刻痕锯不起作用。如主锯片的锯路宽度过小或刻痕锯片的锯路宽度过宽，会在板件的边部产生刻痕锯片的锯痕，边部呈现阶梯状。板件封边后要求精度控制在 ±0.1mm 以内。

2　裁板设备

1）精密推台锯

精密推台锯是单张裁板的一种精密裁板设备。由于其生产灵活和精度高，被一些小型的家具企业广泛采用，图 8-2 所示即为普通精密推台锯。该生产设备主要用于方材毛料和方材净料纵、横向和斜角的锯切，具有人造板的精密裁板、斜角裁板以及锯轴倾斜下料等功能，其最大加工尺寸为 2700mm×2700mm，基本上可以满足各类人造板的裁板加工的要求。

2）卧式精密推台锯

卧式精密推台锯是用于多张和大幅面人造板裁板的一种加工设备，由于产量大、精度高，被一些大、中型的家具企业广泛采用，如图 8-3 所示。这类设备用于人造板的精密裁板、斜角裁板等。

图 8-2　普通精密推台锯

3）立式精密裁板锯

立式精密裁板锯是用于单张刨花板、中密度纤维板、实木拼板、集成材裁板以及多张胶合板、单板裁板的一种加工设备，如图 8-4 所示。该设备配有刻痕锯片，可用于人造板的精密裁板、软成型和后成型侧边的裁板等。该设备采用手工移动锯片进行锯切，因此自动化程度低，生产效率低，适合于一些中小型的家具企业。

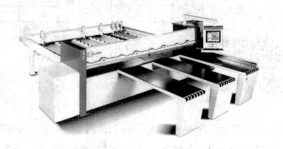

图 8-3　卧式精密推台锯　　　　　　　　图 8-4　立式精密裁板锯

任务实施

---

1 加工前准备工作

（1）必须仔细检查主、副锯片和螺母及各部螺钉是否紧固，如有松动，必须及时拧紧；

（2）必须仔细检查机床推台及导轨，同时检查靠台及锯槽内是否有杂物，任何杂物均需清理干净；

（3）必须仔细检查机床升降及 45° 倒角机构的传动部分有无异物，如有要用高压气清理干净；

（4）必须仔细检查主、副锯片是否有锯齿损坏，如有损坏，必须更换后方可使用，决不允许继续使用崩齿锯片；

（5）在加工板材之前，要仔细检查板材表面及待加工处是否有铁钉、砂石、活节等，以防损坏锯片及活节飞出伤人。

2 试加工

（1）根据工件尺寸调整靠尺位置，然后锁紧固定。

（2）调整主、副锯片的伸出量。其中副锯片伸出量为 2~3mm，主锯片伸出高度一般比工件厚度大 20~30mm。

（3）调整使主、副锯片在同一个加工平面内，保证切口平齐。

（4）加工 1~2 块料，检量尺寸。外形尺寸公差：小于 700mm 的允许 ±0.2mm；小于 700mm 大于 1000mm 允许 ±0.3mm；大于 1000mm 允许 ±0.5mm。对角线公差：小于 ±0.2mm。边部质量要求：不允许有超过 $0.5mm^2$ 的崩裂现象。如不符合加工精度要求，应再进一步调整设备，直到加工出合格产品后方可进行生产。

3 加工注意事项

（1）加工前应检查板面，不允许有缺角、少棱、划痕等缺陷。

（2）开机时，先启动大锯，达到最大速度时再启动小锯片。均达到预定转速时方可加工。

（3）开料进给速度要适当，过快会烧坏电动机或引起锯片颤动影响加工质量，过慢会烧坏板件。

（4）机床工作时，不论是操作员或任何人均不可站在锯片切削转动的方向，操作员在收集板料时必须先关断主、副锯电源。关机时，先关小锯，再关大锯。

（5）操作中间歇较长时间时，应关断电源，减少不必要的能源及设备损耗。

（6）操作结束后，关断电源、气源，保持设备清洁。

4 零部件检测

用游标卡尺检验零部件厚度，用卷尺测量长度、宽度，精度公差 ±0.2mm。目测表面无明显色差、无划伤、磨损、凹坑、污渍等，纹理方向一致。

5 将加工好的板件按编号进行堆放

将加工好的板件按编号进行堆放，以备后续封边加工。

■ 成果展示

任务完成后可进行成果展示，包括裁板规格材料表、裁板图、已配好料的零部件等。

■ 总结评价

本任务重点掌握裁板工艺、裁板设备调试及操作方法。在裁板配料时应合理确定配料方式进行加工，以提高毛料出材率。考核标准见表 8-1。

表 8-1　裁板加工考核标准（满分 15 分）

能力构成	考核项目	分值
专业能力 （5分）	裁板规格材料表的编制能力及裁板图设计能力	2.5
	裁板设备操作、维护能力	2.5
方法能力 （5分）	裁板工艺制定和实施工作计划能力	2.5
	裁板材料规格表的检查、判断能力	1.5
	裁板理论知识的运用能力	1
社会能力 （5分）	裁板工作流程确认能力	0.5
	沟通协调能力	0.5
	语言表达能力	0.5
	团队组织能力	1
	班组管理能力	1
	责任心与职业道德	0.5
	安全和自我保护能力	1
合　计		15

■ **拓展提高**

（一）空心板式部件制备

1. 空心板式部件的概念与特点

空心板式部件是一种特殊的人造板，又称双包镶板。这种材料是先制成一定规格的木框（或使用中密度纤维板、刨花板等），木框中间采用不同结构的填充物，两面各胶贴一层或两层单板、胶合板、纤维板等，经加压制成的一种人造板材。其特点是密度较小，一般只有 $0.28 \sim 0.30\text{g/cm}^3$，变形小，尺寸稳定性好，强度能满足一般家具的生产要求，尤适宜作立面部件的材料。

2. 空心板式部件的生产工艺

空心板式部件的生产常采用下列工艺过程：

锯材（订制材）$\longrightarrow \dfrac{\text{双面定厚刨光}}{\text{双面定厚刨}} \longrightarrow \dfrac{\text{冲条}}{\text{多片锯}} \longrightarrow \dfrac{\text{横截}}{\text{截锯}} \longrightarrow$ 边框料（木条、刨花板条、中密度纤维板条）

刨花板、中密度纤维板 $\longrightarrow \dfrac{\text{冲条}}{\text{裁板锯}} \longrightarrow \dfrac{\text{横截}}{\text{截锯}}$

贴面胶合板 $\longrightarrow \dfrac{\text{涂胶}}{\text{涂胶机}}$

木条 $\longrightarrow \dfrac{\text{组框}}{\text{工作台}} \longrightarrow \dfrac{\text{配坯}}{\text{工作台}} \longrightarrow \dfrac{\text{胶压}}{\text{冷、热压机}} \longrightarrow \dfrac{\text{齐边}}{\text{双端铣}} \longrightarrow$ 空心细木工板

芯层材料 $\nearrow$

蜂窝纸 $\longrightarrow \dfrac{\text{干燥}}{\text{干燥机}}$

3. 空心板式部件的构成

空心板式部件是由边框架、空心填料和表背板组成。

（1）边框料

制造边框料的原料主要是木材、刨花板、中密度纤维板等。实木边框要用同一树种的木材，宽度不宜过大，以免翘曲变形。边框接合方式主要采用榫接合或"U"形钉接合。刨花板或中密度纤维板制作框架时，首先根据工艺要求制成条状，然后采用"U"形钉接合即可。周边框架要打出排气孔，便于胶液固化后水分的蒸发。

（2）空心填料

空心填料的主要形式，包括图8-5所示的栅状、图8-6所示的格状和图8-7所示的蜂窝状等。

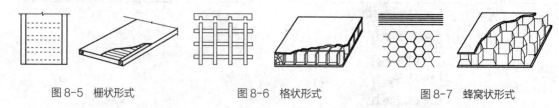

图8-5　栅状形式　　　　　图8-6　格状形式　　　　　图8-7　蜂窝状形式

① 栅状填料：是采用条状材料（木条、刨花板条、中密度纤维板条）作框架内撑档，内撑档与边框纵向方材间主要是用"U"形钉接合，内撑档的间距可以根据覆面材料的厚度以及部件使用的场合来确定。栅状材料的侧边要与边框料对应地打出排气孔，便于水分的散发。

② 格状填料：一般采用胶合板条、硬质纤维板条、纸板、薄形刨花板或中密度纤维板条制成。格状材料的宽度与木框厚度相等，长度与边框内腔相应，在条状材料上开出切口，切口深为条宽的 1/2，切口间距不得大于覆面材料厚度的 20 倍，以免覆面层下陷，加工好的板条，交错插合放入边框料内。

③ 蜂窝状填料：又称蜂窝纸填料，是用 100~120g 的牛皮纸、纱管纸板等作原料，在纸板的正反面条状涂胶，涂胶宽度与条间距离相等。成品蜂窝纸须叠压在一起存放，使用前应先进行干燥以降低蜂窝纸的含水率和提高强度。使用时在切纸机上剪切成条状，经张拉定型，形成排列整齐的六角形蜂窝状空心填料。蜂窝纸填料的高度应稍大于边框高度约 2~3mm，以提高覆面材料之间的胶合面积和增大胶合强度。蜂窝状填料的孔径过大则强度降低；孔径过小，强度高但用纸量加大。

（二）集成材生产工艺

1. 板材加工

包括原料准备、刨削加工、纵剖加工和去除木材缺陷等内容。

（1）原料准备

① 制材加工：集成材树种通常按用途由集成材的订单来确定。但是，为了保证集成材在使用过程中的尺寸稳定性和受力均匀性，集成材的板材应采用同一树种或物理力学性能相近似的树种分别堆积，不允许软、硬材混拼。

集成材的原料来源有以下方面：集成材厂中的制材车间加工成一定规格的板材或方材；集成材厂外购一定规格的板材或方材；家具、门窗、包装箱等木制品车间生产过程中产生的短小料。

集成材以原木作为原料时，原木需要制材加工，通常将原木加工成板材，而制材加工的厚板皮等可加工成规格的方材。

制造厚度较大、条宽较小的集成材，在制材下锯时，应尽量加工成弦切板。这样集成材表面为径切面，制造的集成材外表美观、变形小，提高了集成材的附加值。

制材的板材尺寸大小直接影响集成材的出材率和加工成本，因此应根据订单上集成材的结构确定板材的尺寸。板材的厚度和宽度由集成材厚度、条宽、加工余量和木材干缩余量来确定，集成材用板材的最小长度在 300mm 以上。

集成材用板材的厚度公差应小些或无负公差，可避免板材加工中厚度尺寸不够而造成木材的浪费。

制材过程中，应尽量减少瓦棱状锯痕、波纹状、毛刺粗糙面以及锯口偏斜等加工缺陷。

② 木材干燥：板材干燥时，应采用高质量的木材干燥室和正确的干燥基准，以保证板材的干燥质量。推荐板材干燥质量达到 GB/T 6491—1999 中规定的二级以上。

板材干燥技术要求：板材达到最终含水率 8%～12%；板材内、外的含水率均匀一致；干燥后的板材内部不能有残余应力；板材的干燥缺陷少。

板材的最终含水率应控制在 8%～12% 范围内，最好比使用地区的平衡含水率略低或相同。

板材的内外含水率不一致，锯剖后木材中含水率有变化，就产生变形。板材内部有残余应力，锯剖的同时就会产生翘曲。通常含水率均匀度不超过 2%。

为了使板材的含水率均匀一致，板材干燥后要进行木材含水率平衡处理。

板材按板材干燥堆垛的方法堆积，放置在露天板棚内 20 天左右或在适合的空气湿度中放置 5～7 天。

板材加工前要求进行含水率检验，每个干燥室的板材按不同位置抽取 5 块检验板，用含水率计进行测量，检查板材的含水率和含水率差。

干燥后的板材应无端裂、内裂、皱缩、炭化、严重变色等干燥缺陷。板材的纵裂对针叶材在5%以下，阔叶材在10%以下。板材的弯曲变形不大于下列数值：针叶材——顺弯0.3%，横弯0.4%，翘弯2.0%；阔叶材——顺弯0.4%，横弯0.5%，翘弯4.0%。

板材有较大的节子、节子集中及大面积腐朽等缺陷时，应利用截锯去除这些缺陷。

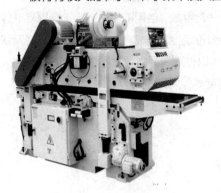

图8-8 双面刨床

板材翘曲较大时，利用纵剖锯纵剖成二部分，以减少板材的翘曲变形。

（2）刨削加工

板材的刨削工序是利用双面刨床（图8-8）或单面刨床刨削两个或一个宽面，使板材获得要求的厚度和表面粗糙度。双面刨床有两个刀头，下刀头刨削板材的下面，作为后续加工的基准面，上刀头刨削板材的上面，使板材达到一定厚度。板材通过一次就完成加工，生产率较高。

双面刨床或单面刨床都不能纠正板材本来存在的弯曲，因为，弯曲板材进入机床后被压直，离开机床后又恢复了原形。为了克服这个缺点，在生产中采用平刨一压刨的刨削方法，即板材先经平刨床，平出一个基准面，然后经压刨压另一个面。不过这种方法也有它的缺点，主要是手工进料，劳动强度大，生产率低。

集成材以方材为原料，一般在四面刨床上进行四个表面的刨削，生产率高，尺寸精度也高。

在加工时必须考虑加工余量，其大小可根据刨削时工件的长度、宽度和翘曲程度来确定：

一般长度在2m以上的板材刨削时，其加工余量为4~5mm；1~2m板材刨削时，其加工余量为4mm；1m以下的板材刨削时，其加工余量为3mm。工件宽而翘曲大的板材，加工余量要取大值。

操作技术如下：

双面刨床由两人操作，一人送料，一人接料，二人均应站在机床侧面，应避免站在机床的正面，防止工件退回时被碰伤。

① 操作前，根据板材刨削前、后的厚度确定上、下刀头的刨削余量，并进行上、下刀头切削余量的调整。

② 双面刨床的生产率决定于机床的进给速度和被加工件的质量，进料速度大，生产率高，但工件表面加工的质量差，通常进料速度选择5~15m/min。为了提高机床的生产率，可以将几个工件同时进给刨削，并且连续不断的进给，尽量缩短两个工件的距离，以提高工作效率。

③ 厚度过大的板材，应根据刨床的吃刀深浅分几次进行刨削。因为板材厚度过大，做一次刨削容易产生弯曲现象。

④ 安装在刀轴上的每一块刀片应保持在一个切削圆周线上，以保证加工表面的光滑，并可减少机床的振动。

⑤ 为了进一步保证刨刀的运转平衡，装好刨刀后还应进行平衡检查。检查的方法是用手转动刀轴让其自然停止，如果刀轴在停止后完全不动，说明它是平衡的。如果刀轴在停止前还有某一附加的运动，说明刀轴还不平衡，此时可在刀轴上作一记号，如果几次旋转后停止的部位均在同一位置，就可判定为较重的部位。可在较重的一面将刀片适当磨削一些或调换另外的刀片。检查平衡时必须将皮带卸掉。

加工质量要求：

① 刨削后的板材厚度符合规定的尺寸，一块板材各部位厚度差为±0.2mm，各板材的厚度差为±0.2mm；

② 板材加工表面应平整光滑，无波纹刀痕、起毛、烧痕、压痕等；

③ 加工表面应无啃头现象。

（3）纵剖加工

板材纵剖工序是利用多锯片式圆锯机（图 8-9）或单片纵剖圆锯机，将板材纵剖成一定规格的木条。

多片圆锯机是集成材生产中最常用的纵剖设备，它由机械进料，生产率高，适宜以板材为原料的纵剖。机械进料有辊筒进料和履带进料两种，辊筒进料易产生左右压力不均，使锯切面弯曲，而履带进料没有上述缺点。采用单片圆锯机加工质量差，劳动强度大，锯路较宽。

图 8-9　多锯片式圆锯机

圆锯机的调整与操作：

① 圆锯片间隔根据集成材厚度作调整。

② 机床启动前，检查圆锯片的转动方向，圆锯片与履带不可接触。

③ 调整靠板，靠板导向面应与圆锯片平行，并固定在一定位置上。操作中，工件紧贴靠板进料。

④ 为了保证加工精度，多片圆锯机的进料速度以 10m/min 为宜。

⑤ 弯曲工件进料时，凸面朝上，以防止工件转动。操作时，不得强制推动工件进料。

⑥ 工件厚度不得超过机床规定的最大厚度，工件长度不得小于机床规定的最小长度。变形不规则的工件严禁送入机床。

⑦ 操作时，经常查看安培计的指针，其电流不得超过规定值。

⑧ 经常保持圆锯片锋利，圆锯片磨损严重应及时更换，通常圆锯片刃磨一次的工作时间为 2.5~3.5h。

加工质量要求：

① 木条尺寸符合规定尺寸，公差为 ±0.5mm。

② 锯切面平直、光滑，无锯痕、烧痕、波纹等缺陷。要求锯切面的直线度在 0.5/1000（mm/mm）以内。

③ 木条各表面相互垂直，要求垂直度在 1/100（mm/mm）以内。

（4）去除木材缺陷

去除木材缺陷规则是根据订单上集成材材面的质量要求来制定的。由于人们对集成材的审美观点不同，对集成材材面质量的要求也各不相同。

日本企业标准对集成材材面质量要求极其严格，要求集成材材面无任何木材缺陷，因此，去除木材缺陷时，将节子、树脂道、夹皮、腐朽、虫眼等木材缺陷全部去掉，造成集成材出材率低、成本高，同时浪费了大量木材。

去除木材缺陷是集成材重要工序之一，它一方面要求将影响集成材材面质量的木材缺陷全部去除，另一方面在去除木材缺陷时要求尽量减少木材损失。这是矛盾的两个方面，如何兼顾这两个方面的要求是去除木材缺陷工序的重要一环，即在保证集成材材面质量的同时，应尽量减少木材损失，以提高集成材的出材率。

为了保证集成材材面质量，宜根据每批集成材材面质量的要求制定去除木材缺陷的规则。为了提高木材出材率，将集成材分成几个等级，去除缺陷的木条按集成材等级分别堆积，从而加工出不同等级的集成材。

去除木材缺陷时应注意：

① 去除木材缺陷后的木条长度在 150mm 以上；

② 木条横截时，其横截面附近不得有掉楂现象；

③ 铣削指榫部分不得有节子存在；

④ 截除节子的位置距节子的距离应大于节子直径。

2. 指接加工

主要包括指榫铣削、指榫涂胶与指榫加压等内容。

木条长度方向胶合采用指榫接合方式，指接包括木条两端铣削指榫、指榫涂胶、纵向加压和定长截断四个步骤。目前，集成材加工中，常用如下几种加工方式：

① 木条在一台机床上铣削木条一端的指榫，而在另一台机床上铣削木条另一端的指榫，并进行指榫涂胶。纵向加压和定长截断在另一台机床上完成。

② 在一台或两台机床上铣削木条两端的指榫，而指榫涂胶采用单独的涂胶机或人工涂胶。纵向加压和定长截断在另一台机床上完成。

③ 在自动化机床上连续进行木条两端的指榫铣削、涂胶、加压、定长截断的加工。所以指接加工中，有指接铣床和指接压力机两台主要机床。

（1）指接类型

指接的类型主要是由铣齿刀角度、长度以及是否安装平铣刀等来确定的。

① 三角形指接：是将小料方材的端部加工成三角形指榫，采用胶黏剂在长度上胶接在一起的胶合方法。三角形指接主要适合指长较小的微型指型榫，由于三角形指接不宜加工较长的榫，其结合面相对较小，因此指接强度较低。图 8-10 所示为三角形指接，图 8-11 所示为三角形加平口的指接方式。

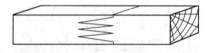

图 8-10　三角形指接　　　　　　　　　图 8-11　三角形加平口的指接

② 梯形指接：是将小料方材的端部加工成梯形指榫，采用胶黏剂在长度上胶接在一起的胶合方法。梯形指接可以加工成尺寸较长的指形榫，使胶接面加大，提高胶合强度。梯形指接几乎适合于各类规格小料方材的指接，其类型分为框架式梯形指接、不对称梯形指接和对称梯形指接。在实际生产中，采用单机作业的指接设备，常常使用不对称的梯形指接；采用连续生产线式的指接设备，三种梯形指接形式均可采用。

以上三种梯形指接又分为梯形指接加平口以及指接材的侧面见指和正面见指等形式。图 8-12 所示为梯形指接，图 8-13 所示为梯形指接加平口，图 8-14 所示为指接材指榫位置。

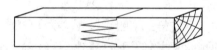

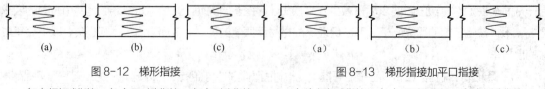

　图 8-12　梯形指接　　　　　　　　　图 8-13　梯形指接加平口指接

（a）框架式指接　（b）不对称指接　（c）对称指接　　　（a）框架式指接　（b）不对称指接　（c）对称指接

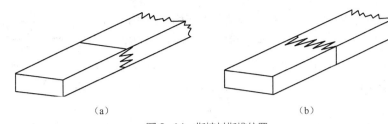

图 8-14　指接材指榫位置

（a）侧面见指式　（b）正面见指式

（2）指榫铣削

小料方材的指榫铣削是在铣齿机上完成的，批量不大时也可在下轴铣床上铣齿。为了保证小料方材端部的平齐度，以便在指接时小料方材的指接端部能很好地结合在一起，在铣齿机上配备有截锯片，小料方材的一端先经锯片精截后，再在铣齿刀上铣齿。若采用单机作业生产指接榫时，小料方材的另一端也需要在该设备上加工指接榫，这就要求铣齿机的工作台或刃具须具有抬高或降低 $t/2$ 齿（t 为齿距）的功能，即错开半个齿以保证小料方材的头尾相接。

铣齿机上的截锯片一般采用破碎锯片，以便将截掉的小料方材端部打碎，有利于吸尘器的吸出。

铣刀的形式主要有两类：一类是整体铣刀，另一类是组合铣刀，可以根据需要选择不同的铣刀形式加工指形榫。图 8-15 所示为铣齿机。

指接的小料方材端部须留有一定的加工余量，用于铣齿机的精截。一般在铣齿前，小料方材的端部须留出 5~8mm 的加工余量。用于指接的小料方材密度最好取 0.35~0.47g/cm³ 为宜。

图 8-15　铣齿机

操作要求：

① 夹紧工件的压力要适当，工件的宽度要求一致，且工件之间不许有刨屑、木楂等异物。

② 工件端部铣削指榫部分不得有节子和乱纹，采用锋利的指接铣刀和圆锯片，防止指榫掉楂或指榫顶部、齿肩有毛刺。

③ 铣削指榫后，应尽快胶合加压，不得超过 24h。

④ 停机后，用机油擦洗刀刃部分，清除污垢。长期保存铣刀时，应涂上一层机油，以免铣刀锈蚀。

（3）指榫涂胶

目前，集成材生产中的指接大多数采用进口的聚醋酸乙烯脂乳液，它是单组分胶黏剂，使用中不加固化剂，且是水溶性的，使用方便，并有一定的耐水性和韧性，对刨削刀具磨损小。

① 涂胶方法：指榫涂胶有机械和手工两种方法。机械涂胶有刷辊涂胶、齿板涂胶和齿辊涂胶等方式。刷辊和齿辊安装在指接铣床上，机床进给中，指榫铣削后，再通过刷辊或齿辊进行涂胶；而齿板涂胶是以单机进行涂胶。机械涂胶可有效地控制涂胶量，从而保证胶层厚度均匀。

手工涂胶采用毛刷进行，涂胶量不均，劳动强度大，但手工涂胶操作方便，减少机械涂胶清洗设备的麻烦。因此，目前集成材生产中，采用手工涂胶居多。

② 涂胶量：指榫涂胶可采用单面涂胶和双面涂胶。通常非结构集成材生产中，采用单面涂胶。涂胶

量要适当，涂胶量过多，则一部分胶液被挤出，浪费胶液和引起污染；涂胶量过少，引起缺胶现象，降低胶合强度。涂胶量应以加压后，胶液从指榫两侧被挤出一部分，固化后形成完整的胶线为宜。指榫涂胶时应注意几点：手工涂胶时，涂胶的毛刷和容器必须清洁，使用后用清水洗净；指榫全部涂胶，不得有漏涂；不要将木屑、刨花等杂物涂到指榫表面；指榫涂胶与拼接的时间间隔应尽量短些，不得超过 10min。

（4）指接

指接是在指接机上完成，图 8-16 所示为指接压力机的外形。现代家具生产中，常用指接机的接长

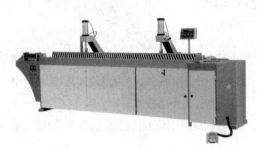

图 8-16　指接压力机

为 4600mm 和 6000mm 两种基本类型，企业可根据指接形式选择指接压力机的接长范围。接长机是采用进料辊直接压紧的加压形式，同时指接机上也配有专用截锯，用户可根据需要的长度进行截断。

机床操作前，按要求的指接条长度调节指接压力机上的长度限位挡块的位置，调节后牢固锁定。当指接条进给中碰到机床设置的限位开关时，指接条被压住，圆锯片由气动升起将指接条截断，再由两个气缸将指接条推到机床加压工作台。液压系统通过液压缸和压块施加纵向压力，而气压系统通过气压缸和压板对指接条上面侧向施加横向压力。

操作技术：

① 指榫胶合的木材含水率在 8%～12%范围内，相邻木条的含水率之差应控制在 2%之内；

② 相邻木条应无明显的色差；

③ 纵向加压前注意木条的纹理方向，尽量使一根指接条的各面为同一纹理；

④ 木条进料时，检出影响集成材材面质量的各种缺陷的木条；

⑤ 指接条不见指面不得有凸凹不平现象，无过分弯曲；

⑥ 经常检查指榫结合处严密程度，齿顶不得有间隙和胶线。

加工质量要求：

① 两对接指榫的齿长相同，单个指榫两侧的齿长一致，指榫表面光滑，无刀痕、毛刺、缺肉等现象；

② 指榫加工后，全部指榫接合处严密，无指接缝隙、无胶线；

③ 指接条不见指榫面无凸凹不平现象；

④ 指接条不得过分弯曲。

3．集成加工

集成加工主要内容包括胶合面的刨削加工、配板以及集成胶合等。

1）胶合面的刨削加工

（1）加工方法

指接条刨削是集成材制造中的重要工序之一，应给予足够重视。通常，指接条的刨削加工采用四轴或五轴四面刨床。指接条通过四面刨床就可完成四个表面的加工，生产率高，加工质量好。

指接条的刨削加工不但要求加工表面平整、光滑，而且还要求四个表面相互垂直。为此，四面刨床优先选用整体刨刀，如果用镶刀片的刨刀体，要求刨刀与刀体平行，进料工作台与侧刀体相互垂直，同时对刨刀体的轴承应进行良好的保养，要求吸尘系统处于良好状态。

（2）操作技术

① 四面刨床需要两人操作，一人进料，一人接料。进料人应一根一根地将工件送入进料辊，压紧器压上工件后，可松手；接料人不可拉工件，工件脱离后压辊，方可把工件拿下堆放。

② 刨削前，应进行基准面和刨削尺寸的调整，确定四个面的刨削余量，并进行调整。

③ 刨削前，应特别注意指接条胶合面之间的宽度公差，它直接影响集成材宽度公差。应根据集成材宽度及公差、条宽、指接条根数来确定指接条胶合面之间的宽度公差。

④ 刨削中，随时注意四个面的表面状态，发现出现加工缺陷，应立即停机进行调整。

⑤ 不见指榫面的刨削余量不大于齿肩的高度。

⑥ 发现有指榫缝隙较大的指接条不得进行刨削。

⑦ 操作人员应随时注意机床的工作状态，发现意外事故时应立即按下全停按钮，待停机后检查。

⑧ 刨削后的指接条应尽快胶合，不允许超过24h。

（3）加工质量要求

① 加工尺寸应符合规定尺寸，一根指接条各部位尺寸之差在0.2mm以下，各指接条尺寸之差不大于0.2mm；

② 加工表面平整、光滑，不得有波纹、缺肉、毛刺、烧痕、压痕等加工缺陷；

③ 加工表面不得有啃头现象；

④ 各加工表面要相互垂直。

2）配板

集成材胶合前，按集成材材面的质量要求，对指接条的位置进行配置，可提高集成材的合格率，减少木材的浪费。

在设置的大型木制桌面或案板上，由两名检验人员按胶合一块集成材的指接条数目进行配板。

配板技术要求：

① 配板表面要严格遵守集成材表面的质量要求；

② 配板时要求相邻指接条的含水率差在2%以内；

③ 尽量将每根指接条材质好的一面作为集成材的上表面；

④ 整个集成材材面色差应不明显；

⑤ 相邻指接条的指接缝相互错开；

⑥ 集成材两边应放置材质好的指接条，即从集成材两侧面看无木材缺陷；

⑦ 将一块集成材的指接条用手搂紧检查，各指接条之间不得有缝隙存在，特别注意防止指接条的啃头和缺肉；

⑧ 配板完成后，在整个材面上作出标志，以便按顺序进行胶合。

3）集成胶合

（1）胶黏剂

非结构集成材主要要求外表美观，为此选择对木材污染小、水溶性、常温固化的胶黏剂。满足这些条件的胶黏剂有脲醛树脂胶、聚醋酸乙烯酯乳液和水性高分子异氰酸酯胶黏剂。

脲醛树脂胶和聚醋酸乙烯酯乳液常温固化时间达4~8h，固化时间长，生产率低，而且聚醋酸乙烯酯乳耐久性较差。因此，目前非结构集成材生产中常用水性高分子异氰酸酯胶黏剂，这种胶黏剂的最大优点是固化速度快、胶合强度高，耐水性、耐热性、耐老化性强，不污染木材，使用安全、方便。它是双组分胶黏剂，由主剂（树脂）和副剂（固化剂）组成，固化剂为异氰酸酯，其配比为树脂∶固化剂=100∶15。

（2）涂胶

涂胶有手工涂胶和机械涂胶两种方法。手工涂胶采用毛刷或胶辊进行，机械涂胶采用集成材专用涂胶机。

涂胶有单面涂胶和双面涂胶两种方法。非结构集成材可以采用单面涂胶，单面涂胶量为 150～250g/m²，若采用 KR-134 型水性高分子异氰酸酯胶黏剂，标准涂胶量为 280g/m²。夏季要多涂一些，以免胶液干燥。

涂胶时注意事项：

① 保持涂胶工具清洁，防止木屑、木粉和灰尘等污物落入胶液中；

② 保证涂胶均匀，不得漏涂；

③ 在涂胶过程中，要损耗一定量的胶液，为此实际生产中单面涂胶量取大值；

④ 调制一张集成材的胶液全部涂到一张集成材的指接条上，即可满足集成材涂胶量的要求。

（3）胶合工艺

① 陈化时间：胶黏剂应在规定的陈化时间内加压胶合。由于胶黏剂的化学反应和溶剂向木材、空气中扩散，要求加压之前不要引起胶黏剂的初期固化。胶黏剂的化学反应及溶剂的扩散是由热促进的，所以陈化时间的容许范围是根据胶合操作的温度而变化，环境温度低时，允许陈化时间长一些，陈化时间过长、过短都对胶合性能有影响。

另外，陈化时间随胶黏剂型号不同而异，由所使用胶黏剂的说明书来确定。KR-134 型水性高分子异氰酸酯胶黏剂，夏季（温度30℃）陈化时间为 5min，其他季节陈化时间为 20min。

② 胶合压力：胶合压力是影响胶合质量的重要因素之一，它能保证胶合表面之间紧密接触，形成薄而均匀的胶层。胶合压力大小随胶合木材的树种、表面的加工质量、胶液的黏度、涂胶量等条件而变化。

集成材胶合压力：针叶材为 0.5～1MPa；阔叶材为 1～5MPa。影响胶合压力因素较多，在集成材胶合加压过程中，准确确定适合压力是非常困难的，但可以应用现有资料和各种分析来确定最适合的胶合压力。推荐的最适合的胶合压力：杨木为 0.5MPa；落叶松、鱼鳞松、胡桃楸、榆木等为 0.5MPa 左右；桦木、水曲柳、蒙古栎等为 1.5MPa。

③ 胶合温度：集成材采用常温固化的胶黏剂，因此必须在 20～30℃的常温条件下固化。若温度太低，往往因胶液未充分固化而使胶合强度降低或不能胶合，特别是我国北方地区，在寒冷冬季应在有暖气设备的厂房内进行集成材的胶合。KR-134 型水性高分子异氰酸酯胶黏剂最低胶合温度为 5℃，但必须延长胶合时间，为此应尽量避免在这个温度进行胶合。

提高胶合温度可以促进胶液中水分的蒸发和树脂的缩聚反应，加速胶液固化，缩短胶合时间。

④ 胶合时间：胶合时间的长短决定于胶黏剂的固化速度和胶黏剂的种类。脲醛树脂胶、聚醋酸乙烯脂乳液的胶合时间为 4～8h，而水性高分子异氰酸酯胶，根据胶黏剂型号的不同而异，通常在 20～60min 范围内。20℃左右，胶合时间为 45min，5～10℃范围也可以胶合，但胶合时间必须在 90min 以上。

（4）养生时间

集成材卸压后，胶液还没有达到完全固化，胶合强度还未达到标准强度，所以必须在室温条件下堆积一段时间进行养生。

养生期间，集成材底部要放置垫木，集成材之间放置垫条，垫木和垫条处在一条直线上。集成材端部用塑料布罩住，防止因周围空气流通造成集成材端部胶层开裂。

养生温度在 20℃以上，湿度适当。养生时间可根据树种和胶黏剂种类来调节，水性高分子异氰酸酯胶的养生时间达 24h 可进行切削加工；72h 达到最终强度，可进行砂削加工，冬季应适当延长养生时间。

（5）胶拼操作

集成材的胶拼在扇形拼板机上完成。拼板机上的夹紧器作旋转运动，每旋转一圈后，先胶合的集成材拼板中的胶液已固化，即可从金属夹紧器卸下，胶拼另一块拼板。这种拼板机生产率高，适用胶合面积较大拼板的大批量生产。拼板机施加压力有手动和液压两种，手动是由手动扳手旋转丝杠进行加压，而液压由液压缸驱动压块进行加压。侧压也有手动和气动两种，手动是橡胶锤敲打，而气压由气缸驱动压板进行加压。

下面介绍几种形式的拼板机：

① 连续式气压拼板机：图 8-17 所示为连续式气压拼板机，其工作原理是采用连续式气压侧向加压胶合。拼板机可以同时拼接不同长度的拼板，并且根据窄料的长度，自动设置截断装置，当板件达到一定宽度时，可以自动进行横截，并可在拼板的上方和胶合面的方向上加压。

② 风车式气压拼板机：风车式气压拼板机如图 8-18 所示，是一种多层的拼板设备，常用的层数有 20 层、30 层和 40 层，当指接材或窄料方材在工作面上被胶拼时，利用工作台的气压旋具夹紧丝杠螺母，完成拼板。当工作台面转动一个角度，另一层工作台面开始装拼与拼板操作，以此类推。

③ 旋转式液压拼板机：图 8-19 所示为旋转式液压拼板机，液压系统在胶接面、正面同时对拼板进行加压，以确保拼板的胶合质量；采用液压系统进行多台面的夹紧拼板，既可获得较高的胶合强度，又可提高生产效率。

图 8-17　连续式气压拼板机　　图 8-18　风车式气压拼板机　　图 8-19　旋转式液压拼板机

操作技术

① 胶拼前，胶拼板两侧放置厚度 50mm 以上硬木或金属垫条，防止集成材的侧面弯曲。

② 胶拼中，将胶液均匀的涂布到胶合面上，不得漏涂；正确进行胶合压力的调整，使压力达到规定值。

③ 胶拼过程中，保证胶黏剂要求的胶合温度和胶合时间；施压过程中，拼板表面要平整，不得有相邻指接条错开现象。

④ 拼板一边端部要对齐。

⑤ 胶拼卸压后，应立即清除胶拼板表面的胶线或胶点，以利于集成材表面的砂光。

4. 集成材精加工

集成材精加工主要是对拼好的板材进行的砂削加工、裁板和修补等操作。

（1）砂削加工

砂削是利用砂光机对集成材表面进行精加工，它不仅可以对集成材作定厚加工，而且还可以去除某些外观缺陷，提高集成材的表面质量。集成材砂削采用定厚砂光机，通常有两个砂架，前砂架进行粗砂，而后砂架进行精砂。

砂光机使用砂带砂削集成材表面。根据砂削压力、砂削进度、砂削方向和木材含水率选择砂带。使用砂带，首先必须根据砂光量正确地选择和搭配各砂带的粒度。对一定粒度的砂带来说，其最大砂削量和最佳砂削质量基本上有一个定值。粗砂带的选用，主要考虑其最大砂削量，一般要求能砂去毛板预留量的 80% 左右，其次才考虑砂削质量；精砂带的选用，主要考虑其最佳砂削质量，其次才是砂削量。在生产中，粗砂带的砂削量常常因毛板的厚度而变化，而精砂带的砂削量应力求稳定，不能太大或太小，也不能时常变化。太大，负荷重，砂带很快"发白"，寿命大大缩短；太小，可能会留下粗砂痕，材面质量差。保证和稳定精砂带的砂削量，可以获得均匀一致、稳定优良的表面。集成材砂削时，建议前砂架用 180# 砂带，而后砂架用 240# 砂带。

砂光机的进给速度也会影响砂光质量，在相同的条件下，进给速度变快，砂光量会减少，砂粒容易变钝、脱落，而且砂粒间空隙易被填塞，影响生产率和砂光质量。此外，砂光速度增大时，砂光产生的热量增加，温度升高，易把工件表面烧焦。适宜的砂光速度为 18～25m/s。

操作技术：

① 集成材砂光之前，启动砂光机的吸尘系统，并保证气压在 0.6MPa 以上；

② 砂光操作时，集成材处于传送带平行位置，严禁集成材后端抬起或落下；

③ 集成材幅面尺寸较大，建议在砂光机前要设置滚筒支架，以利于砂削加工；

④ 进料时，不仅要连续不断进行，而且要尽可能的均匀，因为停顿或过慢进给会造成表面波纹。

⑤ 操作时，集成材要轻拿轻放，防止碰坏集成材边部；

⑥ 每次砂光量不得超过 0.5mm。

（2）截板

截板是利用圆锯片将集成材横截成规定的长度。所采用的设备有复式圆锯机、裁板锯或精密推台锯机等。

操作技术：

① 机床启动前，确认主锯片和副锯片的转动方向是否正确，并牢固锁紧；

② 启动吸尘系统，其空气压力为 0.5～0.6Mpa；

③ 截板操作中，按集成材长度的规定值锁定靠料挡板；

④ 将集成材置于工作台上，并紧靠于靠料挡板和靠料板，压紧集成材后，进行集成材的截幅；

⑤ 过载指示灯亮或红灯闪烁，应立即停机检查；

⑥ 不规则工件或小于 350mm 工件严禁入机操作；

⑦ 要求始终保持圆锯片的锋利，以利于切削。

加工质量要求：

① 集成材长度应符合要求，其长度正公差无限制，负公差不允许有；

② 锯切面光滑，无明显的锯痕，尽量减少崩边和焦边；

③ 锯切面直线度好，锯切面与材面垂直；

④ 集成材四角方正，锯切面与集成材的侧面垂直，4m 的集成材对角线差不大于 2mm。

（3）修补

为了提高集成材的合格率和等级，应对集成材加工过程中应该去掉而没有去掉的木材缺陷和加工缺陷进行修补，修补采用埋木法、机械埋木法和填充法。

① 手工埋木修补法：是指在集成材表面手工修补加工中的损伤，使其不允许有节子、腐朽、裂纹等木材缺陷，手工修补有如下几个步骤：在需去掉部分的端部用凿子凿平，侧面铲平成斜度为5°的斜面，并加工一定深度的长方形槽；取一块优质木料，加工成槽的形状、尺寸大小一样的木条，其厚度大于槽深 1~2mm。木条的端部和侧面涂胶；用锤子将木条打入槽内，待胶液固化后，刨平或磨平。

② 机械修补：通常采用修补机进行修补，目前瑞士一家公司设计了一套专门修补木材的电动工具，因其操作简便、修补质量高，很受用户欢迎。

③ 填充法：集成材表面小的虫眼孔洞等缺陷可用填充法进行修补，其方法是用材质与集成材相同、颜色相近的木粉填充到虫眼、孔洞之内，再滴入几滴快速固化胶黏剂，待胶液固化后磨平。快速固化胶黏剂在 2~3s 即可固化，使用方便。

■ 巩固训练

根据某家具企业板式家具（电脑桌、衣柜等）订单要求，完成裁板规格表、裁板图设计。

任务 9　板式零部件边部处理加工

学习目标

1. 知识目标

（1）掌握板式部件边部处理的工艺及要求；

（2）理解板式部件边部处理工艺对生产的重要性、要求及解决方法；

（3）了解板式部件边部处理的加工设备。

2. 能力目标

（1）能根据板式家具边部处理的工艺要求进行板式部件边部处理加工；

（2）能正确操作板式部件边部处理的加工设备，掌握操作技能。

3. 素质目标

（1）具备团队合作协作能力；

（2）具备获取信息、解决问题的策略等方法能力；

（3）具备自学、自我约束能力和敬业精神。

工作任务

------

1. 任务介绍

正确操作加工设备，将加工好的板式部件进行边部处理加工。

2. 任务分析

空心板或实心板部件进行表面覆贴加工后，端面尚暴露断面，边部也比较粗糙，同时端面暴露在空气中易吸湿膨胀而变形，因此需进行边部处理。封边的另一个目的是为了保持边部的美观。板式部件需经精密锯截或铣削加工后方能进行封边处理。对板式零部件的边部处理的方法主要有涂饰法、镶边法、封边法和包边法。

3．任务要求

（1）本任务必须现场教学，以组为单位进行，组员分工协作、责任到人。禁止个人单独行动。

（2）根据板式部件边部处理工艺要求进行板件边部处理加工。

（3）了解边部处理加工的设备并能正确操作，掌握操作技能。加强安全教育与管理，要牢记安全第一。

（4）做好记录，提出学习中碰到的问题并相互评议。

4．材料及工具

绘图纸、直尺、铅笔、游标卡尺、卷尺、加工好的零部件、封边机、工作台等。

知识准备

---

1 涂饰法

涂饰法是用涂饰涂料或漆料的方法将板式零部件边部进行封闭，起到保护和装饰作用。涂饰法分为手工涂饰和喷枪喷涂两种，具体的生产工艺不在本书中介绍。随着现代科学技术的发展，一种新型的边部热转印涂饰技术在板式家具零部件生产中被广泛使用。图 9-1 所示为家具零部件边部热转印处理的效果，热转印的机头形式如图 9-2 所示。

现以豪迈（HOMAG）集团公司生产的 KHPI3 型热转印机为例，介绍其工作原理。该设备首先在零部件的边部进行铣形、砂光以使边部达到要求的型面和光洁程度，采用表层涂有转印涂料的 PVC 塑料带，通过加热压辊将 PVC 加热，使转印涂料贴合在零部件的边部。采用此方法处理的零部件边部涂饰强度较低，适用于边部不经常受摩擦的家具零部件上。图 9-3 所示为热转印机。

图 9-1　热转印处理的效果

图 9-2　热转印的机头形式

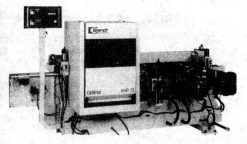
图 9-3　热转印机

2 镶边法

镶边法是在板式家具零部件的边部镶嵌木条、塑料条或有色金属条等材料的一种边部处理方法。它属于一种传统方法。镶边条的类型较多，而且与板式零部件的连接形式也各不相同，其镶边类型如图 9-4 所示。

木条镶边方式很多，但是通常是将木条制成榫簧，在板式零部件上加工成榫槽，通过胶黏剂的胶接作用，将木条镶嵌在板式零部件上。

有色金属条和塑料条的镶边是将镶边条制成断面呈"T"字的倒刺形，而在板式零部件的侧边开出细细的榫簧，采用橡胶锤，将镶边条打入板式零部件的边部。

3 封边法

封边法是现代板式家具零部件边部处理的一种常用方法，是用薄木（单板）条、木条、三聚氰胺塑料封边条、PVC 条、ABS 条、预浸油漆纸封边条等封边材料，与胶黏剂胶合在零部件边部的一种处理方法。

基材主要是刨花板、中密度纤维板、双包镶板和细木工板等。封边强度和效果，受基材的边部质量，基材的厚度公差，胶黏剂的种类和质量，封边材料的种类和质量，室内温度，机器温度，进料速度，封边压力，齐端、修边等因素的影响。

1）手工封边

手工封边就是在板件的侧边涂胶，把准备好的封边材料（必要时可先湿润一下）覆贴上去，然后用熨斗加压、加热，等胶液固化后再齐端、铣边、倒棱和砂光。直线边缘用熨斗压烫数秒钟即可固化；而曲线边缘要在接近部位处钉上胶合板块予以固定后，再用熨斗压烫弯曲部位，烫好后再钉上胶合板块加固，如图 9-5 所示，待胶固化后拔起钉和木块，再修整边缘和表面。此外，手工封边还可以用普通的螺旋加压弓形卡子加紧板件边缘，操作方便，适用于木质薄板封边条。

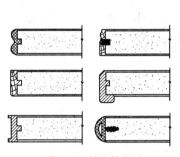

图 9-4　镶边的类型

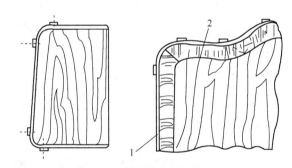

图 9-5　曲线板件边部的封边方法
1. 木质封边条　2. 曲线板件

手工封边根据封边材料的不同，应采用以下相应的胶黏剂：

（1）皮胶

用单板条、薄木条或薄板条封边时，可以采用皮胶和甲醛溶液配合使用的方法。在板件侧边涂上皮胶，在封边条表面涂甲醛溶液，把封边条用手工压贴在板件侧边，用熨斗压烫后即可固化，这是一种沿用历史较长的方法，主要适用于木质封边条。

（2）脲醛胶（UF）或乳白胶（PVAc）

这是三聚氰胺纸质层压装饰板封边时常用的胶种。涂胶量与板件芯层材料有关，通常刨花板部件侧边涂胶量为 200 ～ 270g/m²，中密度纤维板部件封边时为 150 ～ 200g/m²，细木工板部件封边时为 160 ～ 200g/m²；板件封边后应陈放 2h 以上。这类胶种封边时，固化时间长、占地面积大。

（3）快速固化两液胶（UF + PVAc）

由脲醛胶 UF（甲组分）和聚醋酸乙烯脂乳液胶 PVAc 加盐酸（乙组分）所组成。快速固化的原理是用强盐酸（加入量为 0.5%～2%）作固化剂，使脲醛树脂接触强酸后快速缩聚固化。使用时在板件侧边涂甲组分，涂胶量为 250g/m²，封边条上涂乙组分，用手从一端加压逐渐移向另一端，经过 30～40s 即可固化（室温 18℃左右）。如果室温较低，则要适当延长加压时间。这种两液胶可用于木质封边条或三聚氰胺装饰板封边条。

（4）接触型氯丁橡胶系胶

使用时把胶料分别涂在板件侧边和封边条上，陈放到胶膜不粘手时，再合在一起，稍加压力即可达到胶合封边。它适用于各种封边条。

（5）改性乳白胶（改性 PVAc）

使用时预先涂在封边条背面，涂胶量为 180～250g/m²，到封边时再在 300℃左右的温度下预热封边条，使胶层熔化（活化），排出水分再压向板件侧边，可在短时间内胶合。

（6）热熔胶（EVA）

用喷胶枪将固态乙烯-醋酸乙烯共聚树脂热熔胶熔化喷到板件侧边后，将封边条压向侧边并用熨斗压烫，使胶层熔融进一步均匀扩散，然后使板件冷却陈放达到胶层固化。

手工封边操作简单、适应性强。适用于形状复杂、变化较大的板件的封边，但劳动强度大、生产效率低，对胶贴面施加的压力不匀，所以封边质量也不够稳定。

2）机械封边

随着板式家具生产的发展，封边工艺由手工封边发展到机械化、连续化生产。封边设备也有了不断进步。

机械封边就是采用各种连续通过式封边机，将板件侧边用封边条快速封贴起来。它不仅加速封边胶合，提高了生产率，而且也保证了封边质量。封边机封边的物理性能好，胶层薄而均匀，可以在封边后不需陈放立即进行后续工序加工，因此在各种封边机上一般都包括涂胶、封边、齐头、倒棱和磨光等工序。

3）封边工艺

（1）基材边部质量和厚度公差

中密度纤维板和刨花板由于表面粗糙度较封边条的封边面高，所以易吸收胶黏剂中的溶剂而产生缺胶，因此涂胶量一般应在 200～250g/m²（其他材料的涂胶量应为 150～200g/m²）。

基材的厚度公差应控制在 ±0.2mm 以内。如果厚度公差不能有效控制，在修边时会铣掉贴面材料而裸露出基材来。

（2）胶黏剂的种类和质量

现代封边机使用的胶种主要是热熔胶，这种胶在常温下为固态，加热熔融为流体，冷却后迅速固化而实现封边。

热熔胶种类较多，而热熔胶的性能主要受胶的熔融黏度、软化点、热稳定性和晾置时间等因素的影响。根据热熔胶软化点这一特性，将热熔胶分为高温热熔胶和低温热熔胶。在封边生产中常常根据季节的不同，选择不同软化点的热熔胶。

（3）封边材料的种类和质量

对于 PVC、ABS 以及三聚氰胺塑料条等封边材料，在封边时，一般封边材料的胶接表面必须经过处理，使之具有一定的表面粗糙度，可用 *Ra*、*Rz* 及 *Rm* 评定。表面光洁程度过高，胶合强度较低，不宜封边。反之则耗胶量大，封边强度反而降低，封边质量也差。

在封实木条、单板等封边材料时，要注意实木条的厚度公差及实木条涂胶面的表面粗糙度。

（4）室内温度及机器温度

① 室内温度：在北方的一些家具企业中，冬季封边时易产生封不上或封边强度较低的现象，这主要是北方的车间温度一般在 15℃ 左右。由于基材的体积较大，在通过封边机时，基材的温度不能迅速提高，而封边条可在瞬间达到封边机胶辊的温度，由于封边时封边材料和零部件的材料热胀冷缩系数差距较大，封边材料和零部件加热温度也不一样，使两种材料热胀率不同，当冷却时收缩也不一样，所以当收缩力大于封边时的胶接力时，会导致封边条脱落。因此室内温度要控制在 18℃ 以上。必要时可在封边前对零部件进行预热（可在封油机前加一段电热器）。

② 机器温度：现在几乎所有的封边机都具有温度显示功能，封边机显示器的温度必须等于或大于（一般可超出5℃）热熔胶完全熔化的温度。如采用高温热熔胶时，机器温度应控制在 180℃~210℃ 之间。

（5）进料速度

现代自动封边机的进料速度为 18~24m/min，有一些自动封边机的进料速度可达到 120m/min，而手动的曲线封边机的进料速度为 4~9m/min。自动封边机的进料速度，是可以根据封边强度、封边条的厚度来调整的。

（6）封边压力

自动直线封边机和软成型封边机的加压方式不同，但原理是一致的，热熔胶是需要快速胶合的胶种，其胶合压力应根据使用封边材料的种类、厚度及基材的材质等决定。自动直线封边机通常采用气压方式加压，压力一般取 0.3~0.5MPa，软成型封边机因压料辊的形式与自动直线封边机略有区别，除了采用一定压力外，还要考虑每个小压辊弹簧压力的影响。

（7）修边和齐端质量

现代直线封边机由于加工的需要，在通过封边机压辊后，常配有前后齐端、上、下粗修和精修，跟踪上、下修圆角，砂光、铲刮和抛光等装置。现代自动软成型封边机除以上的配置外，有些还配有铣边型和软成型压辊装置。在生产中企业常常忽略的一些问题是：

① 齐端锯、修边铣刀的变钝问题：这直接影响齐端和修边质量，特别是在修边时，因封边机可修边的倒角为 30°，而实际生产中常常选择的修边角度为 20°，刀具不锋利将导致修边的表面光洁度下降。同时修边时刀具的切削力与工件移动时产生了一个向外的斜下或斜上方的合力，此力会削弱封边条与被胶接工件的强度。有些企业在购买封边机后不知道可以刃磨此刀具，以至于从没有刃磨过。刀具的刃磨方法同其他同类型刀具刃磨方法一样。采用快换刀头、刀片的齐端锯、修边铣刀是不能刃磨的，要定期进行更换。

② 与齐端锯、修边铣刀同轴的跟踪导向轮同轴度不高或加在刀轴上的压力不足，导致齐端、修边高低不平，质量不高。

③ 跟踪修圆角的刀轴和同轴导向的万向轮调整不好，使跟踪修圆角的刀具修边、修角易出现高低不平现象，表面光洁度低，质量不高，有时还需要手工辅助修整。

4）封边设备

现代封边机的类型主要有直线封边机、直曲线封边机、软成型直线封边机。

（1）直线封边机

直线封边机的性能主要有封边胶合、齐端、粗修边、精修边、跟踪修圆角、刮边、砂边和抛光等，图 9-6 所示为直线封边机工作示意图。

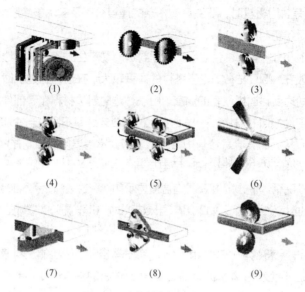

图 9-6 直线封边机工作示意图

（a）封边胶合 （b）齐端 （c）修边或粗修边 （d）成型修边 （e）跟踪修圆角 （f）刮边 （g）砂光 （h）砂倒角 （i）抛光

① 轻型直线封边机：适用于卷式封边条，厚度为 0.4~3mm，工件厚度要求 8~40mm，最小工件宽度为 60mm，最小工件长度为 140mm，一般进料速度为 4~9m/min，可以进行无级调速。

该类型的设备仅有齐端、一次修边等功能，因此适合于小型的家具生产企业。

② 双边直线锯、封组合机：它是由双端铣和双边封边机组成。双端铣完成零部件两边的精裁，封边机完成封边或跟踪修圆角等功能。根据组合设备的类型不同，封边条的尺寸、厚度等各不相同，一般可以进行实木条的封边，实木条的最大厚度为 12mm。此类型的封边机可以大大提高劳动生产率以及获得高精度的封边质量。组合机进料速度为 18~36m/min（无级调速）。图 9-7 所示为双边直线锯、封组合机。

③ 自动直线封边机：适用于实木封边条和卷式封边条的封边。实木封边条的厚度为 0.4~40mm，由于具有封实木条的特性，在某些方面可取代镶边，同时还可以将封好的实木条进行铣型和砂光；卷式封边条厚度为 0.4~3mm，可以完成粗修边、精修边、跟踪修圆角等功能，跟踪修圆角功能的使用主要用于软成型封边和后成型包边时零部件相邻侧边的封边和修边。图 9-8 所示为豪迈集团公司生产的自动直线封边机。

图 9-7 双边直线锯、封组合机

图 9-8 自动直线封边机

（2）软成型直线封边机

随着工艺技术的不断提高，家具生产设备也在不断地更新，家具零部件边部的直线形型面已不能满足家具造型的需要。软成型直线封边机的出现，使家具零部件的边部出现了曲线形的型面，图 9-9 所示为软成型直线封边的边部型面。

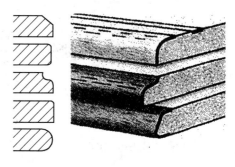

图 9-9 软成型直线封边的边部型面

软成型直线封边机的功能是铣形、封边条涂胶、软成型封边胶压、齐端、粗修边、精修边、跟踪修圆角、刮边、砂边和抛倒角等。图 9-10 所示为软成型直线封边机的工作原理图。

直线封边机的种类较多，性能差距较大，如有些直线封边机仅有封边胶合、齐端、修边、刮边和抛倒角等功能。

软成型直线封边机的类型主要有两种：

① 软成型直线封边机：零部件的铣形须在另外的设备上完成，而喷胶、封边等工序是在该设备上完成的。封边机的压料辊是采用多个小压辊进行软成型封边胶压的，该设备还可以用于直线形平面边的封边。

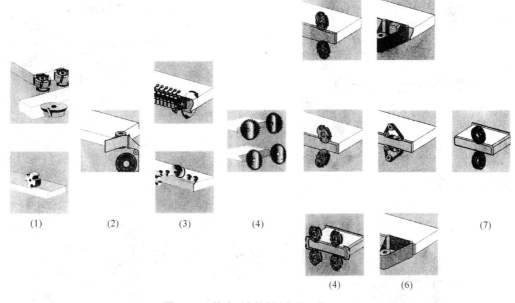

(1)　　(2)　　(3)　　(4)　　(7)

(4)　　(6)

图 9-10 软成型直线封边机的工作原理图

（a）铣形　（b）封边条涂胶　（c）软成型胶压　（d）齐端　（e）粗修或跟踪修圆角　（f）砂边或砂倒角　（g）抛光

图 9-11 自动软成型直线封边机

② 自动软成型直线封边机：它可在设备上同时完成基材的铣形、砂光和软成型封边等工作，也可以当作普通的自动直线封边机来使用。卷式封边条允许厚度为 0.3～3mm，实木封边条厚度 0.4～12mm，实木条仅能进行平面边的封边，进料速度为 12～24m/min（无级调速）。

图 9-11 所示为自动软成型直线封边机。

（3）直曲线封边机

直曲线封边机可以进行直线形零部件和曲线形

图9-12　直曲线封边机封边示意图

（a）涂胶封边　（b）齐端

零部件平面边的封边。在封曲线形零部件时，受封边机上封边头直径的限制，内弯曲半径不能太小，一般加工半径应大于25mm。

目前生产的直曲线封边机主要是手工进料的，一些直曲线封边机不能进行修边和齐端，只能另外配备设备或采用手工修边和修端。图9-12所示为直曲线封边机封边示意图，图9-13所示为直曲线封边机。

采用修边机进行修边时，可以获得高质量的修边效果。图9-14所示为豪迈集团公司生产的F13型修边机。

图9-13　直曲线封边机

图9-14　F13型修边机

一些直曲线封边机虽可进行封边和修边，但两端端部还需配备另外的设备来齐端或采用手工齐端。封边和修边的工作原理如图9-15所示。

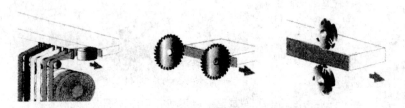

图9-15　封边和修边的工作原理示意图

图9-16所示为直曲线封边和修边组合机，该机具有自动化程度较高、封边质量好等特点，适合一些小型的家具生产企业。

软成型和后成型的侧向边的修边或齐端也可以使用手动进料的仿型倒角修边机来完成，所用设备为图9-17所示仿型倒角修边机。

4　包边法

包边法是用改性的三聚氰胺塑料贴面板等贴面材料（以下简称面层），涂以改性的聚醋酸乙烯脂乳液胶（PVAc）或其他类型的胶黏剂，使面层边部材料的包边尺寸等于零部件边部的型面尺寸，在包边机上实施边部热压的处理方法。

图 9-16　直曲线封边和修边组合机　　　　　图 9-17　仿型倒角修边机

现代生产中，包边机的类型主要有三类：①间歇式后成型包边机，即铣形、喷胶、包边等分别在不同的工序中完成；②连续后成型包边机，即铣形工序在其他设备上完成，而喷胶、包边等工序集中在连续后成型包边机上完成；③直接连续后成型包边机，即铣形、喷胶、包边等工序集中在直接连续后成型包边机上完成。采用连续后成型包边机或直接连续后成型包边机包边的零部件，可以获得较高的包边质量，但是由于设备价格昂贵，目前在我国使用较少；采用间歇式后成型包边机包边时，由于整个包边工作不在一个工序中完成，因此受各工序的衔接、工艺条件和技术要求等影响较大。

在生产中遇到的主要问题是：生产工艺流程的确定，原材料的合理使用，胶黏剂的用量及胶黏剂的陈放时间的掌握，包边时的压力、弯曲半径和热压间歇时间的控制，面层材料的炸裂和零部件的翘曲，包边时面层和平衡层的接缝处出现搭接或离缝等。

1）包边工艺

（1）基材的基本要求

基材可以使用中密度纤维板或刨花板等原材料，但是由于刨花板的成本较低，所以刨花板常常被用作包边零部件的基材。

刨花板作基材的主要技术指标是：

① 刨花板的厚度大于 10mm 时，其翘曲度要小于或等于 0.5%，以便使包边时的热压轨加压均匀；

② 内结合强度应符合 GB/T 4897—1992 中 A 类刨花板优等品和一等品的要求，可使包边时的饰面层材料与刨花板的胶结强度达到最好的效果；

③ 刨花板的密度应控制在 0.6～0.85g/cm³，这样有利于铣形和降低胶黏剂的渗透性，并可以保证包边时具有足够的胶量。

基材在使用时应先进行砂光，使厚度公差控制在 ±0.1mm 以内。

（2）面层材料的基本要求

面层材料一般可以弯曲，在加热的条件下应具有较好的性能。实际生产中常以三聚氰胺塑料贴面板作为主要的包边材料。

三聚氰胺塑料贴面板是一种固化后变脆、缺乏弹性的材料。在包边工序中，由于有承受高热、弯曲的曲率半径较小等要求，必须对三聚氰胺塑料贴面板进行增塑改性处理，目前改性主要是在三聚氰胺浸渍树脂中加入增塑改性剂，浸渍的纸张最好用棉纤纸。增塑改性剂加入量、增塑剂的种类等对面板的弯曲性能与强度影响较大。增塑改性剂加入量过大，板面的耐磨与强度等会大幅度降低。

（3）平衡层材料的基本要求

面层材料被胶贴后，为使零部件不发生翘曲，必须在零部件的背面胶贴平衡层。平衡层使用的材料理应和面层材料相同，但是，由于面层材料价格较高，一般平衡层材料使用的是普通三聚氰胺塑料贴面板，但是在使用时必须注意普通的三聚氰胺塑料贴面板具有方向性，即纵向收缩率大于横向，使用时应合理调配。在实际生产中，包边后有时发生翘曲，这主要是面层材料与平衡层材料的使用不当造成的。只有当面层材料的厚度乘以面层材料的弹性模量等于平衡层材料的厚度乘以平衡层材料的弹性模量时，才不会发生零部件的翘曲现象。

（4）胶黏剂的基本要求及涂胶量

胶黏剂是使用改性的聚醋酸乙烯脂乳液胶（PVAc），其胶黏剂的热压温度应为 180℃～200℃，胶黏剂的液体黏度应控制在 6000～10000CPS（25℃）；胶黏剂的固体分含量为 50%～53%。

涂胶量：面层材料的涂胶量为 100～150g/m^2，这是由于面层材料胶液渗透力小的缘故；基材（刨花板）涂胶量为 150～200g/m^2，这是由于基材（刨花板）的胶液渗透力较强，有时涂胶时要涂两遍，以达到相应的涂胶量。

（5）包边时最小弯曲半径

包边机在包边时，为了确保边部不发生破坏，必须使面层材料厚度 S 与包边时的弯曲曲率半径 R 符合下列关系式：

$$R \geqslant 10S$$

式中：S——面层材料的厚度（mm）；

R——弯曲曲率半径（mm）。

即弯曲时的曲率半径 R 大于等于面层材料厚度的 10 倍。目前，在实际生产中常用的面层材料厚度为 0.6～1mm，因此，其面层弯曲的最小半径应为 6～10mm。

2）包边设备

（1）间歇式后成型包边机

间歇式后成型包边机可以包边的型面如图 9-18 所示。从包边的型面上看，间歇式后成型包边机适合各种型面的包边，使用包边材料有三聚氰胺塑料贴面板（俗称防火板）、三聚氰胺浸渍纸、单板和 PVC 等，采用不同的包边材料，生产工艺也不相同。

在生产中常常采用三聚氰胺塑料贴面板作为包边材料，包边的工件主要用于家具的顶板、面板、家具门、抽屉面板以及厨房家具中橱柜的台面板和档水板等。包边机包边的工作原理如图 9-19 所示。

典型间歇式后成型包边机如图 9-20 所示，该机配有集成数字式时间程序控制系统，以确保成型压轨的时间间隔控制准确，同时也可以记忆上百个曾包过边的时间程序。

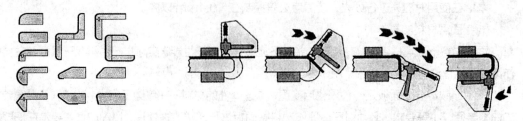

图 9-18　间歇式后成型包边机可以包边的型面　　图 9-19　间歇式后成型包边机包边的工作原理图

（2）连续后成型包边机

在进入连续后成型包边机之前，先对零部件进行铣边和胶压贴面，同时预留出包边时的面层材料，然后在连续后成型包边机上对面层材料包边的长度进行定长铣边，确定包边的长度后，在连续后成型包边机上对面层和基材进行涂胶、加热和包边。包边常用的胶种为改性的PVAc胶。连续后成型包边机的生产方式为流水作业，即连续地进料和包边，生产出高质量的包边产品。连续后成型包边机适合于大、中型橱柜和办公家具生产企业，或后成型包边部件的专业生产企业。

连续后成型包边机如图9-21所示。

图9-20　间歇式后成型包边机　　　　　　　　图9-21　连续后成型包边机

（3）直接连续后成型包边机

直接连续后成型包边机使用的是双贴面人造板，即面层已贴上了改性的三聚氰胺塑料贴面板，在直接连续后成型包边机中，首先是人造板的铣形加工，然后由直接连续后成型包边机对其进行涂胶、加热、包边。图9-22所示为直接连续后成型包边机的工艺原理图。

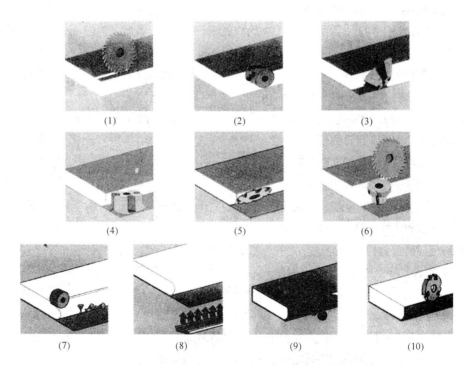

（1）　　　　　　　　（2）　　　　　　　　（3）

（4）　　　　　　　　（5）　　　　　　　　（6）

（7）　　　　（8）　　　　（9）　　　　（10）

图9-22　直接连续后成型包边机的工艺原理图

（a）开槽　（b）铣边　（c）铣面层胶　（d）铣边形　（e）边形精加工

（f）铣平衡层　（g）、（h）精铣、喷胶　（i）包边　（j）修边

直接连续后成型包边机不同于连续后成型包边机，其主要区别在于，直接连续后成型包边机对贴面的刨花板或中密度纤维板直接铣形，直到底部剩下一层贴面材料，然后经过喷胶和加热处理，把这层贴面材料包贴到铣成的型面。贴面材料可以是改性的三聚氰胺塑料贴面板，也可以是其他贴面材料。不同的贴面材料决定了不同的胶种。通常三聚氰胺塑料贴面板使用 PVAc 胶，而三聚氰胺浸渍纸通常使用的是热溶胶。使用三聚氰胺浸渍纸贴面材料可极大地降低产品的成本，这是该机的主要特点。

图 9-23 所示为直接连续后成型包边机。

图 9-23　直接连续后成型包边机

另外在实际生产中，可直接购买贴好面的刨花板或中密度纤维板，由于没有外悬的贴面材料部分，不会在运输过程中造成损失。

3）间歇式后成型包边机包边时出现的问题

（1）包边时面层材料容易出现炸裂的问题

① 这主要是由于改性的三聚氰胺塑料贴面板的质量不高，或三聚氰胺塑料贴面板中使用的胶黏剂改性条件不够。

② 后成型包边机热压轨的表面不光洁，易使包边后的零部件表面划伤，造成局部应力集中，使零部件表面损坏。必要时可在热压板与零部件之间加一层石棉布，减轻热压板对零部件的划伤。

③ 喷胶后胶液陈放时间不够，胶液水分过多，在包边时易形成水蒸气压，挤破面层材料。同时陈放时间不够导致胶液渗透不足，降低包边强度。陈放时间应根据季节的变化而变化，一般须陈放 20～30min，或是在胶液由喷涂后的乳白色变为透明时即可弯板包边。

（2）包边后易开胶或包边强度较低

① 喷胶要均匀，喷胶量要适宜。过高时，胶黏剂固化时会在胶层中产生内应力，降低胶合强度；过低时，易产生缺胶，同样降低胶合强度。

② 控制后成型包边机上热压轨压力的汽缸压力的不均衡，使面层材料在弯曲时受力不均，造成局部的压力不足，降低强度，同时也使包边后的零部件边部不光滑。汽缸的压力是可调的，调整压力最大为 0.7MPa。在实际生产中，应根据零部件和面层材料的厚度适当地调整，但各汽缸的压力误差应小于 0.01MPa。

③ 应根据零部件边部的不同形状确定热压轨的间歇时间，以保证零部件边部各点的温度一致。间歇时间控制得不好，易造成胶黏剂没有完全固化，导致包边强度降低。

（3）包边后零部件出现翘曲

① 贴面板的陈放时间不足。首先，先贴面层或平衡层时，应留有一定的陈放时间，其陈放时间为2～4h。时间过短，贴面时的应力没有释放掉；时间过长，刨花板的一面已贴面，破坏了刨花板的平衡，

导致先翘曲。其次，包边后的零部件再加工时，其陈放时间应控制在 24h 以上。

② 面层材料和平衡层材料的厚度和弹性模量乘积不相等，导致后成型包边的零部件出现翘曲。

任务实施

1 加工准备

（1）将机台及作业场所清理干净。

（2）检查胶罐内的胶是否充足，不足时应该根据用量适当加胶。

（3）根据工件长度，调整好平衡杆的位置。

（4）根据工件厚度，调节好上压轴和下履带之间的距离。保证工件能压稳，而又不会因太紧而压伤工件表面。

（5）调节压封边条的钢片，使封边条涂胶均匀、充分。

（6）通过试机，看封边机运转是否正常。

（7）准备好材料和辅料。

2 封边加工

（1）胶轮加热至 180°，指示灯亮时，再闭合其他开关。封边时，胶液温度应在 180°±20°，胶轴保持在 200°±20° 左右。

（2）装上封边条，将工件放在输送带上，并紧靠导轨挡板，然后平行均匀推进。

（3）每加工一种工件，必须首件自检。

（4）接料人员在堆放前应先将灰尘扫去。

（5）作业结束，切断电源，将现场清理干净。

注意：操作人员严禁穿宽松的衣服，应戴手套，长发必须盘起。送料时严禁将手放至输送带下面。当机器出现异常时，应立即关机。

3 零件检测

用卷尺、游标卡尺进行测量。用目视的方法，检测封边条的型号、颜色、质量符合图纸要求，相邻封边条无色差，工件表面无明显刮伤、划花、压痕和胶痕现象，封边后边部严密平整、胶合牢固，无脱胶、溢胶现象。接头部位要求平整、密合，不能出现在显眼位置；清边要求整齐、平顺，不得有撕裂等现象。

■ 成果展示

任务完成后可进行成果展示，包括封好边的零部件。

■ 总结评价

本任务重点掌握板式部件边部处理工艺、封边设备调试及操作方法。考核标准见表 9-1。

表 9-1　边部处理考核标准（满分 15 分）

能力构成	考核项目	分值
专业能力 （5分）	封边工艺制定能力	2.5
	封边设备操作、维护能力	2.5
方法能力 （5分）	实施工作计划能力	2.5
	封边理论知识的运用能力	2.5
社会能力 （5分）	封边工作流程确认能力	0.5
	沟通协调能力	0.5
	语言表达能力	0.5
	团队组织能力	1
	班组管理能力	1
	责任心与职业道德	0.5
	安全和自我保护能力	1
合　计		15

 任务 10　板式零部件的钻孔和装件加工

 学习目标

1. 知识目标

（1）掌握板式家具的钻孔工艺及要求，懂得板式家具的钻孔工艺对生产的重要性、要求及解决方法；

（2）了解现代板式钻孔工艺、设备的最新发展动向。

2. 能力目标

（1）根据板式家具"32mm 系列"的设计要求，完成板式家具板件"32mm 系列"孔位工艺；

（2）能正确操作钻孔设备进行板件的孔位加工，掌握操作技能；

3. 素质目标

（1）具备团队合作协作能力；

（2）具备获取信息、解决问题的策略等方法能力；

（3）具备自学、自我约束能力和敬业精神。

- -
工作任务
- -

1. 任务介绍

根据孔位工艺设计图，正确操作钻孔设备将任务 9 已封好边的板件进行孔位加工。

2. 任务分析

板式家具零部件的钻孔是板式家具机械加工的最后一道生产工序，在设计上必须根据排钻的类型和生产的工艺条件，合理地布置零部件的孔位，以达到在一次定基准后完成钻孔要求，实现多孔位不多基准的目的，确保钻孔的加工精度。

3．任务要求

（1）本任务必须现场教学，以组为单位进行，组员分工协作、责任到人。禁止个人单独行动。

（2）根据板件孔位设计图正确进行钻孔加工。

（3）了解孔位加工的设备并能正确操作，掌握设备的操作技能。加强安全教育与管理，要牢记安全第一。

（4）做好记录，提出学习中碰到的问题并相互评议。

4．材料及工具

绘图纸、直尺、铅笔、游标卡尺、卷尺、已封好边的板件、橡胶锤、排钻、工作台等。

知识准备

----

1 板式零部件的钻孔

1）钻孔的类型与要求

（1）钻孔的类型

现代板式零部件钻孔的类型主要是：圆榫孔，即用来安装圆榫，定位各个零部件；连接件孔，用于连接件的安装和连接；导引孔，用于各类螺钉的定位以便于螺钉的拧入；铰链孔，用于各类门铰链的安装。

（2）钻孔的要求

钻孔时要求孔径大小一致，这就要求钻头的刃磨要准确，不应使钻头形成椭圆或使钻头的直径小于钻孔的直径，形成扩孔或孔径不足等现象；钻孔的深度要一致，这一点要求钻头的刃磨高度要准确，新旧钻头不能混合放置在一个排座上，而要将新旧钻头分别触在不同的排座上；孔间尺寸要准确，以保持孔间的位置精度，在一个排座上钻头间距是确定的，一般不会出现偏差，但是排座之间的尺寸是人为控制的，易出现位置间的误差。

现代排钻的形式与传统的排钻差距较大。图 10-1 所示为现代排钻的垂直排座，可通过钻座下丝杠螺母的带动拉开钻座；图 10-2 所示为现代排钻的垂直排座可通过销钉的变换定位，使单个独立的钻座旋转 90°角，而进行横向系列孔的钻孔；图 10-3 所示为现代排钻的各排钻座都可以完成快速更换钻头，这有利于提高生产排钻效率。

图 10-1　垂直排座可拉开的形式　　图 10-2　垂直排座可独立旋转90°角　　图 10-3　排座都可快速更换钻头

2）设备类型

（1）单排钻

单排钻的排座仅有一排，是一种自动化程度相对较低的钻孔设备。若零部件的孔位能排在一排时，可以一次性完成钻孔工作，否则必须进行多次钻孔，由于多次钻孔变换了加工基准，因此零部件孔位的相对精度较低，仅适合于一些小型的生产企业或用于多排钻的辅助性需要。常见的单排钻类型有垂直单排钻、水平单排钻和万能单排钻（可以设置水平位置，也可以设置垂直位置）。

（2）多排钻

为保证精度和质量，现代板式家具零部件的钻孔一般采用多排钻来完成。钻头之间的距离为32mm，仅有少数国家使用其他模数的钻头间距。通常水平排钻钻头数为21个，垂直排钻钻头数为2×11个，即垂直排钻是由两个小排构成，每个小排钻头数为11个。如前所述的垂直排钻可以沿纵向位置拉开或可以独立旋转90°角，各种类型排钻钻头均采用快换钻头。

多排钻的排钻钻座一般为两排以上，最多为12排。通常是由水平钻座和垂直钻座构成，如果有特殊要求或排座数量较多时，可采用上下配置垂直钻座，这是根据生产的需要和加工精度的要求确定的。生产中常见排钻的钻座数为三排、六排和自动多排钻等。

① 三排钻和六排钻

三排钻的钻座排列　一般是水平一排，垂直两排。图 10-4 所示为三排钻的钻座排列，豪迈（HOMAG）集团公司生产的 NB65 型三排钻床如图 10-5 所示。

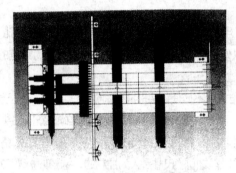

图 10-4　三排钻的钻座排列　　　　　　　　图 10-5　典型三排钻床外形图

六排钻的钻座排列　是水平两排，垂直四排。图 10-6 所示为豪迈集团公司生产的六排钻，其排钻的垂直钻座沿 X 轴的移动一般是采用数字显示仪来确定移动距离，沿 Y 轴的移动即两个小排座的移动，是采用数字式计数器来显示加工尺寸。垂直排座的转动 90° 角是靠手动的销钉来完成的。

② CNC 自动多排钻

钻座排列是由左右水平钻座和上下多排垂直钻座组成，一般垂直钻座共有 8~10 排，每排钻座可以安装36 个钻头，由计算机控制的各个钻头可以单独钻孔，不受排座的限制，钻孔时根据零部件中孔的位置，由计算机控制各个钻头移动和钻孔。图 10-7 所示为豪迈集团公司生产的 BST100 型 CNC 自动多排钻的外形。

图 10-6　典型六排钻外形图　　　　　　　　图 10-7　CNC 自动多排钻外形图

2 板式零部件的装件

板式零部件的装件主要是在生产车间完成的，装件是用于安装连接件中的倒刺件及定位用的圆榫，定位圆榫有时是在用户处安装的。装件所使用的工具是橡胶锤，但是为了使倒刺件充分地打入孔的底部，以便使倒刺件不至于露出板件的上边而影响其他板件的安装，在生产中经常使用冲子将倒刺件打入孔的底部。

- -
任务实施
- -

1 多排钻加工孔位

（1）准备工作

操作前先清理机台、钻头座等部位之杂物。检查电源开关、设备各控制键开关、主机马达的安全性与可靠性。

① 安装钻头：根据加工工艺要求将合适的钻头装于钻套上并锁紧，再把钻套装于钻头座并确定钻头的导向于钻头座的转向相一致。

② 主机间距的调整：根据工件的加工要求，可将两主机在 180～1100mm 之间任意调节，将控制主机移动的传动丝杠轴头用扳手进行转动，机台将进行左右移动，确定所需的间距尺寸与工件尺寸相符，将其固定。

③ 钻孔位深浅度调整：将位于主机下面的限位杆用扳手左右转动，可调节所需的加工孔位深浅度。

④ 钻头进给的速度调整：根据加工工件孔径大小、个数、深浅度，把位于主机上的限速调节螺钉做相应的调整即可。

⑤ 钻孔座升降调整：将支架侧边的锁紧把手放松，通过旋转弯曲把手开关来调整，调整确认后必须将支架把手锁紧。

⑥ 气压板的调整：根据加工工件的规格，把气压板调至超出工件厚度 10～20mm 左右，至工件加工孔位的正上方为宜。根据待加工孔数、孔距尺寸、孔径大小，选择相因规格的钻头及相应钻头座。按工件加工要求在工作台面上活动夹具，将定位板固定使工件加工时起基准定位作用。

（2）钻孔加工

① 操作者站于机台前，启动设备开关，取料于机台，将工件紧贴工作台面，定位靠板，定位基准边，双手护住工件，启动脚动开关机械将完成一次加工动作。操作时注意手不得放在气压板下面，以免压伤手。

② 将加工好的工件分清左右，整齐堆放在地台板上，堆放高度不得超过 1.5m，并做好标识。

（3）零部件检测

用卷尺测量孔位尺寸、外形尺寸，用游标卡尺测量孔深、孔径。

2 装件

在工作台上用橡胶锤安装连接件中的倒刺件及定位用的圆榫。

■ 成果展示

任务完成后可进行成果展示，包括钻好孔并已装件的零部件。

总结评价

本任务重点掌握板式部件钻孔加工工艺、钻孔设备调试及操作方法。在钻孔时实现多孔位不多基准的目的，以确保钻孔的加工精度。考核标准见表 10-1。

表 10-1　钻孔和装件考核标准（满分 15 分）

能力构成	考核项目	分值
专业能力 （5分）	板式部件孔位设计能力	2.5
	钻孔和装件设备操作、维护能力	2.5
方法能力 （5分）	钻孔和装件工艺制定及实施工作计划能力	2.5
	孔位设计图的检查、判断能力	1.5
	孔位设计理论知识的运用能力	1
社会能力 （5分）	钻孔工作流程确认能力	0.5
	沟通协调能力	0.5
	语言表达能力	0.5
	团队组织能力	1
	班组管理能力	1
	责任心与职业道德	0.5
	安全和自我保护能力	1
合　计		15

拓展提高

板式零部件工序集中与 CNC 加工中心简介

现代板式家具零部件的生产采用了先进的生产工艺和设备，提高了家具生产效率和零部件精度以及产品质量。在工业化生产中，加工精度被摆在了首位，实现高精度的加工前提条件是控制好加工基准，如果使用一个基准就能把板式零部件的所有加工都完成，即将板式零部件的所有工序集中在一个工序内完成，既可减少工序的繁杂又能避免加工基准变化引起的误差。借鉴于机械加工行业的经验，现在逐步在家具生产中开发和使用了 CNC 加工中心。

1. CNC 加工中心的功能及应用

CNC（computer numeric coprocessor）加工中心的功能主要包括锯切、刨削、钻孔、铣型、砂光、封边、镶边等。在一次定基准后，由计算机控制可以完成多项加工的全自动、高效率的生产设备。

现以豪迈（HOMAG）集团公司生产的 CNC 加工中心为例，说明该加工中心的基本功能及应用。图 10-8 所示为豪迈（HOMAG）集团公司生产的 CNC 加工中心及配备的刀具。

图 10-8　CNC 加工中心及配备的刀具

（1）锯切

图 10-9 所示为锯切加工示意图。加工中心中的锯片可以完成锯切、裁板、开槽等功能，可以进行垂直或水平的锯切以及其他任意角度的锯切。

（2）钻孔

图 10-10 所示为钻孔加工示意图，CNC 加工中心有垂直单排、"L"型或"T"型布置的钻座，另外还可配置水平钻座，主要用于板式零部件 25mm、30mm、32mm 及 50mm 系列孔距的钻孔要求。

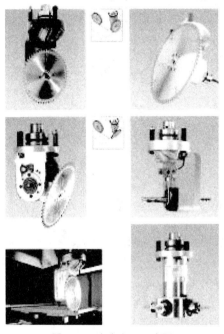

图 10-9　锯切加工示意图

（a）锯片可以设置水平、垂直和倾斜等位置　（b）锯片的垂直位置　（c）水平、垂直锯切　（d）水平、垂直、倾斜锯切　（e）工件内侧锯切　（f）工件端面斜切

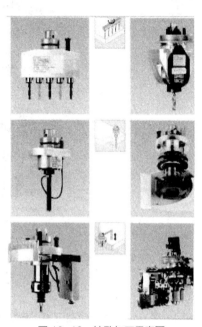

图 10-10　钻孔加工示意图

（a）排钻钻座　（b）"+"字型钻座　（c）三头水平钻（d）单头水平钻　（e）单头垂直钻　（f）排钻钻座钻孔示意图　（g）三头水平钻钻孔示意图　（h）"+"字型钻钻孔示意图　（i）垂直底钻钻孔示意图　（j）水平钻钻孔示意图（k）水平钻加工锁眼示意图

三头水平钻主要用来实现 32mm 系列钻孔的需要；单头垂直钻主要用于工件背面的钻孔；单头水平钻主要用于锁眼孔的钻孔需要。

在 CNC 加工中心主轴上还可以安装水平的"+"型钻座，采用"+"型钻座钻孔时，孔位加工非常灵活，既可以用于板式零部件的钻孔加工，也可用于实木零部件的钻孔加工，而且不受零部件钻孔角度的限制，同时还可以进行侧面铣型加工。

（3）铣型

图 10-11 所示为铣型加工示意图。铣型是加工中心的主要功能，几乎任何一类加工中心都具有铣型的功能。由于铣刀的种类较多，加工中心主轴可以配备各种形式的铣刀，铣削的位置也可以是多方位的，可以完成板式部件的铣型，也可以对实木零部件进行铣型加工。

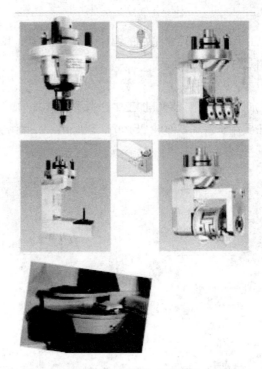

图 10-11　铣型加工示意图

（a）、（c）垂直镂铣刀　（b）水平铣刀　（d）边部镂铣加工示意图
（e）平面镂铣加工示意图　（f）边部型面镂铣加工示意图　（g）边部开槽加工示意图

（4）封边

图 10-12 所示为 CNC 加工中心封边示意图。加工中心可以像普通的自动直线封边机那样，完成封边、齐端、修边、铲边和跟踪修圆角等功能。其封边的胶种是热熔胶。

图 10-12　CNC 加工中心封边示意图

（5）砂光

图 10-13 所示为 CNC 加工中心砂光轴。加工中心的砂光主要是对零部件的边部进行砂光，如需

对表面进行砂光，须配备专门的砂光装置。

（6）镶边

图 10-14 所示为镶边配套装置。镶边条一般采用"T"字型且带有倒刺的塑料镶边条，如图 10-15 所示。零部件的边部首先在加工中心用铣刀或锯开槽，然后用专用的镶边配套装置完成镶边加工。

图 10-13　砂光轴　　　　　　　　图 10-14　镶边配套装置

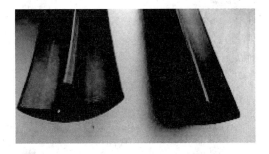

图 10-15　"T"字型镶边条

（7）刨削

图 10-16 所示为刨削刀头。在加工中心的加工中，刨削主要是充当类似平刨床的加工，用来加工实木零部件的基准面或边，刨刀是专用刀具，也可以根据需要采用不同类型的刨刀。

2．CNC 加工中心的配置

CNC 加工中心的种类较多，设备配置差异较大。除上述的功能差别外，还在工作台面、主轴的数量上有差别。

（1）CNC 加工中心的工作台面

CNC 加工中心的工作台面有单台面、双台面和多台面之分。采用双台面或多台面加工，当加工主轴在一个工作台面加工时，另外的工作台面可以安装（更换）工件，当加工完一个工件后，可以自动地转入下一个工作台面加工，使整个加工过程实现连续化作业，极大地提高了设备的利用率。

（2）CNC 加工中心的主轴

CNC 加工中心设有单主轴头和多主轴头。

单主轴头更换刃具时，CNC 加工中心须配有多刀位的换刀盘（刀具库），为了提高生产效率，一般需采用 12 个或 18 个刀位的换刀盘。CNC 加工中心根据零部件加工的需要，主轴会自动去刀具库挑选刃具并自动更换。

多主轴头一般是在各个主轴上事先配备加工时所需的刃具。CNC 加工中心根据零部件加工的需要，自动挑选主轴及主轴上的刃具，实现自动加工的目的。

（3）CNC 加工中心的 C 轴

CNC 加工中心的主轴有四个方向的动作，即 X 轴、Y 轴、Z 轴的移动和自身的转动。为了提高 CNC 加工中心加工的自由度，CNC 加工中心一般配有 C 轴，C 轴是套在主轴外面且控制主轴水平面 360° 角转向的装置。根据加工的程序需要，C 轴可以调整刀具快速进入工件以及变换加工的角度。

（4）零部件的定位和夹紧

加工中心加工零部件时，如图 10-17 所示，主要是利用定位销来完成定位，采用单独的真空吸盘来实现夹紧。

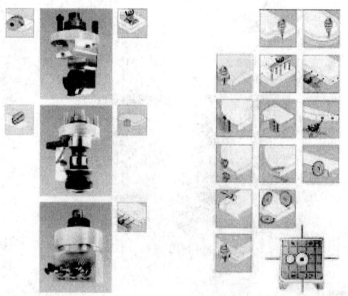

图 10-16　刨削刀头　　　　图 10-17　零部件的定位和底吸盘夹紧

图 10-18 所示为另一种吸盘夹紧装置，夹紧力是根据零部件和加工时切削力的大小来调整吸盘的位置和个数。

3. CNC 加工中心的程序设计

CNC 加工中心的控制程序采用了图形界面设计，其程序设计基本上分为两个步骤，首先画出工件外形轮廓，然后根据加工的部位选择刀具的形式及加工方法，计算机自动将图形程序转换成设备执行程序，使设计直观而方便。

程序设计可以在设备上进行，也可在个人电脑上进行，还可以使用设备上的电脑远程下载制造公司免费提供的程序。

图 10-18　零部件定位和底吸盘附加装置夹紧

　　总之，CNC 加工中心是一种一机多用、程序设计简捷、生产效率高的现代家具生产设备，由于具有多功能性，因此非常适合于多品种、小批量的工业化生产。CNC 加工中心的使用，使生产车间的设备数量大大减少，工艺流程也相应缩短，极大地减少了工件的装卸次数和时间，减少了加工基准的数量，提高了加工精度与生产设备的利用率，同时也简化了生产管理，缩短了生产周期。但是采用 CNC 加工中心使设备的技术含量提高了，设备调整和维修比较困难，因此，对操作者的技术水平要求较高。

■ 巩固训练

　　根据某家具企业板式家具（电脑桌、衣柜等）设计要求，完成板件孔位工艺设计。

项目 4
曲木零部件加工

 任务 11　方材弯曲加工

 学习目标

1. 知识目标

（1）了解实木方材的软化和弯曲原理；

（2）了解实木方材的弯曲工艺方法；

（3）掌握实木弯曲方材的材质标准；

（4）了解实木方材弯曲设备与工装（模具、夹具）。

2. 能力目标

（1）能正确进行实木方材选材；

（2）能正确选定实木方材弯曲设备、工装与工艺；

（3）能正确进行实木方材的软化和弯曲生产操作。

3. 素质目标

（1）具备团队协作与沟通交流的能力；

（2）具备分析问题和解决问题的能力；

（3）具备自学、自我约束能力和敬业精神。

- -

工作任务

- -

1. 任务介绍

根据设计部门提供的家具零件设计图样，本任务对 650mm×55mm×23mm 规格的水曲柳实木方材进行弯曲加工，制作弯曲木家具所需零部件。

2. 任务分析

方材弯曲是制造弯曲木家具最为重要的生产工序，弯曲操作包括以下环节：对弯曲用实木方材进行选料（含加工）→确定软化及弯曲加工工艺→方材软化→选定弯曲设备与工装→实木方材弯曲操作→干燥定型→弯曲工件加工。要完成上述工作任务并加工制作出合格弯曲木家具零部件，首先应了解木材材性和毛料的材质标准，在此基础上进行选材；在掌握实木方材弯曲原理的基础上，要合理确定实木方材弯曲各个工序的工艺技术参数；根据弯曲零部件的形状和批量大小，学会选用弯曲工装与设备，并能较熟练地运用手工弯曲夹具、U 型曲木机、回转型曲木机中的任一种机械进行实木方材的弯曲操作，加工制作出合格的实木弯曲家具零部件。

3．任务要求

（1）本任务是在真实生产情境下的现场教学，学习者要分成 4~5 人一个小组，以团队合作的方式完成；

（2）操作者应牢记树立安全第一的思想，严格执行安全技术操作规程；

（3）要求在完成工作任务后，每位学生写出一份系统的实训报告，内容包括弯曲方材的选料、软化操作、弯曲操作等内容。

4．材料及设备、工装

材料：适合弯曲的实木方材。

设备：横截锯、平刨、四面刨、手工弯曲夹具、U 型曲木机、回转型曲木机等。

工装：金属夹具、端部挡块、拉杆（或卡子）。

知识准备

1　方材弯曲的概念

方材弯曲是通过物理或化学方法对实木方材进行软化处理，然后采用弯曲机械将其弯曲成需要的曲线形状，最后以干燥的方式使之定型的过程。

对实木方材进行弯曲加工的目的在于制造弯曲木家具或其他木制品。弯曲木家具发源于北欧，它多以榉木、桦木和松木等浅淡色泽的木材制作，力求保持木材原有的纹理和色泽，其表面皆经防污处理，呈现出明亮、淡雅的韵致，业内人士把弯曲木家具统称为北欧风格家具。从款式上讲，弯曲木家具优美的弧线是其他家具无法比拟的，同传统的家具品种相比，弯曲木家具最大的特点在于其特有的弯曲弧度，由于在设计过程中充分考虑了人体的曲线起伏，可以减轻使用者因长期卧坐而产生的疲劳感，使人体感觉更加舒服，同时，采用人工弯曲制成的实木家具零件还具有强度高、省省木材的特点。因此，近些年弯曲木家具在我国发展很快。根据市场的需要，伴随科学技术的发展，人们对方材弯曲技术不断进行研究，取得了许多具有实用价值的重要成果，包括弯曲木适用树种、实木软化技术、弯曲机械、弯曲工艺、干燥定型技术等。这些新技术的直接应用，大大推动了弯曲木家具产业的发展，现在国内已经涌现出许多知名弯曲木家具生产企业，生产的弯曲木家具很好地满足了市场需要。

2　方材弯曲原理

木材弯曲时，在凸面产生拉伸力，在凹面产生压缩应力，中间一层既不受拉伸力也不受压缩应力，称为中性层。方材的弯曲性能与树种、树龄、取材部位、软化条件等有关。

木材在常态下可塑性很小，直木料进行弯曲时凸面受拉伸力，凹面受压缩应力，当拉伸应变值达到 1%左右时，拉伸面纤维被拉断破坏，受压面会产生皱褶，因而难以获得要求的弯曲曲率半径，如图 11-1 及图 11-2 所示。

欲弯成要求的曲率半径，应提高被弯直木料外侧拉伸面允许的拉伸应变值。采用蒸煮木材软化处理

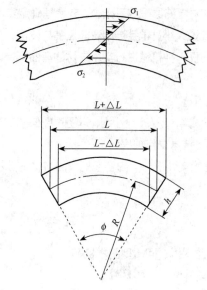

图 11-1　方材毛料弯曲时的拉伸与压缩

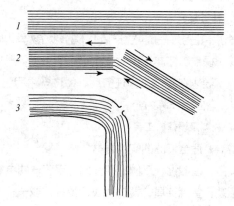

图 11-2　方材毛料弯曲时受应力破坏情况
1. 直木料　2. 弯曲　3. 弯曲破坏

方法，可使木材的塑性增大，使拉伸面的允许拉伸应变值增加到 1.5%～2%，且受压面的允许压缩应变值获得很大的提高，达到 30%～35%。虽然受压面具有较大的允许压缩应变值，但因拉伸面允许拉伸应变值最大为 1.5%～2%，因而使弯曲曲率半径仍受到很大的限制。为了既保证在直木料弯曲时拉伸面应变不超过允许值，不被拉断，又能充分利用受压面较大的允许压缩应变值，除采用软化处理外，可在直木料弯曲时的受拉面外侧再覆贴上一条金属带，让直木料的两端顶住挡块，使其与金属带构成一个整体一起进行弯曲，金属带可较大地承受弯曲时拉伸面所受的拉伸力，使中性层向凸面方向转移，以减少拉伸面的拉伸应变值和充分利用受压面较大的允许压缩应变值，从而将直木料弯曲到所需的弯曲程度。

由以上弯曲原理可知，欲将直木料弯成所需的曲率半径，可采取以下两项措施：

① 对直木料进行软化处理，提高其塑性；

② 采用 0.2～2.5mm 的不锈钢或铝合金等金属带紧贴于被弯直料的拉伸面，使其构成一整体后再进行弯曲。

3　方材弯曲工艺

方材弯曲又称实木弯曲。方材弯曲工艺过程是将方材软化处理后，在弯曲力矩作用下弯曲成所要求的曲线形状的过程。主要包括下列工序：毛料选择和加工、软化处理、弯曲、干燥定型、弯曲部件加工等，如图 11-3 所示。

1）毛料选择和准备

毛料弯曲前的准备工作对弯曲零件质量有很密切的关系。

首先，不同树种木材的弯曲性能差异很大，即使是同一树种，在同一棵树上不同部位的木材，弯曲性能也不相同，人们对此做过大量试验。一般来说，阔叶材的弯曲性能优于针叶材和软阔叶材，幼龄材、边材比老龄材、心材的弯曲性能好。因此毛料的选择要按零件断面尺寸和加工形状来挑选弯曲性能合适的树种。

实木方材弯曲都需要经过软化处理，处理后的木材弯曲性能以工件的厚度与弯曲曲率半径的比值来

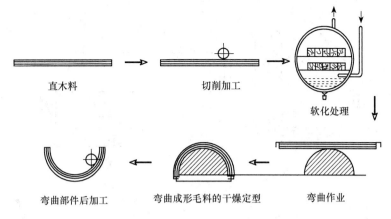

直木料　　　　　　　　　切削加工　　　　　　　　　软化处理

弯曲部件后加工　　　弯曲成形毛料的干燥定型　　　弯曲作业

图 11-3　方材弯曲工艺过程

衡量，该比值的含义是：在弯曲方材厚度为 h 的情况下所允许的弯曲最小曲率半径 R，同样的厚度所允许的弯曲曲率半径越小，也就是说 h/R 的比值越大，其弯曲性能越好。从表 11-1 中可看出，在所列出的几种硬阔叶材树种中，榆木 h/R 的比值最大，因此这种树种的弯曲性能最好，处理时间也最短。水曲柳的 h/R 比值与榆木相同，也具有良好的弯曲性能，但需要较高的处理温度和较长的软化处理时间。

其次，在选择曲木材料时，还必须注意剔除有腐朽、轮裂、乱纹理、大节疤、表面间隙等缺陷。毛料含水率对弯曲质量和加工成本都有影响。含水率过低，容易产生木质破坏；含水率过高，弯曲时因水分过多形成静压力，也易造成废品，并且延长弯曲零件的定型干燥时间。一般不进行软化处理、直接弯曲的方材含水率以 10%～15% 为宜，软化处理的弯曲毛料含水率应为 25%～30%。

表 11-1　几种常用树种的弯曲性能

树　种	弯曲性能（$h:R$）	备　注
榆木	1:2	注意剔除腐朽材
水曲柳	1:2	用 120～140℃以上蒸汽来汽蒸水曲柳，其软化时间比榆木长些
柞木	1:2.5	
松木	1:8	

配好的毛料预先进行表面刨光，加工成要求的断面和长度；对于弯曲形状不对称的零件，弯曲前在弯曲部位中心位置划线，以便对准样模中心。

2）软化处理

软化处理的目的是使木材具有暂时的可塑性，以使木材在较小力的作用下能按要求变形，并在变形状态下重新恢复木材原有的刚性、强度。因此为了改进木材的弯曲性能，需要在弯曲前进行软化处理。软化处理的方法可分为物理方法和化学方法两类。

物理方法——火烤法、水煮法、汽蒸法、高频加热法和微波加热法。

化学方法——用液态氨、氨水、气体氨、碱液（NaOH、KOH）、尿素、单宁酸等化学药剂处理。

（1）物理方法

物理方法又称水热处理法，以水作为软化剂，同时加热达到木材软化的效果。

① 蒸煮法：采用热水煮沸，或者高温蒸汽蒸。高温蒸汽处理的方法是把木材放在特别蒸煮锅

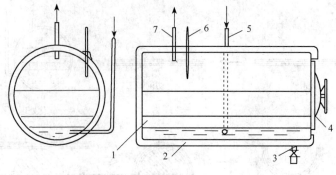

图 11-4 蒸煮锅

1. 圆桶 2. 绝热层 3. 排凝结水管 4. 桶盖 5. 进气管 6. 温度计 7. 出汽管

内（图 11-4）通入饱和蒸汽进行蒸煮。毛料间要有一定的空隙，蒸煮才均匀。采用饱和蒸汽可以防止木材表面过干而开裂。

毛料蒸煮的时间随树种、材料厚度、处理温度等不同而变化。在处理厚材时，为缩短时间，采用耐压蒸煮锅，提高蒸汽压力。若蒸汽压力过高，往往出现木材表层温度过高、软化过度，而中心层温度还较低、软化不足，弯曲时凸面易产生拉断。通常以 80℃ 以上温度水蒸时，约需处理 60~100min；用 80~100℃ 蒸汽来汽蒸时，约处理 20~80min。对榆木、水曲柳的处理条件见表 11-2。

表 11-2　木材蒸煮处理参数

树种	材厚（mm）	不同温度下所需要的时间（min）			
		110℃	120℃	130℃	140℃
榆木	15	40	30	20	15
	25	50	40	30	20
	35	70	60	50	40
	45	80	70	60	50
水曲柳	15	—	80	60	40
	25	—	90	70	50
	35	—	100	80	60
	45	—	110	90	70

用水蒸的方法处理，将使木材含水率增大、干燥定型时间延长，废品率增加。

② 高频电加热法：将木材置于高频振荡电路工作电容器的两块极板之间，加上高频电压，即在两极之间产生交变电场，在其作用下，引起（木材）电介质内部分子的反复极化，分子间发生强烈摩擦，这样就将电磁场中的电能变成热能，从而使木材加热软化。电场变化越快，即频率越高，反复极化就越剧烈，木材软化的时间就越短。高频加热时，电极板常与木材相接触。

③ 微波加热法：这是 20 世纪 80 年代才开发的新工艺。频率为 300~300000MHz、波长约 1000~1mm 范围的电磁波，对电介质有穿透能力，能激发电介质分子极化、振动、摩擦生热。例如，当用 2450MHz 的微波照射饱水木材时，使木材内部迅速发热，由于木材内部压力增大，内部的水分便以热水或蒸汽状态向外移动，使木材明显软化。在 2450MHz 的微波加热下，20mm×10mm（断面）的木材可弯曲到曲率半径为 150mm，如在弯曲定型后再用微波加热，可弯曲到更小曲率半径。目前常用 915MHz 和 2450MHz 两种频率的设备。高频及微波加热快而均匀，可使弯曲与定型连续

进行，受到人们重视。

（2）化学方法

① 液态处理法：将气干或绝干的木材放入 33～78℃的液态氨中浸泡 0.5～4h 之后取出，此时木材已软化，进行弯曲成型加工后，放置一定的时间使氨全部蒸发，即可固定其变形，恢复木材的刚度。在常温处理下木材易于变形的时间仅 4～30min。厚 3mm 的单板在氨中浸渍 4h，就能得到足够的可塑性，可以进行任意弯曲。该法与蒸煮法相比，木材的弯曲半径更小，几乎能适用于所有树种的木材；弯曲所需的力矩较小，木材破损率低；弯曲成型件在水分作用下，几乎没有回弹。

② 气态氨处理法：将含水率 10%～20% 的气干材放入处理罐中，导入饱和气态氨（26℃时约 10 个大气压，5℃时约 5 个大气压），处理 2～4h，具体时间根据木材厚度决定，弯曲性能约为 1/4。用该法软化处理成型的弯曲木，其定型性能不如液氨处理的。

③ 水处理法：将木材在常温常压下浸泡在 25% 的氨水中，十余天后即具有一定的可塑性，便可进行弯曲、定型。

④ 素处理法：将木材浸泡在 50% 的尿素水溶液中，厚 25mm 木材浸泡 10d 后，在一定温度下干燥到含水率为 20%～30%，然后再加热到 100℃左右，可进行弯曲、干燥定型。如山毛榉、橡树，用尿素、甲醛液浸渍处理后，木材弯曲性能约为 1/6。

⑤ 碱液处理法：将木材放在 10%～15% 氢氧化钠溶液或 15%～20% 氢氧化钾溶液中，达到一定时间后木材即明显软化。取出木材用清水清洗，即可进行自由弯曲。该法软化效果很好，但易产生木材变色和塌陷等缺陷。为了防止这些缺陷的产生，可用 3%～5% 的双氧水漂白浸渍过碱液的木材，并用甘油等浸渍。用碱液处理过的木材虽然干燥定型了，如浸入水中则仍可以恢复可塑性。

以上介绍的几种用化学药品处理弯曲加工木材的方法，木材软化充分，不受树种限制，但会产生木材变色和塌陷。当前生产中虽未普遍采用上述方法，但它是实用性、可行性极强的木材软化方法。

3）弯曲

利用模具、钢带等用手工及机械方法将已软化好的木材加压弯曲成要求的形状。

（1）弯曲

是用手工弯曲夹具来进行加压弯曲。夹具由样模（可用金属或木材制成）、金属夹板（要稍大于被弯曲的工件，厚 0.2～2.5mm）、端面挡块、楔子和拉杆等组成，如图 11-5 所示。

弯曲前，认真观察毛料表面，选比较光洁的表面贴合金属夹板。弯曲时，先将工件放在样模与金属夹板之间，两端用端面挡块顶住，对准工件上的记号与样模中心线打入楔使之定位；扳动杠杆把手，使工件全部贴住样模为止，然后用拉杆拉住工件两端后，连金属夹板和端面挡块一起取下，送往干燥定型。

（2）弯曲

成批弯曲形状对称的不封闭形零件，常采用 U 型曲木机（图 11-6）；若弯曲形状为 O 型的封闭零件，常采用回转型曲木机（图 11-7）。

在 U 型曲木机中，工件已放入指定位置后，将金属夹板放在加压杠杆上，升起压块，定位后，开动电动机，使两侧加压杠杆升起，使方材绕样模弯曲，一直到全部紧贴样模后，用拉杆固定，连同金属夹板、端面挡块一起取下送往干燥室。

回转型曲木机的样模装在垂直主轴上，由电动机通过减速机构带动主轴回转，使毛料逐渐绕贴在样模上，用卡子固定工件后，将样模和工件连同金属夹板一起取下，干燥定型。

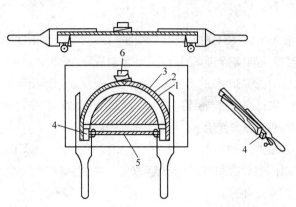

图 11-5　手工弯曲夹具

1. 样模　2. 毛料　3. 金属夹板　4. 挡块　5. 拉杆　6. 楔子

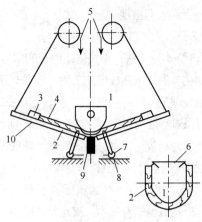

图 11-6　U 型曲木机

1. 样模　2. 金属夹板　3. 端面挡块
4. 弯曲方材　5. 钢丝绳　6. 拉杆　7. 滚轮
8. 工作台主轴　9. 压块　10. 加压杠杆

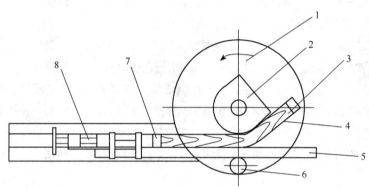

图 11-7　回转型曲木机

1. 主轴　2. 样模　3. 毛料　4. 钢带　5. 加压杆　6. 压辊　7. 可调整挡块　8. 挡块调整螺杆

4）干燥定型

将弯曲状态下的木材干燥到含水率为 10%左右，使其弯曲变形固定下来。

通过物理方法软化处理的木材，含水率达 40%左右，如弯曲后未进行干燥就立即松开固定拉杆（压力），弯曲木材会在弹性恢复下伸直，因此需要工件在弯曲状态下干燥，保持到含水率降低、形态稳定为止。

不论木材软化方法如何，弯曲后在定型时最好加热，并且固定在模具上定型，以保证弯曲形状的正确性。

（1）干燥室法定型

将弯曲好的工件连同金属钢带和模具（有时不带模具）一起，从曲木机上卸下来堆放在小车上，送入定型干燥室。干燥可以是常规的热空气干燥室，也可用低温除湿干燥室。用热空气干燥时，为保证弯曲木的定型质量，通常温度为 60～70℃，干燥时间为 15～40h；低温除湿干燥法分预热和除湿两个阶段，该法干燥质量好，干燥周期稍长。

（2）自然干燥法定型

将弯曲好的工件放在大气条件下自然干燥、定型。其所需时间长，质量不易保证，除了一些大尺寸零件如船体弯曲零件、大尺寸弯曲建筑构件外，家具生产中极少采用。

（3）高频干燥定型

将弯曲木置于高频电场中就能使其内部发热，干燥定型。高频干燥定型装置需满足以下条件：高频电场必须均匀分布于弯曲木周围；负载装置结构必须便于木材中水分的蒸发；负载量必须与高频机匹配。可直接使用弯曲木上的钢带作为一个电极，另一电极安置在样模上。电极板上均匀开有一定数量的小孔，以利水分的蒸发。高频干燥定型工艺的特点是干燥定型速度快，如功率密度为 2W/cm^3 时，弯曲木从含水率 30% 干燥到 8% 只需 10min 左右，生产周期短，模具周转快，生产率高；定型的弯曲木质量较稳定，含水率较均匀，尤其当木材厚度较大时更为显著。

（4）微波干燥定型

由于微波的穿透能力较强，弯曲木只要在微波炉内经数分钟照射，就能干燥定型，效率高而且定型质量好。

在日本，最近发明了在微波加热窑内放置弯曲木加工用的加压装置，使木材的软化、弯曲加工、干燥和定型可连续进行。使用光纤温度传感器可以正确测定微波加热时的木材温度，使微波照射过程自动地控制在适于加工的温度范围内。法国一个工厂发明了用微波加热制造弯曲木构件的方法和机器，照射时间只需 17s 左右。这种曲木机的设备生产率很高。

任务实施

---

1 实木方材备料

根据家具零件设计图样和家具用木材材质标准，以 4~5 人为一组进行实木方材备料，主要包括以下方面的操作：

（1）树种的选择

本任务确定选用的树种为水曲柳。

（2）材质的选择

根据弯曲加工用毛料的材质标准进行选材，所选毛料应没有下列缺陷（木方四面）：腐朽、裂纹、斜纹（纹理斜度不大于 10°）、虫孔、节子（只允许有很小的活节）、夹皮、矿物线等。

（3）木材含水率的测定

利用精确度较高的木材含水率测定仪对所选木材进行含水率测定，使其达到弯曲加工所必须的含水率标准，直接进行弯曲的木材含水率控制在 10%~15%，经蒸煮软化的木材含水率控制在 25%~30%。

（4）弯曲毛料规格尺寸加工

本任务是对规格为 650mm×55mm×23mm 的水曲柳毛料（成材）进行弯曲加工。毛料净尺寸为 630mm×50mm×20mm，厚度和宽度尺寸公差均为 ±0.2mm，长度公差为+2mm。

① 选料后利用平刨和四面刨进行毛料刨削加工，使毛料表面光滑并达到所需宽度和厚度规格。对于刨削加工后的毛料要进行再一次的材质选择，以剔除不合格者；

② 利用横截锯进行精截，使毛料达到所需长度规格；

③ 在待弯曲的实木毛料部位做好记号，以便在弯曲时进行精确定位。

（5）确定工件弯曲形状

半圆形，曲率半径为 200mm。

2　选定设备及确定加工工艺

根据现有实训条件，选定锯、刨及适合待加工零件所用的实木弯曲设备，确定相应的工艺参数。

3　弯曲加工操作

（1）弯曲性能计算

本工件的材质为水曲柳，应通过计算来验证所弯曲工件是否符合表 11-1 中水曲柳的弯曲性能要求，其弯曲性能 h/R 值应小于该树种所允许的最大值（1∶2）。

（2）软化操作

利用蒸煮锅对工件进行蒸煮，具体蒸煮参数见表 11-2。

（3）弯曲操作

① 当采用图 11-5 所示的简易手工夹具进行弯曲操作时，具体操作方法如下：

固定毛料：把毛料放在样模与金属夹板（工装）之间，两端用挡块（工装）顶住，对准毛料上的记号与样模中心线打入楔子将其固定。

弯曲：扳动杠杆，以每秒 35°～60° 的弯曲速度，逐渐将毛料全部弯曲压贴在样模上，然后用拉杆（工装）拉紧毛料两端。

干燥定型：将弯曲的毛料连工装一起取下并整齐码放在专用小车上，送往干燥室干燥定型。若采用热空气干燥室干燥定型，温度应控制在 60～70℃，干燥定型时间要根据弯曲毛料的厚度来定，弯曲毛料越厚、毛料初含水率越高，其干燥定型时间就应越长，一般控制在 15～40h。

② 当采用图 11-6 所示的 U 型曲木机进行弯曲操作时，具体操作方法如下：

毛料（弯曲方材）定位：将毛料（弯曲方材）安放在金属夹板（工装）上的左右两个端部挡块（工装）之间后，将毛料与工装整体置放在加压杠杆上，升起压块，进行定位。

弯曲：开动电动机，钢丝绳的拉动使两侧加压杠杆升起，使毛料弯曲并贴紧在样模上，用拉杆（工装）拉紧固定。

干燥定型：将工装及弯曲好的毛料一起取下并整齐码放在专用小车上，送往干燥室干燥定型。具体的干燥技术参数同①。

③ 当采用图 11-7 所示的回转型曲木机进行弯曲操作时，具体操作方法如下：

毛料定位：将毛料置放在钢带（工装）上的左右挡块（工装）之间，调整挡块调整螺杆（工装），把毛料从端部夹紧。

弯曲：开动电动机，主轴转动使毛料逐渐绕贴在样模上，用卡子（工装）固定。

干燥定型：把工装与弯曲毛料一起取下，并整齐码放在专用小车上送往干燥室干燥定型。具体的干燥技术参数同①。

注意事项：

① 弯曲操作时机掌握：方材毛料经软化后应立即进行弯曲。

② 弯曲速度不可过快，以避免造成木纤维的撕裂。

4　作业评比

采用多元评价体系，即教师评价学生，学生自我评价和相互评价。实训考核充分发挥学生自我评价和相互评价的作用，让学生在评价过程中实现自主学习，根据学生加工操作的熟练程度和加工部件的准确性进行考核评分，考核标准见表 11-3。

表 11-3 方材弯曲加工考核标准（满分 100 分）

考核项目	考核标准	考核方式	分值
选料	所选毛料符合材质标准	选料实物考核	15
弯曲性能计算	能通过计算的方法验证工件的弯曲性能是否符合要求	口头考核	10
方材软化	熟悉软化工艺技术参数，能进行软化生产操作，软化件达到弯曲加工要求	软化现场操作过程考核	20
方材弯曲	了解各种弯曲工艺方法，会选用弯曲设备和模具、夹具，能正确进行方材弯曲操作	弯曲现场操作过程考核	30
实训报告	报告书写规范、内容详实、准确	按照实训报告	10
实训出勤与纪律	迟到、早退扣 2 分，旷课不得分	考勤	10
答辩	回答内容准确、表达清晰、语言简练	口试	5
合　计			100

■ **成果展示**

　　成果展示主要包括选出的合格毛料、弯曲好的工件。

■ **总结评价**

　　方材弯曲具有很大的实用价值，本任务重点是进行方材弯曲的生产操作，难点是对弯曲原理的理解。学生应在掌握木材材质标准的基础上，进行正确选料，同时还要准确掌握软化和弯曲工艺的技术参数，严格按照工艺要求进行操作，确保弯曲木零件加工质量。

■ **拓展提高**

　　在上述三种方材弯曲设备的基础上，可再了解热模曲木机如压式 U 型曲木机、多层曲木热压机等弯曲工艺和设备中的任意一种设备和操作方法。同时了解不同厚度、不同树种方材的弯曲工艺技术方法。

■ **巩固训练**

　　进行毛料选料的反复训练，也可进行不同厚度方材弯曲训练。

任务 12　薄板胶合弯曲加工

学习目标

1. 知识目标

（1）了解薄板胶合弯曲原理；

（2）了解薄板胶合弯曲工艺方法和技术参数；

（3）了解薄板胶合弯曲常用设备与工装（夹具、模具）。

2. 能力目标

（1）能正确选用薄板弯曲所用单板；

（2）能正确选定薄板胶合弯曲工艺与设备；

（3）能进行薄板胶合弯曲生产操作。

3. 素质目标

（1）具备团队协作与沟通交流的能力；

（2）具备分析问题和解决问题的能力；

（3）具备自学、自我约束能力和敬业精神。

工作任务

---

1. 任务介绍

根据设计部门提供的家具零件设计图样，加工一批办公椅靠背板，其规格为高度×宽度×厚度=410mm×410mm×12mm，形状为圆弧形（横向），曲率半径 R=750mm。据此确定薄板胶合弯曲的生产工艺，进行薄板准备、涂胶与配坯、弯曲加压成型、零部件的成型板坯加工等操作。

2. 任务分析

本任务是将一叠涂过胶的旋切单板按要求配成一定厚度的板坯，然后在特定的模具中加压弯曲、胶合成型而制成办公椅靠背板的一系列加工过程。该弯曲工件的单板配坯采用交叉配置，总层数为奇数，分为 9 层，其结构为：表板与背板各一张，厚度均为 1.0mm，树种为枫桦；中板和芯板采用杨木，单板厚度为 1.6mm，共分成 7 层，据此，该工件的总厚度为 2×1.0mm+7×1.5mm=12.5mm，考虑到压缩率对厚度的影响，因此最后的工件厚度约为 12mm。

3. 任务要求

（1）本任务是在真实生产情境下的现场教学，学习者要分成 4~5 人一个小组，以团队合作的方式完成。

（2）操作者应牢记树立安全第一的思想，严格执行安全技术操作规程。

（3）要求每一组在任务完成后，根据实训结果每位学生写出一份系统的实训报告，内容包括薄板准备、涂胶与配坯、弯曲加压成型操作和成型板坯加工等。

4. 材料及设备、工装

主要材料包括单板、脲醛树脂胶黏剂等；主要设备包括调胶机、涂胶机、热压机、压模等；辅助设备包括圆锯机、砂光机、钻孔机等。

知识准备

---

1 薄板胶合弯曲的概念

薄板弯曲胶合是将一叠涂过胶的薄板按要求配成一定厚度的板坯，然后放在特别的模具中加压弯曲、胶合和定型以制得曲线形零部件的一系列加工过程。

由于实木弯曲性能要求高，平时选料困难，弯曲过程中易产生废品，因此已逐渐转向薄板层压胶合弯曲成型工艺。薄板胶合弯曲工艺具有以下特点：可以弯曲胶合成曲率半径小、形状复杂的零部件，弯曲造型多样，线条流畅，简洁明快，具有独特的艺术美；节约木材，与实木弯曲工艺相比，可提高木材利用率约 30% 左右，凡是胶合板用材均可用来制造弯曲胶合构件；省工；具有足够的强度。

薄板弯曲胶合的零部件的主要用途如下：

① 作家具构件，如椅凳、沙发、桌子的支架，衣柜的弯曲门板、旁板、半圆形顶板等；作建筑构件，如圆弧形门框、窗框、门扇等。

② 文体用品：钢琴盖板、吉它旁板、网球拍、滑雪板、弹跳板等。

③ 工业配件：电视机壳、音箱等。

薄板胶合弯曲件的生产工艺，可以分为薄板准备、涂胶与配坯、加压成型、部件的陈放、部件的加工等工序，工艺流程如图 12-1 所示。

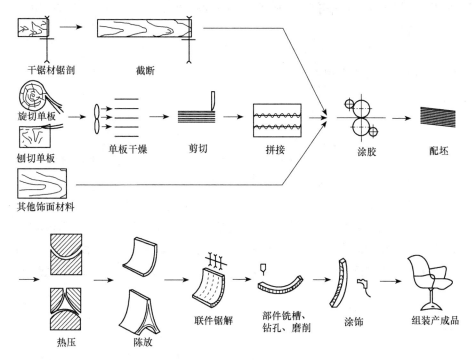

图 12-1　薄板胶合弯曲件的生产工艺流程

上面介绍的流程是用单板来制造弯曲胶合件，如不用单板，采用竹板或其他薄板，则工艺需作相应变更。

2　薄板弯曲原理

用薄板弯曲胶合的方法可以制成各种曲率半径小、形状复杂的曲木零部件。这是因为在弯曲过程中，胶液尚未固化，各层之间可以相互滑动，不受牵制。每层薄板的凸面受到拉伸力，凹面受到压缩力，应力大小与薄板厚度有关，可用一个量来表示被弯曲板件的可弯曲性能，这个是被弯曲板材的厚度和弯曲的曲率半径之比，该比值越小，对于弯曲越有利。薄板弯曲胶合的弯曲性能或弯曲件的最小曲率半径 R 不是按弯曲件厚度 h 计算，而是用薄板厚度 S 来计算的，因为虽然薄板胶合弯曲件厚度与实木弯曲相同，但是薄板胶合弯曲件的整体拉伸与压缩变形大部分是由薄板间的相对移动来实现的，而薄板本身只需要很小的拉伸与压缩变形就可以满足胶合弯曲件的需要。假设制成弯曲半径（R）为 50mm、厚度（h）为 20mm 的弯曲件，如果采用实木板材，则需要弯曲性能指标为 $h/R=20/50=1/2.5$ 的实木，像水曲柳、柞木、山毛榉等，而且要经过软化处理才能达到；但如果采用厚度为 1mm 的多层薄板弯曲胶合，就只要求其弯曲性能为 $S/R=1/50$，不需要软化处理，在干燥状态下就可达到，这样软、硬木材都可使用。

3 薄板胶合弯曲工艺

1）薄板的种类

薄板的种类：单板、竹单板、胶合板、硬质纤维板等。

制造单板的树种：目前国内主要采用水曲柳、桦木、柳桉、椴木、柞木、马尾松、杨木等；欧洲多数用山毛榉、橡木、桦木等。

单板弯曲胶合件的表层和芯层，其树种可以相同，也可以不同。一般来讲，芯层单板应保证弯曲件强度、弹性的要求；为了取得美丽的外观，单板胶合弯曲时在板坯表面配置纹理美丽的刨切薄木，芯层用普通树种的旋切单板。

用胶合板可以弯曲胶合成圆桌的圆形、椭圆形牙板，半圆形门框等。

硬质纤维板也可像胶合板那样使用，但弯曲前需先将纤维板用蒸汽处理一下，使其软化，再涂胶弯曲胶合。

2）薄板选用

弯曲胶合件薄板品种或单板树种的选择，应根据制品的使用场合、尺寸、形状等来确定。如家具中的悬臂椅要求强度高、弹性好，可以选用桦木、水曲柳、楸木等树种的单板；对建筑构件来说，一般尺寸较大、零部件厚度大，可选用松木、柳桉等树种的薄板。

薄板制作分旋切、刨切两种，在制作薄板胶合弯曲零件之前需要进行选择。所选单板厚度应均匀，表面光洁。单板的厚度根据零部件的形状、尺寸即弯曲半径与方向来确定。弯曲半径越小，则要求单板厚度越薄。对一定厚度的弯曲胶合零部件来说，单板层数增加，用胶量就增大，成本提高。通常制造家具零部件时，刨切薄木的厚度为 0.3～1mm，旋切单板厚度为 1～3mm，制作建筑构件中，单板厚度可达 5mm。

3）薄板干燥

单板含水率与胶压时间、胶合质量等密切相关，我国目前一般控制在 6%～12%，最大不能超过 14%。因为单板含水率过高会降低胶黏剂的黏度，热压时胶易被挤出而影响胶合强度，也会延长胶合时间；单板含水率过高，热压时由于板坯内的蒸汽压力过高，易出现脱胶、鼓泡、放炮等现象。但如果含水率过低，木材会吸收过多的胶黏剂而形成表面缺胶，导致胶合不良。含水率过高、过低都会影响胶合质量。故对旋制（或刨切）出的单板都要进行干燥处理。

4）涂胶

用于弯曲胶合的胶黏剂，主要有脲醛树脂胶、三聚氰胺改性脲醛树脂胶、酚醛树脂胶及间苯二酚树脂胶。胶种的选择应根据弯曲胶合构件的使用要求和工艺条件进行考虑。如室内用家具弯曲胶合件从装饰性和耐湿性出发，要求无色透明，且具有中等耐水性，故宜采用脲醛树脂胶和三聚氰胺改性脲醛树脂胶；制造室外用部件（如建筑、船舶）时，需用耐水、耐气候的酚醛树脂胶和间苯二酚树脂胶。采用高频加热时，宜用高频加热的专用胶黏剂。单板的涂胶量取决于胶料、树种等因素，一般脲醛树脂胶为 $120～200g/m^2$（单面），固化剂氯化铵的加放量为 0.3%～1%，有时在脲醛树脂胶中加入 5%～10% 的工业面粉作为填料。单板涂胶时，常用四辊涂胶机涂胶。

5）板坯陈放

配制板坯方式与弯曲件的形状尺寸和受力方向有关。厚度一致的板坯，按单板的厚度和弯曲件厚度以及弯曲胶合板坯的压缩率 Y 来确定，Y 的计算公式为

$$Y=（1-h_1/h_0）\times 100\%$$

式中：h_1——胶合弯曲后板坯厚度；

h_0——胶合弯曲前板坯厚度。

胶合弯曲的板坯压缩率要比平面胶压时大，通常 Y 取 8%～30%。

对于厚度不一致的板坯，则需配置不同长度（或宽度）的薄板。图 12-2 所示为椅子后腿配坯图，单板的尺寸和层数见表 12-1。

表 12-1　椅子后腿板坯配置　　　　　　　　　　　mm

单板层数 单板长度	单板厚度		
	1.15	1.5	2.2
1000	27	22	15
450	13	10	7
180	1	1	

配板坯时，各层单板纤维的配置方向与弯曲胶合零件使用时受力方向有关，有如下三种方法：

平行配置　各层单板的纤维方向一致，适用于顺纤维方向受力的零件，如桌椅腿。

交叉配置　相邻层单板纤维方向互相垂直，适用于承受垂直板面压力的部件，如椅背和大面积部件。

既有平行配置又有交叉配置　适合于形状复杂的部件，如椅背、座、腿一体的部件。

弯曲胶合件的厚度根据用途而异，如家具的弯曲骨架部件，通常厚 22、24、26、28、30mm，而起支承作用的部件厚度为 9、12、15mm。

陈放时间是指单板涂胶后到开始胶压时所放置的时间。陈放有利于板坯内含水率的均匀，防止表层透胶。通常采用闭合陈放，时间约 5～15min。

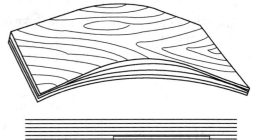

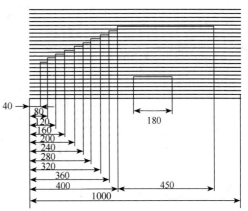

图 12-2　椅子后腿配坯图（单位：mm）

6）胶压弯曲

胶压弯曲是制造弯曲胶合零部件的关键工序，其使放在模具中的板坯在外力作用下产生弯曲变形，并使胶黏剂在单板变形状态下固化，制成所需的弯曲胶合件。胶压弯曲时需要模具和压机，以对板坯加压变形，同时还需加热以加速胶黏剂的固化。

胶压弯曲的形状根据制品的要求有多种，如半圆形、字形、L 形、圆弧形、梯形等各种不规则弯曲形状。形状不同，所用的胶压弯曲的设备也必须采用相应形状的模具和加压机构。

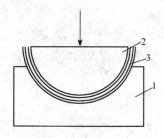

图 12-3　硬模一次加压弯曲
1. 阴模　2. 阳模　3. 木材

（1）弯曲设备

生产中所使用的胶压弯曲设备主要有两类：一种是硬模胶压弯曲，另一种是一个硬模和一个软模胶压弯曲。根据部件的形状不同，又有一次加压和分段加压之分。

① 硬模胶压弯曲：是由一个阴模和一个阳模组成的一对硬模进行加压弯曲，常用的胶压成型方法如图 12-3 所示。

阳模的表面形状与零件的凹面相吻合，阴模的表面形状和零件的凸面相配合，阳阴模间距离均应等于零件的厚度。加压的方法有采用机械压缩空气或液压等。

硬模可用金属模、木材或水泥制成，成批大量生产时采用金属模，内通蒸汽；木材硬模及水泥硬模则用于小批量生产，可用低压电或高频加热。

硬模一次加压弯曲胶合的优点是结构简单，加压方便，使用寿命长。但由于硬模加压全靠上下两个模子的挤压作用，压力作用方向与受压面不垂直，压力不够均匀。因此，对深度较大的凹型部件，最好采用分段加压方式。

硬模分段胶压弯曲：阳模仍为整体，阴模则由底板、右压板和左压板三部分组成。分段加压设备及工作原理如图 12-4 所示。

硬模分段胶压弯曲前，底板升高，板坯已放在了底板上〔图 12-4（a）〕；此时开动液压泵（或压缩空气泵），将板坯压向阴模底部〔图 12-4（b）〕；压住后，阳模、板坯和阴模一起下降〔图 12-4（c）〕；开动侧向压板并加压，把板坯弯曲成所要求的 U 形零件〔图 12-4（d）〕。

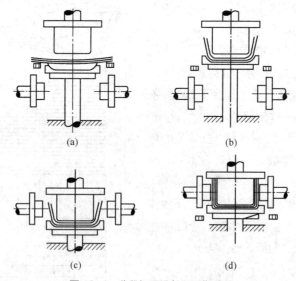

(a) (b) (c) (d)

图 12-4　分段加压设备及工作原理

胶液固化后，按相反顺序退回压板，卸下弯曲零部件。

这种方法可采用冷压或热压，压力为 1～1.2MPa。

在硬模加压过程中，约有 70% 的压力用于压缩单板坯和克服单板间摩擦力，只有 30% 左右的压力用于胶压弯曲板坯，因此胶压弯曲所需压力应比单压部件大得多。对于弯曲凹度大的多面弯曲部件，最好用分段胶压弯曲法。

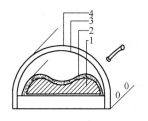

图 12-5　软模胶压弯曲

1. 样模　2. 板坯
3. 橡皮袋　4. 加压筒

② 软、硬模胶压弯曲：也可称为软模胶压弯曲，是采用一个模作样模，再用一个软模（用柔性材料如耐热、耐油的橡胶或帆布制作）作压模来进行胶合弯曲。

胶压弯曲时，往软模中通入加热和加压介质（如压缩空气、蒸汽、热水、热油等）。在压力作用下，板坯弯曲，贴向样模。软模胶压弯曲的方法使各处受力均匀，但橡胶袋易磨损，设备较复杂，因此主要用于形状复杂、尺寸较大的弯曲胶合部件。下面介绍几种软模胶压弯曲的方法。

图 12-5 所示为用橡皮袋作软模胶压弯曲的一种方式。样模放在加压筒内，板坯放在样模上面，盖上橡皮袋，关闭筒盖，锁紧；然后向橡皮袋中通入压缩空气或蒸汽，使板坯压向样模，进行弯曲胶合，并保持压力的作用至胶层固化为止。

图 12-6、图 12-7 所示为另一种软模胶压弯曲的方法，叫做弹性囊胶压弯曲法，又分单囊加压和多囊加压两种方式。一般弹性囊分布在阴模表面，在加压弯曲过程中，往弹性囊中通入加压介质（压缩空气、蒸汽、油等），在弹性囊的压力作用下，使板坯贴向阳模，板坯各个部位所受压力均匀。

图 12-6 所示为单囊加压压模，其板坯胶压弯曲过程分为三步：①把涂胶的单板板坯装在阴模上；②下降阳模，使板坯弯曲；③从管道中把工作气体（或液体）通到弹性囊里，使板坯贴向阳模，并在弯曲件上均匀地加压。单囊弹性加压压模主要用于胶压弯曲形状不复杂的部件，形状复杂的部件要用多囊的弹性压模。

图 12-7 所示为胶合弯曲"∏"型椅腿部件时所用的多囊式分段加压压模。

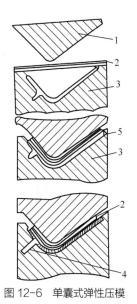

图 12-6　单囊式弹性压模

1. 阳模　2. 板坯　3. 阴模　4. 管道　5. 弹性囊

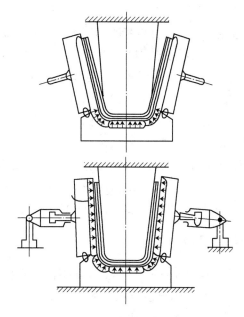

图 12-7　多囊式弹性压模

多囊式弹性压模中，各部分顺序通入加压介质，先往水平位置的弹性囊中通入加压介质，然后再陆续往其他部位通入加压介质，这样就可以把板坯中的空气赶出，达到牢固胶合的效果；如加压顺序安排不当，就使板坯起皱，质量降低。

（2）封闭形部件的弯曲成型

在木家具中经常遇到封闭成环状的弯曲部件，如椅座圈、桌子望板以及电视机壳等。这类部件的特点就

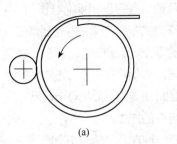 

图 12-8 封闭形部件弯曲成型方法

（a）封闭形环形零件的螺旋缠卷弯曲
（b）封闭形零件的内外压模弯曲

是弯曲度为 360°，其加压方法有两种：一种是连续螺旋缠卷法，如图 12-8（a）所示，主要用于弯曲圆筒形部件；另一种是用一对压模内外加压的方法，如图 12-8（b）所示，在胶合弯曲前，按部件的弯曲半径和厚度确定板坯的长度和层数，把板坯各层涂胶后放入内外压模间，拧紧外圈螺栓，再从内部向外加压，使板坯在压力下弯曲并紧贴在外模内表面，保持压力到定型为止，再松开外圈螺栓，取出零件，这种方法可用于制造圆环形、椭圆形、方圆形等零件。

（3）加热方式

在弯曲胶合时，其加压的方式有冷压和热压，但通常采用热压成型的方法。正确地进行加热，能加速胶液的固化，提高生产率，也是保证弯曲胶合质量所必需的。

① 蒸汽加热：向模具表面的金属带通入蒸汽进行加热，热压温度为 100～150℃。蒸汽加热应用极为普遍，操作方便、可靠，一般采用铝合金模，弯曲形状不受限制，弯曲胶合件成品的尺寸、形状精度较高。模具使用寿命长，运行费用较低，适用于大批量生产。

② 低压电加热：向放在模具表面的金属带通入低压电流（电压为 24V 左右）加热固化，热压温度为 100～120℃。常用的不锈钢或低碳钢金属带厚度为 0.4～0.6mm，宽度一般不超过 150mm，电流值不宜超过 400A。如果是金属模，则加热板与模具之间必须有绝缘、保温层。

③ 高频介质加热：热量由介质（木材或其他绝缘材料）内部产生，因此加热速度快、效率高而均匀。一般只须几分钟就可以使胶固化，胶合质量好，通常与木模配合使用。其热压温度为 100～125℃。由于木模成本低、强度较低、精度稍差、易变形，因此，使用约一千次后就需及时修整。该法适用于小批量、多品种生产。

④ 微波加热：微波加热弯曲胶合工艺是一种新工艺。微波穿透力强，只要将弯曲胶合件放在箱体内照射微波，即可进行加热胶合。因此它不受弯曲胶合件形状的限制，可以加热不同厚度的成型制品，不需电极板，宜于进行带填块的 H 型、h 型等复杂形状的弯曲胶合。国外已开发了这种装置，并用于生产。使用微波频率为 2450MHz，微波加热用模具须用绝缘材料制作。使用高频、微波进行加热时，必须有屏蔽设施，以防止高频、微波外泄而影响附近人体的健康和对周围仪表、电器形成干扰。

7）部件的陈放

弯曲成型的板坯在胶合以后，其内部存在各种应力，致使零件发生变形，随含水率的降低，其弯曲半径会变得更小；反之吸湿膨胀，会使部件伸直。因此，为了使胶压后的弯曲胶合件内部温度与应力进一步均匀，应放置 4～10d 后才能投入下一道工序，进行切削加工。例如冷压的带填块的扶手椅侧框，从模具上卸下来之后脚先向外侧张开 7～8mm，然后再逐渐向内收，经过 4d 后形状才趋于稳定；又如高频加热弯曲胶合椅背座，从模具上卸下后，要到 10d 后变形才基本停止。不同厚度的弯曲部件陈放时间见表 12-2。

表 12-2 不同厚度的弯曲部件陈放时间

部件厚度（mm）	4	6	10	14	18	21
陈放时间（d）	1	2	6	11	20	27

上述数据为常温下、相对湿度为 60% 时的试验数据，若温度提高为 50℃、相对湿度 55%，则陈放时间可相应缩短 10%。

8）部件的加工

对弯曲胶合后的成型板坯进行剖切、锯解、截头、裁边、砂磨、抛光、钻孔等，加工成尺寸、精度及表面粗糙度等都符合要求的零部件。

任务实施

----

1 备料

备料应以 4~5 人为一组互相配合进行。备料主要包括以下方面的操作：

（1）薄板胶合弯曲工件结构设计

① 弯曲工件结构形式：办公椅靠背板为 12mm 厚度（俗称 12 厘板），根据办公椅靠背板为受力件的实际情况，其结构宜采用多层胶合板的结构形式，即各层单板间的配坯采用交叉配置方式。单板总层数定为 9 层，工件表面的单板称为表、背板，其木纤维方向为纵向配置，数量各 1 张；工件内部与表、背板木纤维方向一致的单板称为中板，数量为 3 层；横向排列的单板称为芯板（木纤维方向与表、背板的方向垂直），共为 4 层。

② 单板树种、规格与拼接：弯曲工件规格为长度×宽度×厚度=410mm×410mm×12mm。考虑裁边加工余量，弯曲工件毛坯加工规格为 450mm×450mm×12mm，按此规格，各层单板的配置要求如下：表板和背板采用整幅桦木（枫桦）单板，不允许有拼接，规格为 450mm×450mm×1.0mm；中板采用杨木单板，规格为 450mm×450mm×1.5mm，宽度可以拼接，最多可 3 拼，单块单板条宽度不得小于 100mm；芯板采用杨木单板，规格为 450mm×450mm×1.5mm，宽窄可以拼接，最多可 5 拼，单块单板条宽度不得小于 50mm。

③ 单板含水率为 6%~12%。

（2）单板树种选择

本任务所用薄板确定采用旋切单板，其表、背板为桦木（枫桦），中板和芯板采用杨木。

（3）单板材质

根据薄板胶合弯曲用实木单板的材质标准进行选材，所选桦木单板是表、背板，属于面板材料，要求较高，因此其材质应达到无缺陷标准，即无腐朽、无裂纹、无虫孔、无死节、无夹皮、无矿物线等；所用杨木中板和芯板应无腐朽，对死节应进行修补后使用。

2 选定设备

设备选择：高频加热的弯曲木热压机。

模具选择：采用多层胶合板制作的模具。

3 弯曲加工操作

（1）单板裁切

利用单板剪板机或推台锯将单板裁切成需要的规格，表板与背板幅面规格为 450mm×450mm；中板幅面规格为宽度×长度=（100~450）mm×450mm；芯板幅面规格为宽度×长度=（50~450）mm×

450mm。单板裁切刀口应齐、直。

（2）单板涂胶

利用双面涂胶机对中板进行双面涂胶，对表、背板进行单面涂胶。在涂胶前，应对胶黏剂进行调制，需要在胶黏剂中添加 10%的面粉作为填料，固化剂采用氯化铵，添加量（重量）为胶黏剂的 0.5%。涂胶时，应控制涂胶量在 150g/m^2（单面）。

（3）板坯陈放与配坯

涂胶后的单板应进行陈放处理，其时间为 10～15min；配坯工艺采用交叉配置，相邻层单板纤维方向相互垂直，其配坯结构为表板（纵）+芯板（横）+中板（纵）+芯板（横）+背板（纵）。对于需要拼板的中板和芯板，在配坯摆板时应注意相邻单板条间应尽量对接严密，避免出现叠、离。

（4）胶合弯曲

将经过陈放的板坯送入弯曲热压机的弯曲模具中进行热压，压力为 1.0Mpa，温度为 110℃，时间为 12min，保压时间为 15min。

（5）部件陈放

将从热压机上卸下的工件整齐码放在托盘上送入陈放室，陈放工件的空间湿度应保持在 60%，温度为 50℃，时间为 4～10d。

（6）部件加工

利用圆锯机、砂光机、钻孔等对弯曲零件进行深加工。

4 作业评比

采用多元评价体系，即教师评价学生，学生自我评价和相互评价。实训考核充分发挥学生自我评价和相互评价的作用，让学生在评价过程中实现自主学习。根据学生加工操作的熟练程度和加工部件的准确性进行考核评分，考核标准见表 12-3。

表 12-3　薄板胶合弯曲加工考核标准（满分 100 分）

考核项目	考核标准	考核方式	分值
备料	所选单板符合材质标准	选料实物考核	15
裁切	裁切的单板符合规格要求	选料实物考核	10
涂胶与配坯	了解薄板胶合所用胶黏剂性能，能正确进行配坯操作	弯曲现场操作过程考核	20
弯曲操作	能确定薄板胶合弯曲热压工艺参数，能进行弯曲热压操作	弯曲工件成果考核	30
实训报告	报告书写规范，内容详实、准确	按照实训报告	10
实训出勤与纪律	迟到、早退扣 2 分，旷课不得分	考勤	10
答辩	回答内容准确、表达清晰、语言简练	口试	5
合　计			100

■ **成果展示**

成果展示主要包括选出的合格单板、热压弯曲制作的工件。

■ **总结评价**

薄板弯曲具有很大的实用价值，本任务重点是进行薄板胶合弯曲的生产操作，难点是对薄板胶合弯曲原理的理解。学习者应在掌握木材材质标准的基础上，正确选用单板，同时还要准确掌握弯曲热压工艺的技术参数，严格按照工艺要求进行操作，确保薄板胶合弯曲零件加工质量。

■ 拓展提高

进一步学习多种树种、多种不同厚度单板、不同形状零件的胶合弯曲加工实践技术。

■ 巩固训练

进行单板选料的反复训练、弯曲热压空机的操作训练。

 ## 任务 13　开槽胶合弯曲和折板成型加工

 ## 学习目标

1. 知识目标

（1）了解开槽胶合弯曲加工工艺；
（2）了解折板成型加工工艺；
（3）了解贴面人造板国家标准。

2. 能力目标

（1）能正确选用纵向开槽胶合弯曲加工的实木毛料；
（2）能合理选用横向开槽胶合弯曲和折板成型加工所用的贴面人造板；
（3）能进行开槽胶合弯曲和折板成型加工生产操作。

3. 素质目标

（1）具备团队协作与沟通交流的能力；
（2）具备分析问题和解决问题的能力。
（3）具备自学、自我约束能力和敬业精神。

- -
工作任务
- -

1. 任务介绍

根据设计部门提供的家具零件设计图样确定开槽胶合弯曲和折板成型加工的生产工艺，进行材料准备、锯切开槽、弯曲成型加工等操作。

2. 任务分析

本任务分为三方面内容，第一是实木方材的纵向开槽弯曲加工，是对规格为 850mm×40mm×40mm 的水曲柳桌腿方材毛料一端进行 90° 弯曲加工，即先利用立铣加装多锯片对桌腿一端进行开槽加工，然后采用专用弯曲夹具进行弯曲操作；第二是贴面刨花板的横向开槽胶合弯曲加工；第三是贴面刨花板的开槽折板成型板加工操作。横向开槽胶合弯曲和折板成型所用材料均为贴面刨花板，其弯曲工件的规格为长×宽×厚=700mm（折弯处 300mm）×100mm×16mm。加工时，利用锯或专用设备进行开槽，然后涂胶进行弯曲操作，从而制作出需要的家具零部件。

3．任务要求

（1）本任务是在真实生产情境下的现场教学，学习者要分成4~5人一个小组，以团队合作的方式完成。

（2）操作者应牢记树立安全第一的思想，严格执行安全技术操作规程。

（3）要求每一组在任务完成后，根据实训结果每位学生写出一份系统的实训报告，内容包括薄板准备、涂胶与配坯、弯曲加压成型操作和成型板坯加工等内容。

4．材料及设备、工装

主要材料：实木方材、贴面人造板、乳白胶或拼板胶。

主要设备：立铣、圆锯机、折叠机。

工装：专用弯曲夹具。

知识准备

1　开槽胶合弯曲

开槽胶合弯曲成型工艺是在毛料的纵向或横向的一端锯出数条锯口，经加压弯曲制成弯曲部件的过程。开槽胶合弯曲成型的方法，有纵向开槽胶合弯曲法和横向开槽胶合弯曲法两种。

1）纵向开槽胶合弯曲

在毛料的一端顺木纤维方向锯出一排锯口，然后再加压弯曲的方法，称为纵向开槽胶合弯曲成型，其生产工艺过程如图 13-1 所示，这种成型主要用来制造桌腿和椅腿。

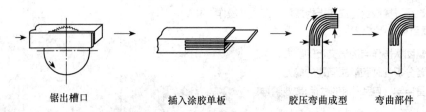

锯出槽口　　　　插入涂胶单板　　　　胶压弯曲成型　　　弯曲部件

图 13-1　方材纵向锯口弯曲成型工艺过程

方材的纵向锯口是在装有一组锯片的立式铣床上加工的。在方材的一端锯出若干个间距相等的锯口，每个锯口插入一层涂过胶的单板，然后在弯曲设备上弯曲胶合。锯口数目（即插入单板数）和锯口间隙（比插入单板厚度大 0.1~0.2mm），应根据不同树种和弯曲半径来确定，见表 13-1。

表 13-1　不同树种和弯曲半径下的锯口-弯曲薄板厚度　　　　　　　　　　mm

树种	弯曲半径	10	20	30	40
	内外层次	\multicolumn{4}{c}{锯口-弯曲薄板厚度}			
松木	外层单板厚度	1.5	1.5	1.5	1.5
	内层单板厚度	1.5	2.0	2.5	3.5
柞木	外层单板厚度	—	1.5	1.5	1.5
	内层单板厚度	—	1.5	2.0	2.5

如果锯口很小（0.45～0.50mm），锯口内就不用再插入薄板，可直接在锯口涂胶。

图 13-2 所示为纵向锯口弯曲装置。弯曲前用夹具 3 把方材 1 端部连同金属夹板 5 一起夹紧再调整压辊 6，使方材紧贴模具 8，扳动手柄 7 使方材锯口部分绕模具弯曲成 90°（或接近 90°），用夹具 3 固定，到胶层固化后卸下。同样也可用高频加热胶合方法来加速固化，缩短生产周期。

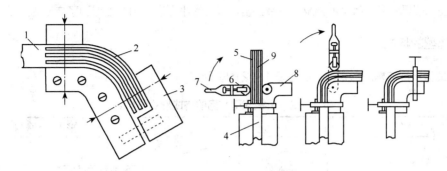

图 13-2　纵向锯口弯曲装置

2）横向开槽胶合弯曲

横向锯口弯曲法是在人造板内侧锯口弯曲成型的方法，常用于各种人造板制作曲率半径较小的部件。

一般来讲，锯口深度为板厚的 2/3～3/4。弯曲半径越小，锯口深度应越深。增加锯口数目和锯口宽度，可以使弯曲半径减小，但是锯口宽度增大，空隙增大，强度降低。横向锯口弯曲成型工艺过程如图 13-3 所示。

图 13-3　横向锯口弯曲成型工艺过程

锯口形状有长方形和楔形两种，楔形锯口弯曲后在部件内表面没有缝隙，如图 13-4（a）所示。为了增进美观，可在弯曲部件内部贴一层单板或薄木。弯曲顺序最好先从中间开始，向两侧逐渐弯曲。图 13-4（b）所示为覆面板（如细木工板）在弯曲部位锯出横向锯口，弯曲时装入相应尺寸和形状的填补木块。

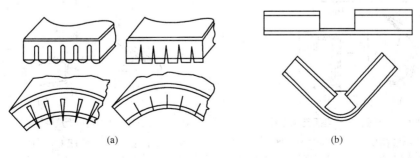

(a)　　　　　　　　　　　　　　(b)

图 13-4　横向锯口弯曲形式

2 折板成型

折板成型以贴面中密度纤维板、贴面多层胶合板、贴面刨花板等贴面人造板作为基材，在其内侧开出 V 形槽或 U 形槽，通过折叠胶合形成家具的构架，再安装上其他部件，就组成了产品。这种加工方式制成的家具，不仅结构和接合方式简便，也减少了加工工序，同时有利于机械化和半自动化生产的实现。因而在电视机木壳、音响木壳及一些装饰柜、茶几等小型家具制造上得到了广泛的应用。

1）折板成型的构成

折板成型产品的构成形式与特点见表 13-2 的说明。

表 13-2　折板成型产品的构成形式与特点

种　类	V 形槽折板成型	U 形槽折板成型
构成的部件或产品		
特　点	按部件和产品要求的尺寸在基材内侧相应部位开出 V 形槽，涂胶后折叠成四周为 90° 直角箱框形产品	按部件和产品的尺寸，在基材内侧相应部位开出 U 形槽，涂胶后在槽中放入弧形断面的木条，折叠成带有圆角的箱形产品

2）折板成型家具生产工艺

V 槽及 U 槽折板成型工艺流程分别如图 13-5、图 13-6 所示。

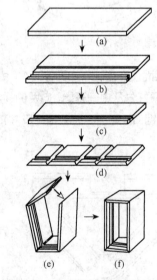

图 13-5　V 形槽折板成型工艺流程图
（a）贴 PVC 薄膜　（b）开纵向 V 形槽
（c）槽中涂胶、折叠封边　（d）开横向 V 形槽
（e）槽中涂胶、折板成型　（f）折板部件或产品

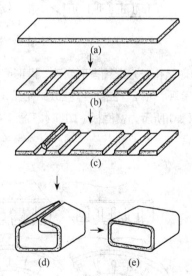

图 13-6　U 形槽折板成型工艺流程图
（a）贴 PVC 薄膜　（b）开 U 形槽　（c）槽中涂胶、置入木条
（d）折板成型　（e）折板部件或产品

折板成型产品的制造包括材料准备、开槽、涂胶、折叠、后加工和组装等项工作。

（1）折板成型的材料准备

基材贴面　基材采用多层胶合板、刨花板、中密度纤维板等材料，要求表面平整光洁，厚度尺寸偏差小。然后在其正面覆贴胶压上表面带有仿珍贵木材纹理和色泽、具有韧性与易于折叠成型的聚氯乙烯薄膜。

锯裁　将表面已覆贴上薄膜的材料，按折叠构成的产品尺寸及折叠封边所占用的材料量，确定出所需材料的总长度与宽度，用裁板锯裁成要求的规格，锯裁时应注意防止表面薄膜层的破损，以免影响产品的质量。

（2）开槽和涂胶

将材料已贴上 PVC 薄膜的面朝下，安放在∨形槽及 U 形槽切削机上，调整好加工位置，在材料的内侧面开槽。常用圆锯片或成型铣刀加工出∨形或 U 形槽。

∨形槽加工的方法有三种：用成型铣刀加工，用圆锯片加工，用端铣刀加工（图 13-7）。成型铣刀刃口形状与∨形槽尺寸相适应，有的成型铣刀是组合的可以调节，则可适应各种转角的加工。

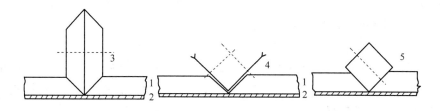

图 13-7　∨形槽加工工艺图

1. 基材　2. 装饰层　3. 成型铣刀　4. 圆锯片　5. 端铣刀

用圆锯片锯切∨形槽，要用两个倾斜 45° 的锯片加工。

端铣刀用来加工小型槽口，主轴作 45° 倾斜。通常∨形槽顶部呈 90° 角，折叠后成直角转角形状。

表 13-3 中列有横∨形槽、U 形槽切削机的技术参数。

表 13-3　横∨形槽、U 形槽切削机的技术参数

项　目	型　号	STV/U-2706	STV/U-2708	STV/U-2710	STV/U-2713
最大加工尺寸	长度（mm） 宽度（mm） 厚度（mm）	2700 600 25	2700 800 25	2700 1000 25	2700 1250 25
圆锯直径×轴径 (mm)		279.4×25.4			
进料速度 (m/min)		16			
圆锯（锯90°）		2P×1.5kW×6 台			
圆锯（侧面）		2P×1.5kW×2 台			
真空吸着		2P×3.7kW×1 台			
油压		4P×3.7kW×1 台			
机床外形尺寸 (mm)		2500×3100×1850			
重量 (kg)		4500			
生产厂家		台湾四德机械股份有限公司			

为使折叠正确和形状规正，加工时应保证槽的形状精度、槽与槽之间的尺寸精度。

切削时，应调整到刀具将基材厚度方向上的材料全部切去，刀尖正好与 PVC 薄膜接触但未切到，以使折叠顺利进行。切割不足会产生折叠困难，并在折叠时角部薄膜被拉伸变薄发白，影响表面质量；切割过深切削了贴面薄膜，也会形成折叠时薄膜发生错动，操作困难。

槽的加工精度与刀具的形状精度、尺寸精度、刀具的安装与调整、机床精度及刀具磨损等有关，应随时加以检查和控制。

在开出的槽中涂布胶黏剂，常采用的是热熔胶、合成橡胶系胶及各种接触型胶，便于折叠胶压后能迅速固化胶合成型。

（3）折叠

折叠分为折叠封边和折叠成型两部分。

采用 V 形槽，可以在需封边的部位纵向开出多个槽后，涂胶折叠，边部即被封好边，不需要另作封边处理，折叠封边的形式如图 13-8 所示。

折叠封边后的材料，再通过 V 形或 U 形切削机开出横向槽，槽中涂胶后，折叠胶合成部件或产品的构架。

（4）后加工及组装

根据结构和接合的需要，在已构成的箱框构架的相应部位加工出各种孔槽，以供安装其他零部件用，有时也可以在折叠之前加工出。最后安装上后壁板、搁板、柜门以及电器元件、音响元件等，组装构成完整的产品。

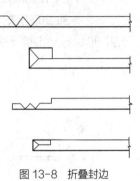

图 13-8　折叠封边

任务实施

---

1 备料

根据家具零件设计图样和开槽胶合弯曲零部件木材材质标准，以 4~5 人为一组进行备料。主要包括以下方面的操作：

（1）纵向开槽胶合弯曲的毛料选择

本任务所用毛料树种为水曲柳，净规格为 750mm×40mm×40mm。弯曲零件名称为桌腿，木材含水率为 8%~12%。选料时，应根据薄板胶合弯曲用实木单板的材质标准进行选材，应没有下列缺陷：腐朽、裂纹、虫孔、节子（只允许有很小的活节）、夹皮、矿物线。端部弯曲部位纹理斜度不大于 10°。

（2）横向开槽胶合弯曲和折板成型的人造板选择

贴面人造板选用 16mm 厚度的优质贴面刨花板，其产品标准按 GB/T 4897.1—2003 执行。弯曲工件的规格为长×宽×厚=700mm（弯曲部位为距离一端 300mm）×100mm×16mm。

2 选定设备与工装并确定加工工艺

设备与工装：纵向开槽胶合弯曲加工设备采用单立铣，工装采用弯曲专用夹具；横向开槽胶合弯曲加工设备采用立铣或圆锯机；折板成型加工设备采用单立铣或专用开槽设备。

开槽胶合弯曲工艺流程（纵向）：开槽→涂胶→插入木片→弯曲并固化定型。

开槽胶合弯曲工艺流程（横向）：开料→划线→开槽→涂胶→弯曲并固化定型。

折板成型工艺流程：开料→划线→开槽→涂胶→折叠并固化成型。

3 加工操作

（1）纵向开槽胶合弯曲

① 开槽：按图 13-1 所示，用圆锯机对毛料的划线部位进行开槽加工，槽长为 100mm，槽宽为 1.5mm，槽间壁厚度为 3mm。

② 槽口涂胶：用专用涂胶工具以手工的方式对槽口进行涂胶，胶黏剂为乳白胶。

③ 弯曲成型：利用专用夹具以手部的力量将开槽工件弯曲到需要的角度，利用夹具对弯曲板件进行固定，待 2h 胶层固化后即可将夹具取下。

（2）横向开槽胶合弯曲

① 开料：利用开料锯将贴面刨花板裁成需要的规格。其操作方法如下：

根据工件尺寸调整靠尺位置，然后锁紧固定；

调整主、副锯片的伸出量，其中副锯片伸出量为 2～3mm，主锯片伸出高度一般比工件厚度大 20～30mm；

调整推台锯，使主、副锯片在同一个加工平面内，保证切口平齐；

找一块与工件相同尺寸的贴面刨花板废料进行试验加工，先加工 1～2 块料，检量尺寸，如不符合加工精度要求，需反复调整设备，直到加工出合格产品后方可进行正式生产。

② 划线：对需要弯曲部位划线，确定开槽的范围，弯曲范围的长度尺寸 L 按下列公式进行计算：$L=1.57R$，其中 R 为弯曲的曲率半径。在本任务中，曲率半径定为 100mm，因此开槽长度 L 为 $1.57\times100mm=157mm$，综合确定其最小曲率半径为 160mm。

③ 开槽：按图 13-3 所示，用圆锯机对开槽人造板的划线部位进行开槽加工，开槽范围不得小于 160mm，槽口宽度为 2mm，槽的深度为人造板厚度的 3/4，即 $18mm\times3/4\approx13mm$。

④ 槽口涂胶：用专用涂胶工具以手工的方式对槽口进行涂胶，胶黏剂采用乳白胶，涂胶量适当。

⑤ 弯曲成型：利用专用夹具以手部的力量将开槽工件弯曲到需要的角度，利用夹具对弯曲板件进行固定，待 2h 胶层固化后即可将夹具取下。

（3）折板成型

① 开料：其操作过程同（2）。

② 划线：对需要弯曲部位划线。

③ 开槽：按图 13-7 所示，用专用双圆锯开槽机对人造板的划线部位进行开槽加工，切削时，应调整到刀具将基材厚度方向上的材料全部切去，刀尖正好与 PVC 薄膜接触但未切到，以使折叠顺利进行。开槽的槽形为 V 形，呈 90° 角对称分配。

④ 槽口涂胶：用手工的方式对槽口进行涂胶，胶黏剂采用拼板胶，涂胶量适当。

⑤ 折叠成型：利用专用夹具以手部的力量将开槽工件折叠到需要的角度，利用夹具对弯曲板件进行固定，待 2h 后胶层固化即可将夹具取下。

（4）工件码放

将固化好的工件整齐码放在托盘上待用。

注意事项：

① 薄板胶合弯曲用的单板，其中板和芯板可用开孔修补方法进行修补，但补块应尽量与被修补单板所开孔洞大小正好对严。

② 对于折板弯曲，应掌握好弯曲速度，避免人造板表面装饰层的损坏。

4 作业评比

采用多元评价体系，即教师评价学生，学生自我评价和相互评价。实训考核充分发挥学生自我评价和相互评价的作用，让学生在评价过程中实现自主学习。根据学生加工操作的熟练程度和加工部件的准确性进行考核评分。

纵向开槽胶合弯曲加工考核标准见表 13-4。

表13-4 纵向开槽胶合弯曲加工考核标准（满分 100 分）

考核项目	考核标准	考核方式	分值
备料	所选实木方材符合材质标准	选料实物考核	15
开槽	所开槽口符合要求	开槽实物考核	10
涂胶	能正确进行涂胶并插入木片	弯曲现场操作过程考核	20
弯曲操作	能进行弯曲操作	弯曲工件成果考核	30
实训报告	报告书写规范，内容翔实、准确	按照实训报告	10
实训出勤与纪律	迟到、早退扣 2 分，旷课不得分	考勤	10
答辩	回答内容准确、表达清晰、语言简练	口试	5
合　计			100

横向开槽胶合弯曲加工考核标准见表 13-5。

表13-5 横向开槽胶合弯曲加工考核标准（满分 100 分）

考核项目	考核标准	考核方式	分值
开槽槽口设计	会计算开槽范围的尺寸	口头考核	
开槽操作	所开槽口符合要求	开槽实物考核	10
涂胶	能正确进行涂胶	涂胶现场操作过程考核	20
弯曲操作	能熟练利用横向开槽胶合弯曲专用夹具进行弯曲操作	弯曲工件成果考核	30
实训报告	报告书写规范，内容翔实、准确	按照实训报告	10
实训出勤与纪律	迟到、早退扣 2 分，旷课不得分	考勤	10
答辩	回答内容准确、表达清晰、语言简练	口试	5
合　计			100

折板成型加工考核标准见表 13-6。

表13-6 折板成型加工考核标准（满分 100 分）

考核项目	考核标准	考核方式	分值
开槽槽口设计	会设计开槽口	口头考核	
开槽操作	所开槽口符合要求	开槽实物考核	10
涂胶	能正确进行涂胶	涂胶现场操作过程考核	20
弯曲操作	能熟练进行折板成型操作	折叠成型工件成果考核	30
实训报告	报告书写规范，内容翔实、准确	按照实训报告	10
实训出勤与纪律	迟到、早退扣 2 分，旷课不得分	考勤	10
答辩	回答内容准确、表达清晰、语言简练	口试	5
合　计			100

■ **成果展示**

　　成果展示主要包括开槽胶合弯曲和折板成型制作的部件。

■ **总结评价**

　　开槽胶合弯曲和折板成型具有很大的实用价值，本部分内容重点是进行开槽胶合弯曲和折板成型的生产操作，难点是合理确定开槽的宽窄和深度。学生应加强实践，并向有经验的人学习。

■ **拓展提高**

　　就开槽胶合弯曲而言，可进一步学习多种树种、多种不同厚度板材的弯曲操作技术，以及不同形状零件的开槽胶合弯曲加工；而折板弯曲胶合需要研究不同人造板材弯曲的不同特点。

项目 5
木制品装配

任务 14　实木门的装配

学习目标

1．知识目标

（1）了解常用木制品装配的方法及传统装配和机械装配的选定原则；

（2）掌握木制品机械装配过程与装配工艺要求。

2．能力目标

（1）掌握常见木制品装配机械的操作方法；

（2）能够制定实木门的装配工艺；

（3）能够操作机械设备进行木制品装配。

3．素质目标

（1）具备团队合作协作能力；

（2）具备获取信息、解决问题的策略等方法能力；

（3）具备自学、自我约束能力和敬业精神。

工作任务

以某知名品牌实木门为例，零部件已经加工完成，并经检验合格，本任务完成其装配过程。

知识准备

1　木制品装配的方式

1）木制品装配的概念

一般木制品都是由若干个零件或部件接合而成的。按照设计图纸和技术条件的规定，使用手工工具或机械设备将零件接合成为部件，或将零件、部件接合成完整产品的过程，称为装配。前者称为部件装配，后者称为总装配。

根据木制品结构的不同，其涂饰与装配的先后顺序有以下两种：固定式（非拆装式），木制品一般先装配后涂饰；拆装式，木制品一般先涂饰后装配。

装配工作的重要性在于它对木制品质量的主要指标如强度、可靠性和耐久性等具有决定性的影响。

2）木制品装配的方式

由于木制品生产企业的生产规模不一，产品结构、技术水平、生产工艺以及劳动组织等各有不同，所以木制品装配方式也不相同，一般有固定式、移动式和自装式三种。

在小型企业单件生产家具、制造家具样品或小批量的生产中，装配过程通常自始至终都是固定在同一个工作位置上由一个或者几个熟练工人完成全部操作，直到装配结束为止，工作对象（包括所有连接件、配件等）也都放在同一个工作位置上。

在大中型企业工业化批量生产中，装配过程多是按流水线移动的方式进行的，工作对象顺序地通过一系列的工作位置，装配工人只需要熟练地掌握本工序的操作即可，因此装配时间大为缩短，装配效率提高。在这种情况下，产品的结构设计要有充分的工艺方面的依据，要看其装配过程是否可以分化为一系列独立的工序，如次才便于实现装配与装饰过程的机械化和连续化。

目前，在一些批量生产的先进企业中，都在组织 KD（knock-down）拆装式家具和 RTA（ready-to-assemble）待装家具的生产，由工厂生产出可互换的或带有连接件的零部件，直接包装销售给用户，用户按装配说明书自行装配。这种方式不仅可以使生产厂家省掉在工厂内的装配工作，而且还可以节约生产面积、降低加工成本和运输费用，提高劳动和运输效率。

另外，木制品又分手工装配和机械装配两种方法。手工装配生产效率低、劳动强度大，但能适应各种复杂结构的产品；机械装配生产效率高、质量好、劳动强度低。目前我国木制品生产中机械装配水平很低，有的也只局限于部件组装中，手工装配仍是普遍存在的一种方法。

2 木制品装配的工艺要求

要实现拆装木制品快速准确的装配，必须采取一系列提高生产水平的工艺技术措施：

首先必须在生产中实行标准化和公差与配合制，并组织可靠的限规作业，这样才能保证所生产的零部件具有互换性。

其次应尽可能地简化制品结构，采用五金连接件接合，保证用户不需要专门的工具和设备以及复杂的操作技术就可装配好成品而不影响其质量。

第三，应控制木材含水率和提高加工精度，实行零部件的定型生产并保证零部件的质量和规格有足够的稳定性。在实现上述措施之后，工厂就可以将成套的零部件直接供应给销售单位或使用者，出厂之前只需从每批中抽样进行一些检验性的装配，而无需进行总装配。

3 木制品装配的准备工作

木制品在进行装配前，应做好以下准备工作：

① 看懂产品的结构装配图，弄清产品的全部结构、所有部件的形状和相互间关系以及有关技术要求，以便确定产品的装配工艺过程。

② 逐一检查核对所有零件数量，对不符合质量要求的需挑出进行修整或更换。批量较大的新产品，应事先装配一个实样，以便及时发现零件加工误差和设计上的问题，从而及时采取技术措施予以解决。

③ 做好零部件的选配。同一制品上相对称的零部件要求木材树种、纹理、颜色应一致或近似，应按图纸规定分出表面材料和隐蔽材料。

④ 检查木料表面是否还留有各种痕迹与污迹，应清除干净。

⑤ 所有榫头宜用机械倒棱，以保证装配时能顺利打入榫眼内。同时要检查所有榫头长度与榫眼深度是否适宜。以免榫端过长顶住榫眼底部，使接合处不严。

⑥ 调好胶料备用。榫接合常备用乳白胶（PVAc）辅助接合。

⑦ 准备好夹具，如采用机械装配，应检查各转动部分有无障碍，压力是否适宜；如采用手工装配，应检查装配使用的工具是否牢固，以保证安全。

⑧ 按材料预算的数量和规格准备好所用的辅助材料如圆钉、木螺钉、铰链、拉手、插销等各种连接件和配件。

为使装配后的成品符合图纸规定的尺寸和质量标准，在进行装配时应做到以下几点：

① 涂胶时应将胶液涂在榫孔内（必须榫头和榫眼两面同时涂胶），当榫头插入榫孔后，胶液便挤满在榫头周围。涂胶要均匀，过少，接合不严，易发生脱榫、开裂或变形；过多，榫孔底和榫头端部之间的孔隙充满胶液，挤到端部，也会降低产品的使用寿命。

② 装配过程中，胶液沾在零件表面或接合部留有被挤出来的多余胶液时，应及时用温湿布清除干净，以免在涂饰时涂不上色而影响涂饰质量。

③ 榫头与榫眼接合时，要轻轻敲入或压入；不可一次压到底，以免零件劈裂。

④ 手工装配时，斧头不要直接敲打在零部件上，应垫一块硬木板，免得工件表面留有锤痕和因受力集中而损坏。装配时要注意整个框架是否平行，如有倾斜、歪曲现象应及时校正。

⑤ 装配拧木螺钉时，只允许用锤敲入木螺钉长度的 1/3，其余部分要用螺钉刀或电钻拧入，不可用锤敲到底，钉头要与板面平齐，不得歪斜。

⑥ 框架等部件装配后，应按图样要求进行检查，如发现窜角、翘曲和接合不严等缺陷应及时校正。若对角线误差很大，可将长角用锤敲或用压力校正，装配好待胶干后，再根据设计要求进行精光、倒棱、圆角等修整加工。

⑦ 配件与装饰件应根据设计要求，做到匀称美观、牢固可靠和保证不损坏表面。

⑧ 门窗、抽屉等活动部位应符合有关技术要求，保证开关抽拉灵活，离缝适当。

⑨ 外观要求方圆分明、平整光洁、棱角清晰，手感光滑顺畅，无缺陷。产品底部着地应平稳。

⑩ 木家具装配质量应达到 GB/T 3324《木家具通用技术条件》等国家标准的要求，以及有关产品专业标准或地方（企业）标准的技术要求。

4 传统装配

所谓手工装配，指主要靠手工工具来完成的装配方式。但在手工装配过程中，也不排除用少量的锯、刨、钻、磨等机器加工，因为有些部件的机器加工在装配过程中进行比较有利。

将已经经过修整的零、部件组装成整体，其总装过程的组成取决于家具的类型与结构，一般划分为以下四个阶段：

① 形成家具的主骨架；

② 安装固定的零部件于主骨架；

③ 安装导向装置或用铰链连接的活动部件；

④ 装上所有次要的或装饰性的零部件。

5　机械装配

从当前木制品结构的特征来看，拆装木制品主要是采用金属连接件接合，而成装式木制品仍以各种榫接合为主。榫接合用胶总是将胶料涂在两个被胶合表面也就是榫头与榫眼表面上，榫接合表面不是靠彼此互相叠合而是靠压入而连接的，因此，在压榫时将会有很大一部分胶液从表面上压入榫端或榫眼的边缘，如果只是一面涂胶，要达到很好的胶合强度就会显得胶层不够。

如果被装配部件除榫接合以外还应有螺钉、金属连接件之类作为辅助接合，这些连接件只能当被装配件定位夹紧之后才装上它们。如果装配时没有榫接合，甚至也不用胶而只是利用连接件接合，那么要先将零件之间的相互位置固定准确，然后才能拧紧螺钉，将连接件装好。

要使装配工作精确地完成而且生产效率又高，其基本条件是零件在机床上加工应达到必需的精度，而且零件要具有互换性。没有这个前提，装配时预先不经手工修整是不可能的。而这种手工修整零件的劳动消耗往往还会超过部件装配过程本身的劳动量，这与现代化生产条件是不相适应的。对于大量生产相同零部件且技术水平较低的企业，可以采用分选装配法。分选装配法的实质是将制造精度低且不符合互换性的零件，预先按尺寸分组，使每组零件的尺寸差异都处于互换性条件允许的范围内，符合各组要求的送去装配，不合格的挑出来修整，然后再继续分组装配。这样就能保证在零件制造精度低的条件下得到较高接合精度，保证产品有较高的质量，并且能节约材料。

对木制品生产批量大或已定型的产品，应采用机械化装配。木制品部件装配机械化是用各种机械对相接合的零部件施以力的作用来实现的，装配机械主要由加压装置、定位装置、定基准装置和加热装置等部分组成，其中加压装置和定位装置是最重要的部分。

加压装置的作用是对零部件施加足够的压力，在零部件之间取得正确的相对位置之后，使其紧密牢固地接合。加压装置的结构决定于被装配对象的结构，一般施加压力有单向（朝着一个方向压紧）、双向（朝着两个相垂直的方向压紧）、多向（沿对角线方向压紧）等多种方向。图 14-1 所示为几种基本类型的木框在机械装配时所应采用的加压装置或加压方向。压紧机构按结构不同有螺旋、杠杆、偏心轮、凸轮、气压和液压等形式，如图 14-2 所示。螺杆（丝杆）机构装配机的生产率低、体力消耗大；杠杆机构装配机的生产率也不高；偏心机构装配机是由电动机通过减速器带动的，有较高的生产能力，并能有

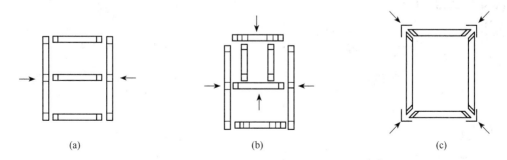

（a）　　　　　　　　　　（b）　　　　　　　　　　（c）

图 14-1　木框的基本类型及装配加压方向

（a）单向加压　　（b）双向加压　　（c）多向加压

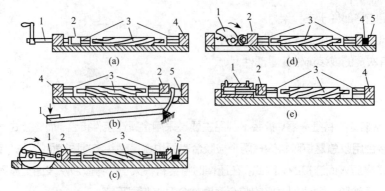

图 14-2　各种机构的装配机原理图

（a）螺杆机构　（b）杠杆机构　（c）偏心机构　（d）凸轮机构　（e）气压传动

1. 传动机构　2. 可移动方材　3. 装配件　4. 挡块　5. 缓冲装置

节奏地进行装配工作，其缺点是在工作节拍中用于安放工件的时间太短；凸轮机构则可按装配操作的规律，在转动一次内，合理地分配安放工件和压紧部件的时间，这种装配机在椅子生产中应用较多；气压或液压传动装配机在木制品装配中应用最广，有连续式和周期式两种，前者用于辅助操作（涂胶、安放工件等）需时很少的情况下，后者用于结构较复杂的部件或制品的装配。

定位装置用于保证在装配前确定好零件之间的相互位置。定位机构一般采用挡板（块）或导规。又有外定位和内定位之分，如装配件最终尺寸精度要求在内部时，则采用内定位，反之则采用外定位。图 14-3 和图 14-4 所示分别为用于装配大型木框的卧式和立式木框气压装配机。

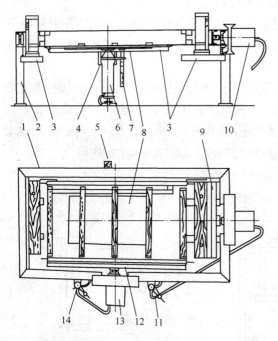

图 14-3　卧式木框气压装配机

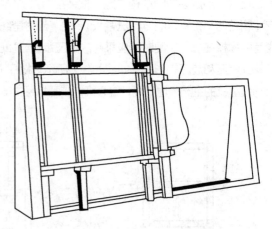

图 14-4　立式木框气压装配机

1. 机框　2. 机架　3. 支座　4. 活塞杆　5. 汽缸阀门踏板
6. 直立汽缸　7. 导向杆　8. 升降台　9、12. 可动压板
10、13. 汽缸　11、14. 三通阀

部件装配时，为使零件之间接合严密，必须施加足够的力，这种力的大小取决于接合的尺寸、接合的特征以及材料的性质。它对于榫接合质量的影响非常明显。实现榫接合所需的力包括两部分：使榫头与榫眼接合的力，和使榫肩与相接合零件紧密接触的力。因此就一个榫头来说，装配时所需的力为

$$P=P_1+P_2$$

式中：P_1——装榫头时为克服阻力和过盈而引起变形的力；

　　　P_2——压紧榫肩使之与相接合零件紧密接触所需的力。

$$P_1=qFf$$

式中：q——榫头上所受的法向压力（MPa），因材性和过盈值而不同（表 14-1）；

　　　f——摩擦因数（表 14-1）；

　　　F——法向压力作用的面积。

表 14-1　榫头侧表面的法向压力和摩擦因数

木材树种	榫头侧面上的法向压力 q（MPa）		摩擦因数 f	
	不带胶装配	带胶装配	不带胶装配	带胶装配
松木	4.0～4.5	1.3～1.6		
山毛榉、桦木	5.0～5.5	1.5～1.8	0.3～0.4	0.1～0.2
柞木、水曲柳	5.5～6.2	1.7～2.2		

对于平榫，$F=2bl$（其中 b 为榫宽，l 为榫长）；对于圆榫，$F=\pi dl$（其中 d 为圆榫直径，l 为插入榫长）。

$$P_2=|\sigma_1|F_2$$

式中：$|\sigma_1|$——木材横纹压缩极限强度；

　　　F_2——榫肩面积，即零件断面积与榫头断面积之差，其计算公式为

$$F_2=(B-b)(H-h)$$

式中：B——零件宽；

　　　b——榫宽；

　　　H——零件厚；

　　　h——榫厚。

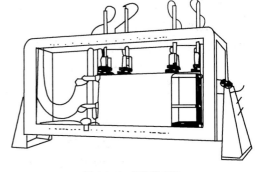

图 14-5　框类装配机

在大量生产柜类木家具的情况下，为实现机械化装配，应当使用通用性的柜类制品的装配机，图 14-5 所示的装配机就属于此类。这种装配机的台架上装有可调节的横梁、气缸、挡块和安装在制品装配工作所必须的位置上的定位器，整个台架是可以转动的，这样就可以将被装压的制品调到任何方便的位置，以便进行钻孔、安装搁板及其他活动零部件的工作。与气缸相连的压紧方材的支承表面及固定挡块的表面上，都包贴有软质材料，以防在被装配部件的抛光表面上留下压痕。

在木制品生产中，采用各种榫接合装配的部件还占有很大的比重。榫接合装配时用胶的部件，在进一步加工之前应当陈放，以便胶液固化，否则就有可能使部件的强度受到损害或发生变形，陈放的时间取决于胶种、温度条件、部件结构以及后续加工的情况。由榫接合装配起来的部件，如果使用皮胶、干酪素胶和树脂胶而不预先加热的话，陈放时间应不少于 24h，若部件中有部分零件是无榫胶合的，那么陈放时间应当延长到 48h。

装配时如果使用树脂胶，必须的陈放时间就会显著缩短，榫接合处的胶层要比平整零件的胶合加热更难些，被装配的部件可以在有热空气的室内陈放，如果陈放处的空气温度为 65～70℃，那么榫接合

用干酪素胶或树脂胶的家具部件经过 30~45min 的陈放之后就可以进行机械加工。部件带胶装配时，常采用加速胶合的措施，以加速其接合处的胶层固化，其中最有效的是高频介质加热法。采用此法时，电极配置方式常采用杂散场配置加热，如图 14-6 所示，高频加热组框机如图 14-7 所示。

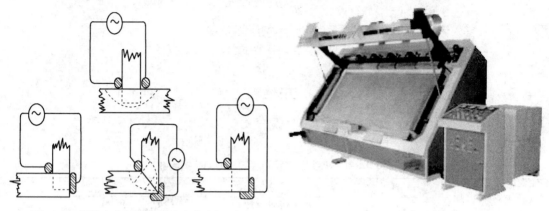

图 14-6　榫接合或胶接合时高频加热电极配置　　　　图 14-7　高频加热组框机

近年来，在木制品的装配过程中，热溶胶得到了广泛的应用，尽管成本较高，但它能胶合多种材料（木材、塑料、金属等），耐水、耐溶剂，能在短时间内达到牢固的胶合，所以具有发展前途。装配操作时，要求被胶合表面保持清洁，装配操作迅速。

先将热溶胶放在特制容器内加热到 150~200℃，涂到一个被胶合表面上，待胶刚要冷却时，将第二个被胶合表面靠上去并且加压，在加压过程中，胶层固化时间约为 15~25s，加压后再经过几秒钟就可达到牢固的接合。

任务实施

在装配过程中，装配人员要熟悉每个零件在实木门中的部位、作用以及质量要求等，以便按要求合理装配。还应了解实木门装配工艺过程和工艺要求，熟悉实木门机械装配过程及技术要求。

1　实木门的结构

本款门扇是最典型的一种欧式实木门扇，门面图案相对简洁一些。通过图 14-8 所示的门扇分解图可以看出，该门扇由两个立边、两块门芯板、两个码头、一个中梃、16 根压线（双面）组成。

2　门扇的连接方式

实木门扇的连接组合方法有两种，一种是采用传统的榫卯结构，另一种是采用圆棒榫连接，如图 14-9 所示。在两种连接方式中，榫卯连接的优点是门扇零件之间连接

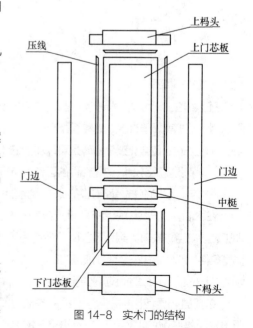

图 14-8　实木门的结构

强度大，所以坚固耐用，缺点是浪费材料和工时；圆棒榫连接制作容易，节省材料，但这种连接如果木材含水率掌握不好，会造成门扇零件之间的开胶拔缝，耐用性较差。在本例中，采用的是传统榫卯连接。

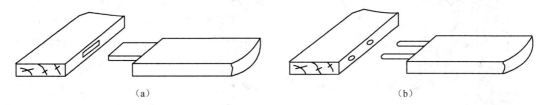

图 14-9　门边与枞头的连接方式

（a）榫卯连接　（b）圆棒榫连接

3　门扇装配图

门扇的纵向剖面如图 14-10 所示。

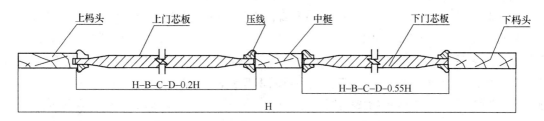

图 14-10　门扇纵向剖面图

4　实木门的装配工艺

实木门的装配是实木门生产的重要工序之一，装配工艺的合理性关系到能否达到实木门应有的功能及质量要求。实木门的装配需要根据各类木门的技术特性科学、合理地安排生产工艺流程，装配前必须做出周密的考虑和安排，根据工艺要求，确定装配基准，并遵照装配基准进行装配。同时为保证实木门的装配精度和高效率，选择适合的加工设备也非常重要。实木门装配工艺如图 14-11 所示。

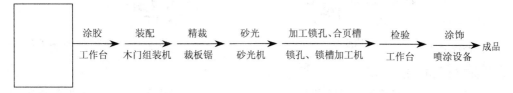

图 14-11　实木门装配工艺

5　主要设备及性能

（1）实木门组装机

图 14-12 所示的实木门组装机采用全新的操作方式，能在五分钟内完成一扇木门的组装，并保证每一条拼缝的完美接合，使每一扇木门门框的质量达到检验要求。该机全部采用改进的气动技术，特别适用于实木门生产企业的组装工作。

图 14-12　实木门组装机

（2）合页槽加工机

现代大型企业中应用的合页槽加工机大都是单机多功能，在设备控制器内集成了各种合页的形状，采用先进的数控技术，通过图形对话方式，修改合页尺寸参数就可以加工出所需要的规格，并且刀轴可进行整体倾斜，能够实现对特殊安装方式的铰链槽的加工。合页槽加工机如图 14-13 所示。

（3）数控木门综合加工机

为实现木门加工的机械化、现代化，降低木门装配的劳动强度，保证锁槽、锁孔的加工质量，新型数控木门加工机得到了应用和发展。传统的锁槽、锁孔加工方法是用两台以上镂铣机、钻孔机等设备，分若干道工序加工，操作烦琐、费时费力，并且加工精度不高。而目前应用的新型数控木门综合加工机采用数控技术，由高精度伺服电动机驱动，响应速度高，加工能力强，产品加工精度高。

图 14-14 所示为 MDK4120D 型数控木门综合加工机，主要用于木门门锁、合页等配套五金件安装槽和孔的加工，该机是我国木门加工设备制造企业自主研发的新产品，拥有自主知识产权。该机不仅可以加工锁槽和锁孔，同时也可以进行合页槽的加工，特别是对于闭门器的安装槽、上下防盗锁的通槽，该机都能满足加工要求，并且一次装夹完成门锁和门铰链安装位置的加工，劳动强度低，加工效率高；各运动轴由数字控制，能进行各类铰链槽和锁槽、锁孔的精确加工；自动测量门扇宽度和厚度，并自动修正门的制造公差，保证加工位置和尺寸符合要求；有感应对刀装置，方便快捷。

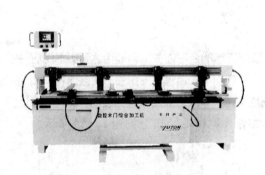

图 14-13　合页槽加工机

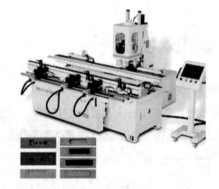

图 14-14　MDK4120D 型数控木门综合加工机

（4）数控木门生产线

带自动上卸料机构的 MDK4120K 型数控木门生产线，由上下料机升降台、上下料抓取机构、上下料输送机构和加工主机构成，如图 14-15 所示。该系统启动后，主机 PLC 向上料机发出上料指令，上料机的升降台将工件抬升到适当的高度，上料抓取机构利用真空吸附，将工件从升降台抓取并转放到上料输送辊上，上料辊感应到工件，立即启动履带，将工件输送到主机工作台。主机感应到工件到位，自动启动夹紧装置，按设定的程序加工。当主机加工结束后，系统向卸料机发出卸料指令，主机将工件传送到卸料机的输送辊上，卸料抓取机构利用真空吸附，将工件抓取转放到卸料机升降工作台上堆叠。

当上料机工件全部取走后，或当整个系统出现故障时，主机通过网络将信息及时送到管理员的手机上，提醒维护或上料。

图 14-15　数控木门生产线

■ 成果展示

实木门装配立面图和效果图如图 14-16 所示。

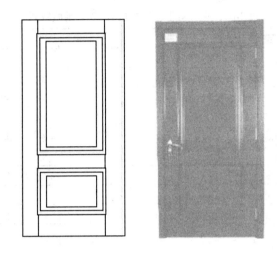

图 14-16　实木门装配立面图和效果图

■ 总结评价

实木门在安装过程中，重点是严格控制安装的严实程度、平整度和强度。

① 安装的严实程度指部件结构之间（门边和帽头之间、门边和中梃之间等）所留有的缝隙大小，规定结构缝隙不能超过 0.2mm。安装严实程度取决于部件加工精度、安装参数、施胶及陈化处理。

② 安装的平整度是安装的一个重要指标，控制重点有加工精度、安装的参数设定和安装后的陈化。正确的安装方法是在门扇和工作台面之间加上适当厚度的垫方，使门扇厚度方向的中心线和油缸的中心线在同一垂直面上，如图 14-17 所示。如果油缸的中心和门扇厚度方向的中心线不在一个平面内，如图 14-18 所示，这样门扇安装后会导致一边倾斜、上翘。

图 14-17　安装机工作示意图（正确方式）　　　　图 14-18　安装机工作示意图（错误方式）

③ 保证门扇的安装强度，重点是涂胶的质量和安装的质量。

■ 拓展提高

实木门安装完成后，允许偏差和外观质量应该符合相关的规定。

① 实木门允许偏差见表 14-2。

② 实木门的外观质量要求应符合表 14-3 的规定。

表 14-2　实木门允许偏差

项目	允许偏差	项目	允许偏差
门扇厚度	±0.5mm	门扇高度	±1.0mm
门扇宽度	±1.0mm	门扇部件连接处高低差	≤0.5mm
门扇垂直度和边缘直度	≤1.0mm/1m	门扇翘曲度	≤0.15%
门扇表面平整度	≤1.0mm/500mm		

表 14-3　实木门及实木复合门的外观质量要求

检验项目			门扇	门框
装饰性	视觉		材色和花纹美观	
	花纹一致性		花纹近似或基本一致	
材色不均、变褪色	色差		不明显	
死节、孔洞、夹皮、树脂道等	半活节、死节、孔洞、夹皮和树脂道、树胶道	每平方米板面上缺陷总个数	4	
	半活节	最大单个长径（mm）	10，小于 5 不计，脱落需填补	20，小于 5 不计，脱落需填补
	死节、虫眼、孔洞	最大单个长径（mm）	不允许	5，小于 3 不计，脱落需填补
	夹皮	最大单个长径（mm）	10，小于 5 不计	30，小于 10 不计
	树脂道、树胶道、髓斑	最大单个长径（mm）	10，小于 5 不计	30，小于 10 不计
腐朽			不允许	
裂缝	最大单个宽度（mm）		0.3，且需修补	
	最大单个长度（mm）		100	200
拼接离缝	最大单个宽度（mm）		0.3	0.3
	最大单个长度（mm）		200	300
叠层	最大单个宽度（mm）		不允许	0.5
鼓泡、分层			不允许	
凹陷、压痕、鼓包	最大单个面积（mm）		不允许	100
	每平方米板面上的个数			1
补条、补片	材色、花纹与板面的一致性		不易分辨	不明显
毛刺沟痕、刀痕、划痕			不明显	不明显
透砂	最大透砂宽度（mm）		3，仅允许在门边部位	8，仅允许在门边部位
其他缺损			不影响装饰效果	
加工波纹			不允许	
漆膜划痕*			不明显	
漆膜流挂*			不允许	

检验项目	门扇	门框
漆膜鼓泡[*]	不允许	
漏漆[*]	不明显	
污染（包括凹槽线型部分）	不允许	
针孔[*]	色漆，直径小于等于 0.3mm，且少于等于 8 个/门	
表面漆膜皱皮[*]	不能超过门扇或门框总面积的 0.2%	
漆膜粒子及凹槽线型部分[*]	手感光滑	
框扇线型结合部分	框扇线型分界线流畅、均匀、一致	
色差	不明显允许	一般允许
颗粒、麻点[*]	不允许	直径小于等于 1.0mm，且少于等于 8 个/框

注：1. 实木门不测叠层、鼓包、分层、拼接离缝。

2. 素板门不测油漆涂饰项目。

3. 表面为不透明涂饰时，只测与油漆有关的检验项目。打"*"号者为油漆涂饰项目。

■ 巩固训练

根据图 14-19 所示为欧式门扇立面图及分解图，分析其结构特点，选择合理连接方式，编制装配工艺。

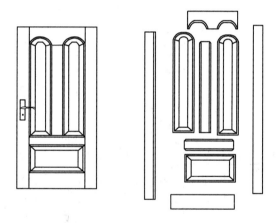

图 4-19 欧式门扇立面图及分解图

任务 15 木制椅子的装配

 学习目标

1. 知识目标

（1）了解木制品传统装配过程；

（2）掌握木制品传统装配工艺要求。

2. 能力目标

（1）能够制定实木椅的装配工艺；

（2）能够进行手工木质椅子的装配。

3. 素质目标

（1）具备团队合作协作能力；

（2）具备获取信息、解决问题的策略等方法能力；

（3）具备自学、自我约束能力和敬业精神。

工作任务

选择一款木制椅子，零部件已经加工完成，并经检验合格，本任务完成其装配过程。

知识准备

---

1 详细看懂图纸以掌握技术要求

椅座板为实木板胶结合，椅面与椅架为木螺钉吊面结合，后腿与侧裙板采用贯通单榫结合，其他部位均为不贯通单榫结合。椅子结构如图 15-1 所示。

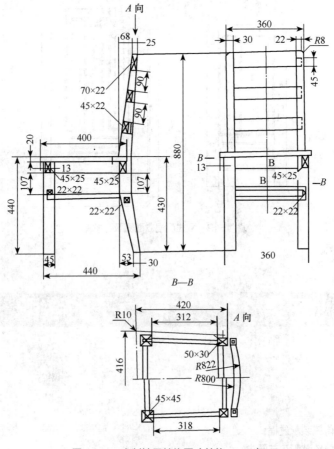

图 15-1　木制椅子结构图（单位：mm）

2 检查零部件的数量、质量和规格

检查木制椅子各零部件的数量、质量和规格，均应符合要求。

椅座板：前边宽 416（单位：mm，下同），后边宽 386；长 420，厚 20。

后腿：长 880，底脚断面 30×30，顶端 30×25。

前腿：420×45×45。

侧裙板：387×45×25，前裙板 360×45×25，后裙板 330×45×25。

腿前拉撑：360×25×22，后拉撑 330×25×22，侧拉撑 387×22×22。

冒头 340×70×22，靠背档 344×45×22，冒头与后背档的弯曲度：外边 R822，里边 R800。

后腿靠背档与冒头的孔距为 90；后腿拉撑的榫孔距底脚 245；后裙板与侧裙板的榫孔距底脚 365。

前腿拉撑榫孔距底脚 276；前裙板和侧裙板距椅腿顶部 15。

3 明确装配关系

木制椅子装配关系如下所示：

后片 { 后腿：2 根（配对）
靠背档：2 根
冒头：1 根
后裙板：1 根
后拉脚撑：1 跟

前片 { 前腿：2 根（配对）
前裙板：1 根
前拉脚撑：1 根

椅架 { 后片
前片
侧拉脚撑：2 根（配对）
侧裙板：2 根（配对）

椅子 { 椅架
座板

4 实木框式装配机

图 15-2 所示为专用于椅子的装配机。先在部件装配机图 15-2（a）上摆好零件，在接合处涂胶，然后压拢，形成部件，待胶固化后，将这种部件连同椅档等零件在总装配机图 15-2（b）上装成椅子，

这两台装配机都是采用气压压紧。

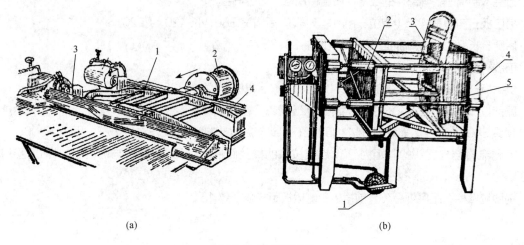

(a)　　　　　　　　　　　　　　　　　　(b)

图 15-2　椅子装配机

（a）椅子部件装配：1. 移动方材　2. 气缸　3. 挡块　4. 配件
（b）椅子总装配：1. 气门　2. 移动压板　3. 椅子　4. 机架　5. 曲形模

任务实施

（1）拢后片

如图 15-3 所示，将一对后腿平放工作台上，先把腿的榫孔和各榫头涂胶，然后把冒头、靠背档、裙板及拉脚撑逐一打入一条后腿，再倒过来，将各榫头相应打入另一后腿，也可借助丝杠或辅助工具装紧校正。

（2）拢前片

如图 15-4 所示，将左右一对前腿及前裙板、前拉脚撑的榫眼、榫头涂胶后，先打入一条后腿，再翻过来打入另一前腿。

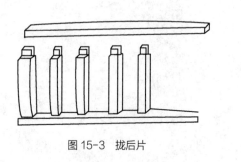

图 15-3　拢后片

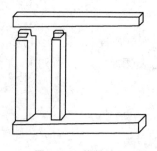

图 15-4　拢前片

（3）拢椅架

如图 15-5 所示，将前片榫孔涂胶后，再将侧裙板和侧拉脚撑的榫头涂胶后打入，然后再将后片榫孔涂胶后打入，有丝杠夹具的可用轧紧校正。

（4）吊座板

如图 15-6 所示，将刨光后的座板放在椅架上，划出嵌入后腿的缺口位置，然后将座板平放在工作台上，再将椅架反扣在座板上，用木螺钉吊接固定。然后用直尺检查四脚是否平稳。若不平，则应对长腿进行修正。

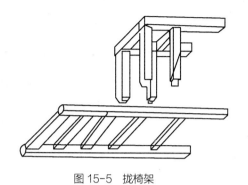

图 15-5　拢椅架

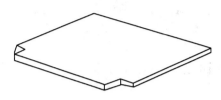

图 15-6　吊座板

■ 成果展示

木质椅子装配完成后最终效果如图 15-7 所示。

■ 总结评价

椅子的装配一般先分别装配前腿、后脚、靠背、椅帽，然后再进行总装。工序的前后要视椅子的结构而定。例如：有的靠背没有安装在座板上，那么就可以最后装配座板。若靠背安装在座面上，则先装座板，再装靠背，最后是椅帽。用于椅子装配的装配机，其原理比较简单，主要是采用气缸或油缸，对结合部位进行加压而使零部件达到紧密配合。

图 15-7　木质椅子装配效果

在装配过程中应该注意的是：对于用胶部件，一定要注意陈放或陈化，以便使胶液固化，否则，在进行总装时就有可能使零部件的接合强度受到损害或是发生变形。现在一般在家具生产中多采用 PVAc 胶，常温下应陈化 24h；在室内加热到 60～70℃，则陈化 60min 即可进入下一道工序。当然，若是采用高频电极对胶接部位加热，只需 10s 左右就可以使胶层固化。

■ 拓展提高

木质椅子装配完成后，经过耐久性、强度（椅面、椅背静载，椅腿向前静载，椅腿跌落，椅背冲击）、椅后倾稳定性测试后，仍必须满足以下条件：

① 相关零部件不应断裂或豁裂；

② 用手掀压牢固的连接部件时不应出现松动；

③ 零部件不应出现损坏或变形；

④ 木螺钉或五金连接件不应松动。

■ 巩固训练

根据图 15-8 所示椅子效果图，分析其结构特点，选择合理连接方式，编制装配工艺。

图 15-8　实木椅子

任务 16　木制桌子的装配

学习目标

1. 知识目标

（1）掌握木制品传统装配过程；

（2）掌握木制品传统装配工艺要求。

2. 能力目标

（1）能够制定实木桌子的装配工艺；

（2）能够进行手工木质桌子装配。

3. 素质目标

（1）具备团队合作协作能力；

（2）具备获取信息、解决问题的策略等方法能力；

（3）具备自学、自我约束能力和敬业精神。

工作任务

选择木质方桌（图 16-1），零部件已经加工完成，并经检验合格，完成其装配过程。

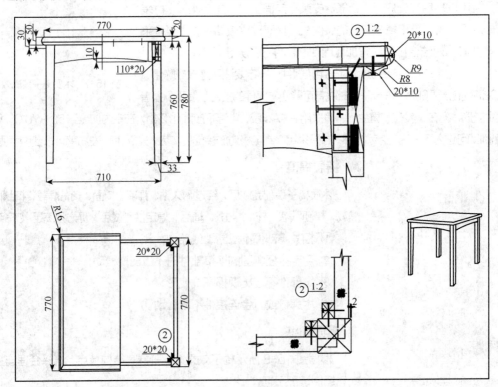

图 16-1　木质方桌结构图（单位：mm）

1 详细看懂图纸以掌握技术要求

在装配桌子时，装配工首先应详细看懂桌子的结构详图，明确装配的接合关系和规格尺寸，以及掌握对部件和线型的技术要求。例如方桌面板外形尺寸（包括四周包线和下面复线）为770×770×30（单位：mm，下同），需要为部件加工线型；腿及望板为榫、眼胶接合，再加塞角胶钉接合；望板应钻螺钉孔，以备木螺钉和面板联接。

技术要求：接合严密，线型匀称，面板平直光滑。

2 检查零部件的数量、质量和规格

方桌装配前，认真检查细木工板是否按照规格锯净750×750，腿料上端为50×50，下端为35×35，长度为760，望板榫肩两端距离为610，上下略有倾斜；榫和榫眼配合是否准确；螺钉沉孔是否钻好；上述零件的木材质量是否符合要求等。如发现零件规格和质量有问题，应在敲拢前及时解决。

3 明确装配关系

方桌零部件的装配关系如下所示：

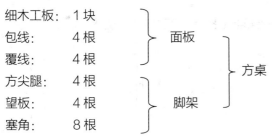

```
细木工板： 1 块 ┐
包线：    4 根 ├ 面板 ┐
覆线：    4 根 ┘      ├ 方桌
方尖腿：  4 根 ┐      │
望板：    4 根 ├ 脚架 ┘
塞角：    8 根 ┘
```

任务实施

（1）桌面板的装配（图16-2）

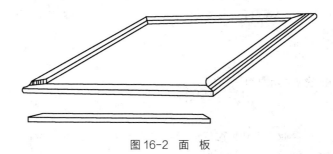

图16-2 面 板

包线　面板四周的包线夹角拼接，涂上胶水，圆钉沉头，胶钉接合后上下刨平。

覆线　面板下面缩进8mm钉上覆线，夹角拼接，并涂上胶水。

部件加工　面板胶钉接合矩形的包线、复线后，再上机器铣线型，砂平面。

理线　根据机器铣好的线型，再以手工锉圆角，整理光滑。

（2）脚架装配

单片　将配对的桌腿横放在工作台上，涂上胶水，将望板敲入，组成两个腿的单片（图16-3）。

脚架　将两副单片再敲入两根望板，组成完整的四腿脚架（图16-4）。

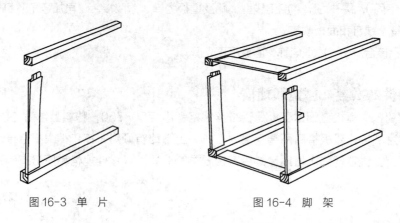

图16-3　单　片　　　　　　　　图16-4　脚　架

塞角　在四腿脚架上用胶钉装上塞角（图16-5）。也可安装面板后再加装塞角。

（3）总装配

将面板底朝上仰放在工作台上，用木螺钉联接脚架（望板），组成完整的方桌（图16-6）。

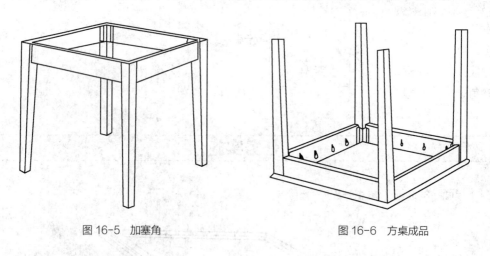

图16-5　加塞角　　　　　　　　图16-6　方桌成品

■ 成果展示

方桌装配完成后最终效果如图16-7所示。

■ 总结评价

在小型的木制品生产企业中，装配过程通常都在同一个工作位置上进行，全部操作由一个或几个工人完成，直到装配过程全部结束。工作对象（包括所用的连接件、配件等）也都放在同一个位置上。

图 16-7　方桌装配效果

在大型的现代化木制品生产企业中，装配工作多是按照流水线的方向进行的。工作对象顺序地通过各个工作位置，装配工人只需熟练地掌握某一道工序的操作，这样，装配时间就可大为缩短，在这种情况下，家具装配的顺序决不是随意确定的，而是在设计时就要作出周密的考虑与安排。

目前，我国木制品生产厂家由于产品结构、生产组织形式和生产工艺的不同，其装配形式、装配地点也各不相同。有的产品是先装配后涂饰，也有的是先涂饰后装配。其装配方法有手工装配、机械装配和半手工半机械装配三种。传统手工装配费工费时，劳动量大，产量低，但能适应各种复杂结构的木制品装配；机械装配省时省力，劳动强度低，产量高，效率好，但对木制品结构复杂程度的变化的适应性较差；半手工半机械装配则综合了上述两者的优点，对于各种制品都通用的某些部件采用机械装配，而其他工序采用手工装配，这种方式既能适应结构较复杂的制品，生产效率也较手工装配为高，装配质量和装配精度也好于手工装配。

■ 拓展提高

木制品在手工装配或者机械装配过程中应该满足以下几点工艺要求：

① 尽量使同一产品的零部件的材种、颜色、纹理等相同或相近；

② 尽量将零件有缺陷（如节子、虫眼、裂缝、色斑等）的面朝向制品的内部，表面尽可能无缺陷或少缺陷；

③ 对榫接合部位要涂胶均匀，接合后挤出的胶液应及时擦掉，以确保表面清洁；

④ 对于装配完毕的部件应及时检验，如发现不符合技术要求处应及时校正，以防胶液凝固后无法修整；

⑤ 对于制品的活动部件，如门、抽屉等要做到分缝适当；

⑥ 装配其他配件、五金件时，要牢固可靠、匀称美观，并确保不损坏制品表面。

■ 巩固训练

根据图 16-8 所示木制桌子的效果图，分析其结构特点，选择合理连接方式，编制装配工艺。

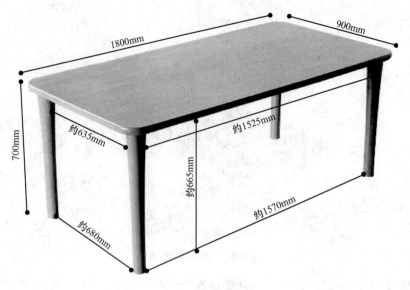

图 16-8　木质桌子

任务 17　板式柜类的装配

学习目标

1. 知识目标

（1）掌握木制品传统装配及机械装配过程与工艺要求；

（2）掌握部件装配、总装配及配件装配过程与工艺要求；

（3）掌握板式家具五金件的装配方法。

2. 能力目标

（1）能够制定实木柜类家具的装配工艺；

（2）能够制定板式家具的部件装配、总装配及配件装配工艺；

（3）能够装配实木柜类家具；

（4）能够装配板式家具。

3. 素质目标

（1）具备团队合作协作能力；

（2）具备获取信息、解决问题的策略等方法能力；

（3）具备自学、自我约束能力和敬业精神。

工作任务

（1）选择一款木制床头柜，零部件已经加工完成，并经检验合格，完成其装配过程；

（2）选择一款板式组合衣柜，零部件已经加工完成，并经检验合格，完成其装配过程。

知识准备

---

1 部件装配与修整加工

由于零件加工的误差、装配时加压不均匀以及结构上的原因（如整拼板端部截平，带榫眼方材端部截平、钻圆孔等），装配好的部件总是需要进行一些修整加工，然后才能进行总装配。

在小型企业，单件生产零部件加工基本上都是手工进行的，在批量生产的情况下，部件的修整加工都可以在机床上进行，无论从生产效率和加工精度方面来考虑，机械化修整加工都比手工方式要好些。

部件在机床上修整加工的原则和零件的机械加工一样，就是先加工出一个光洁的基准面，再精确地进行部件的修整加工。为此通常是将装配好的整拼板、木框先在平刨上刨平一个面，然后用它作基准，再在压刨上加工其相对面，这样就可以高精度地获得整拼板或木框的精确尺寸及一定的光洁程度。如果部件的两个面都在压刨上加工，则精度较低，但生产率会高些。木框在刨床上加工时必须沿其对角线方向进给，否则将会引起横档上的纤维撕裂或崩坏。

胶贴部件由于其贴面层很薄，所以不能在刨床上修整加工，而必须在带式砂光机上修整，如果贴面层的厚度在 1mm 以上，可以在辊筒砂光机上修整加工。

较低的箱体（抽屉）也可以像木框一样地在压刨上加工，但是壁薄而高的箱体易被压刨的进料辊压坏，因此必须在刨平一个面以后，再在带有细齿锯片的铣床上加工第二个面，以得到精确的高度尺寸，如图 17-1 所示。

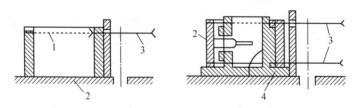

图 17-1　箱体在铣床上加工

1. 工作台　2. 箱框　3. 锯片　4. 夹具体

框或板件长度或宽度上的加工，可以在推台锯机或双边齐边锯机上进行，但预先需在平刨或铣床加工出一个基准边。如果木框或板件周边有复杂的线型，应在铣床上按样模或挡环来铣削；如果侧边要开槽簧，可使用双头开榫机。箱框长度或宽度上的榫端不平度，可以在平刨或砂光机上进行修整加工，也可在专用机床上一次对箱框上下口及箱角进行修整加工。

各种部件表面不平度的修整加工，主要是消除表面刨削加工误差和粗糙不平，可在砂光机或净光机上进行。部件如需钻孔、开槽、打眼等加工，除了通用机床外，也可在由动力头、可转动刀架、床身等通用构件组成的联合装置或专用机床上进行。

板式部件包括各种贴面板、多层板及实木拼板等，这类部件四周一般有的要加工直线型、曲线型，有的还需加工出孔眼。直线型的周边加工，一般在纵横园锯机（用刨削圆锯片）上加工或在带推车（移动工作台）的圆锯机上进行。曲线型的周边一般采用铣床加工。

部件上孔的加工方法基本与零件加工相同。如果孔较多，可采用精度和生产效率都较高的多轴钻或排钻加工。

已装配部件的精度取决于零件的制造精度以及装配时的定位状况和压紧力的大小。如果装配过程是正确进行的，那么部件的尺寸精度就决定于零件的尺寸精度。

因此，在产品设计时要考虑到零件的尺寸误差可能会使部件的极限尺寸增大。而选用部件装配机时，要考虑设置压力限制或补偿装置（缓冲器），以抵消装配件各节点上可能发生的受压不均匀性，否则，在有些零件间可能会没有完全压拢，而另一些零件间的接合部位则可能被压皱甚至压溃。

由于零件制造精度低、装配基准使用不当以及加压不均匀等原因，部件装配后会出现尺寸和形状偏差。为保证部件的互换性可采用两种方法：①提高零件的制造精度；②不强求零件的制造精度，依靠部件加工来保证其精度。在实际生产中应根据具体情况选择使用。例如，用 10 根宽 60mm 的板条制成拼板，要求拼板极限偏差为 0.4mm，这就要求每根板条的上偏差为 0.4/10=+0.04mm，实际上是不可能以这样的精度来制造板条的。显而易见，在这种情况下，应按低精度制造板条，拼接以后再将拼板尺寸加工到精度为+0.4mm 为宜。因为按高精度加工零件的总成本必将高于通过部件加工来保证其互换性的总成本。因此，一般装配好的部件往往需要进一步进行一些修整加工，然后才能再进行总装配。

2　总装配

经过修整加工的零部件配套后，就可以进行总装配，组成一个完整制品。结构不同的各种木制品，其总装配过程的顺序和复杂程度也不同。总的来说，木制品总装配过程的顺序大体分依次装配和平行装配两种类型。

依次装配是将零部件依次顺序接合起来，先装成制品的骨架，然后进一步把其余零部件装在骨架上，直至形成制品。如框架式木制品等的组装。

平行装配是分别将互不连接而较复杂的部件同时进行装配，而后再装上其他零部件，组成完整的制品。如双底座的写字台可同时将两个底座组装起来。平行装配与依次装配相比，其优越性在于能按工序特点使工作位置专业化，便于使用专用设备。只要制品的结构允许分解成若干部件和单独零件，就可以实现平行装配。

由此可以看出，总装配过程的顺序完全是由木制品本身的结构及其复杂程度所决定的。在个别情况下，总装配的顺序也可以根据加工工艺的不同予以适当调整。

当前，在非拆装式木制品总装配过程中，往往还需要进行大量的修整、铲平、找正、局部修磨、揩擦挤出的胶料等辅助操作，应尽量缩减这类操作。而大多数先进企业，具有合理的木制品结构和加工工艺过程，而且零部件加工能保证足够的精度和互换性，如拆装式木制品，就可以不经厂内总装配而以成套的零部件和配件（附有装配示意图和装配说明书等）运至销售点或使用地之后再总装配，或由用户自行装成制品。

3　配件装配

木制品配件的装配，目前在生产中大多采用手工操作。下面介绍几种常用配件的装配方法和技术要求。

1）铰链的装配

由于各种木制品要求不同，可采用不同形式的铰链连接。目前常用铰链形式有薄型铰链（明铰链、合页）、杯状铰链（暗铰链）和门头铰链等三种。其中门头铰链应装在门板的上下两端。根据门板的长度，明铰链或暗铰链可装 2~3 只。铰链的型号规格按设计图纸规定选用。

木制品柜门的安装形式主要有嵌门结构和盖门结构两种，因此，铰链的安装形式也有多种。安装明铰链的方法有单面开槽法和双面开槽法两种，双面开槽严密、质量好，用于中高档产品；安装暗铰链的方法常用单面钻孔法。安装门头铰链一般用双面开槽法。

2）拆装式连接件的装配

拆装式连接件组装的木制品，零部件间可以进行多次拆装。通常在工厂里进行试装，拆装后按部件包装运输，使用者可按装配说明书在使用地组装而成。拆装式连接件形式很多，常用的不同接合形式的安装方法如下：

（1）垫板螺母与螺栓接合的安装。将三眼或五眼垫板螺母嵌入旁板接合部，用木螺钉拧固，在顶板相应接合部位拧入螺栓并与垫板螺母连接。

（2）螺钉与螺栓接合的安装。空心螺钉内外都有螺纹，外螺纹起定位作用，内螺纹起连接作用。安装时先将空心螺钉拧入旁板接合部位，再在顶板相应接合部位拧入螺栓与空心螺钉的内螺纹连接。

（3）圆柱螺母与螺栓接合的安装。旁板内侧钻孔，孔径略大于圆柱螺母直径 0.5mm，对准内侧孔在旁板上方钻螺栓孔，孔径略大于螺栓直径 0.5mm。在顶板接合部位钻孔并对准旁板螺栓孔，螺栓对准圆柱螺母将顶板紧固连接。

（4）倒刺螺母与螺栓接合的安装。在旁板上方预钻圆孔，把倒刺螺母埋入孔中，螺栓穿过顶板上的孔，对准倒刺螺母的内螺纹旋紧，为使螺母不至于退出，可在孔中施加胶黏剂。

（5）胀管螺母与螺栓接合的安装。胀管螺母相当于倒刺螺母，但在胀管一侧开道小缝，当螺栓拧入时，会使胀管螺母胀开产生较大的挤压力，因此比倒刺螺母更为牢固。

（6）直角倒刺螺母与螺栓接合的安装。连接件由倒刺螺母、直角倒刺和螺栓三部分组成。安装时，先在旁板、顶板上钻孔，把倒刺螺母嵌入顶板孔中，再把直角倒刺嵌入旁板中，最后将螺栓通过直角倒刺孔再与倒刺螺母的内螺连接。

（7）偏心式连接件接合的安装。连接件由倒刺螺母、螺杆、偏心杯和塑料盖四部分组成。安装时，在顶板上钻孔并嵌入倒刺螺母，把带有脖颈的螺杆旋入其中，然后把螺杆嵌入旁板的螺杆孔中与预先埋入旁板内侧的偏心杯相连接，偏心锁紧钩挂在螺杆的脖颈上旋转即可将顶板锁紧。为使内侧表面美观，可用塑料盖将偏心杯掩饰起来。

（8）轧钩式连接件接合的安装。将带孔（槽）的推轧铰板嵌入面板内，表面略低于面板内面 0.2mm；将带挂钩的推轧铰板嵌入旁板内，要求同旁板边面平齐，挂钩高出边面。安装时，挂钩对准孔（槽）眼，向一方推进即可轧紧。该种方法接合牢固，使用方便，常用于拆装式台面板以及床屏与床桄的活动连接。

（9）楔形连接件接合的安装。由两片相同形状的薄钢板模压而成，一个连接板用木螺钉固定在旁板接合部位，另一个固定在顶板上，靠楔形板的作用，使部件连接起来，这种连接件拆装方便，不需要使用工具。

（10）搁承连接件接合的安装。这种搁承（钎）用于活动搁板的连接，由倒刺螺母和搁承螺钉组成。先在旁板内侧钻一排圆孔，孔内嵌入倒刺螺母，与旁板内侧面平齐，然后将搁承螺钉旋入倒刺螺母，再将搁板置于其上即可。

3）锁和拉手的装配

门锁有左右之分，如以抽屉锁代用，则不分左右。钻锁孔大小要准确，孔壁边缘应光洁无毛刺。锁芯凸出门面 1~2mm，锁舌缩进门边 0.5mm 左右，不得超过门边，以免影响门的开关。

（1）大衣柜门锁装在门的中心位置，拉手装在锁的上方 30~35mm。双门衣柜只装一把锁时，可装在右门上。

（2）小衣柜的门锁和拉手安装与大衣柜相同。

（3）抽屉锁没有左右之分，安装方法及技术要求与门锁相同。

4）插销的装配

（1）明插销

一般装在双门柜的左门的背面，上下各一个，离门侧边 10mm 左右，插销下端应离门上下口 2~3mm，以免影响门的开关。

（2）暗插销

一般装在双门柜的左门的左侧面上（不装门锁的门），将暗插销嵌入，表面要求与门侧边平齐或略低，以免影响门的开关，最后用木螺钉固定。

5）门碰头的装配

碰头适合于小门上使用，一般装在门板的上端或下端，也有的装在门中间。在底板或顶板（台面）内侧表面上装上碰头的一部分，在门板背面上装上碰头的另一部分。对常用的碰珠或碰头，门板上安装孔板，安装时，钻孔大小、深浅都要合适，并用木块或专用工具垫衬敲入。孔板中心要挖一凹坑，以便碰珠不至于顶住孔底。装配后要求关门时能听到清脆的碰珠声，和门板闭合稳固平伏。

任务实施

---

1 框架结构的柜类家具的装配

以床头柜为例（图 17-2），来说明框架结构的柜类家具的装配。

（1）详细看懂图纸以掌握技术要求

看床头柜图纸以主视图为主，同时结合其他有关视图，特别是表达结构及各部分接合关系的剖面图，从面板、柜身、门扇、脚架、抽屉、搁板六部分综合分析，想象其形状。

注意到床头柜正面大圆角在左右两个旁腿（立梃）上，面板和脚盘圆角挂檐都是环绕旁腿的圆线而定。柜门是嵌在两旁腿里面的，这种门的装置称为里开门或"藏堂门"。藏堂门开启后，门堂的一边至少要占去这块门板厚度的位置。因此门里抽屉在装铰链的一边前后要各贴上一块短桩，抽屉才可拉出。搁板放在抽屉与底板中间。

（2）检查零部件的数量、质量和规格

装配前，认真检查零部件的规格尺寸和数量，零部件的选材既要保证产品质量（牢度和外表美观），又要照顾到节约原则。在加工过程中，发现有节子、腐朽、虫眼等的零部件要认真对待。如影响产品装配牢度的，应坚决剔除，如不影响牢度的，则应在可能的情况下尽量用在里侧、下部、后背等不显眼的部位。表面部件的木材材质、纹理、颜色等应尽量相近。

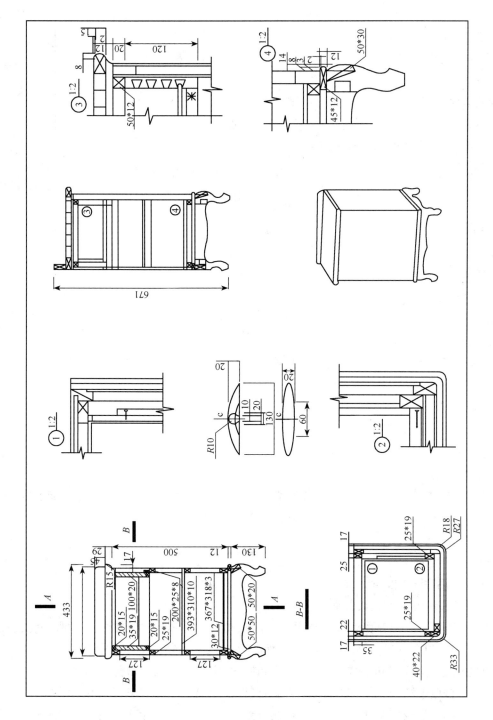

图 17-2 弯脚床头柜（单位：mm）

（3）床头柜的装配关系

该装配关系如下所示：

牌头板 1 块
面板 1 块 ｝面板
前、左右侧、后覆线 4 根
前、后旁腿（立梃）2 根
体档 2 根
上下帽头 2 根 ｝左旁板
衬档 1 根
顺、压斗档（托、压屉撑）2 根
旁板 1 块
前、后旁腿（立梃）2 根

体档 2 根
上下帽头 2 根
前、后短桩 2 根 ｝右旁板
顺斗档（托屉撑）1 根
挨斗板（拦屉条）1 根
旁板 1 块
门板 1 块 ｝门板

前、后斗横档 4 根
后背板 1 块 ｝柜身 ｝床头柜
底板 1 块

拉手 1 只
斗面（屉面）1 块
斗墙（屉旁）2 块
斗后（屉背）1 块 ｝抽屉
斗底（屉底）1 块
搁板 1 块 搁板 ｝床头柜
弯脚 4 只
前、左右侧、后望板 4 根 ｝脚架
前、左右侧、后底线 4 根

（4）床头柜的敲拢过程和注意事项

① 钉面板覆线（图 17-3）：面板底下有四根覆线，前面覆线是夹角接合，后覆线应在两侧覆线之间，不需做夹角。注意在钉覆线之前，应看清定型细木工板框架的前后面。先钉前覆线，再钉横覆线、后覆线，然后上铣床加工线型，再手工打磨光滑。面板前面两个圆角要求与旁腿的圆角弧度一致。

② 敲旁架、嵌板（图 17-4）：将上下帽头和体档敲入前后旁腿，成旁框架（腿有前后、左右、上下之别，不能敲错）。再将框架的裁口、帽头和体档修整平直，试嵌旁板，务使密缝。大批生产可上压机胶压。

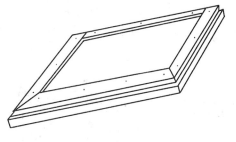

图 17-3　钉面板覆线

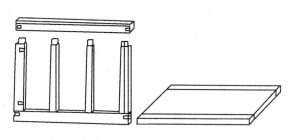

图 17-4　敲旁板、嵌板

③ 胶钉旁档（图 17-5）：胶钉右旁档时，先将前后两根短桩涂上胶水，用螺钉固定在前后旁腿里侧的上方，再将挨着斗板（拦屉条）的顺斗档（托屉撑）用螺钉固定在两个短桩的下方。注意顺斗档的位置，一定要符合技术要求，才能使抽屉自由推拉。屉面和前短桩平齐，不影响柜门的开关。胶钉左旁档时，先将衬档胶粘在前旁腿里侧上方，然后用螺钉将压屉档和顺斗档旋上。注意顺斗档旋在衬档的下方，位置和要求同右旁档。

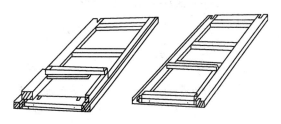

图 17-5　胶钉旁档

④ 敲拢柜身（图 17-6）：先将前后四根斗横档敲入一扇旁板，然后将后背板嵌入旁后腿，底板嵌入下旁帽头，再把另一扇旁板敲入，就成为床头柜柜身。由于斗横档与旁板的接合是半开口榫，在榫胶接合后，还需钉上一枚圆钉加固。

⑤ 敲拢脚架（图 17-7）：应注意弯脚和前横望板的表面是凸圆形的，因此，弯脚前侧向的榫眼是倾斜的。由于后望板与柜身后背平直，所以弯脚后背的榫眼是垂直的。敲拢脚架时要辨别清楚前后脚，以免敲错。先将两根弯型侧望板敲入配对的弯脚上，使它成左右两个单片。然后再将一根弯型前望板和一根平直的后望板敲入左右单片，即成脚架。

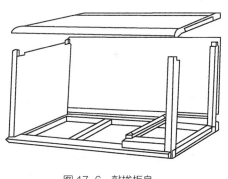

图 17-6　敲拢柜身

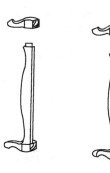

图 17-7　敲拢脚架

脚架敲拢后应再次机加工：先将脚架顶部上平刨床刨平，再上铣床将表面的弯脚和望板铣圆（背后面不铣），并用弯刨和光刨手工修整，务使线型连接圆润。最后上磨光机砂光。

⑥ 钉底线（图 17-8）：底线的圆弧线型和夹角应预先利用机器加工好，再分别按脚架前后左右的位置钉上前、侧、后底线即成。底线的钉法与覆线同。然后再用手工打磨好前面两个圆角，底线的圆角要与旁腿的圆角相适应。

⑦ 固定面板和脚架（图 17-9）：先将整理好的面板覆线朝上，柜身倒放在面板覆线上，用木螺钉固定；再将脚架倒覆在柜身底部，也用木螺钉固定。但在固定面板和脚架时要注意正、侧三面（包括圆角）的线型都伸出柜身 2mm，如不均匀需及时修正。

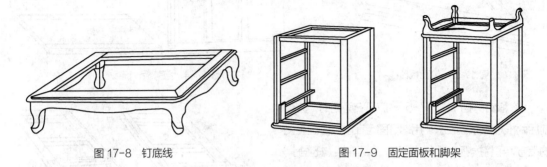

图 17-8 钉底线　　　　　　　　　　　图 17-9 固定面板和脚架

⑧ 敲拢抽屉（图 17-10）：门里的抽屉面板一般都用实板，采用燕尾榫接合为佳。在抽屉宽度上，屉面部位要根据规格尺寸，不能缩小，屉后部位要缩小 2mm。

⑨ 修整、试装（图 17-11）：先整理、试装抽屉，插进底板，钉上圆钉。再装好搁板，然后将刨光、砂好的门板校正试装。柜门的上下边和右侧边应刨方正，左侧边略为朝里倾斜，便于开闭。抽屉与门都属于活动部件，需要一定的空隙，可参照有关技术规定。铰链和锁待涂饰完工后再装配。

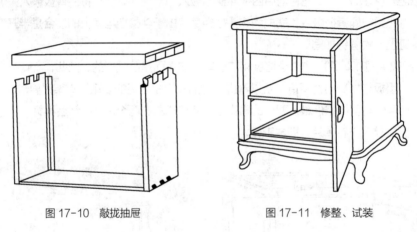

图 17-10 敲拢抽屉　　　　　　　　　　图 17-11 修整、试装

2 板式柜类家具装配

以板式衣柜（图 17-12）为例，来说明板式柜类家具的装配过程。衣柜主要由侧板、顶板、底板、层板、转角柜立撑、脚线、背板、格子架、裤架、独立抽屉柜、穿衣镜、顶柜等组成。

（1）准备工作

① 熟悉图纸：安装衣柜前，必须看懂柜体安装图后方可进行作业，应检查其柜体板件、功能件的数量并且弄清各部件及功能件安装位置。

② 安装准备：为避免板件被刮花，安装前首先要整理场地并对现场进行清洁，安装时要垫上地毯或地毯类型的垫子，然后再进行作业。

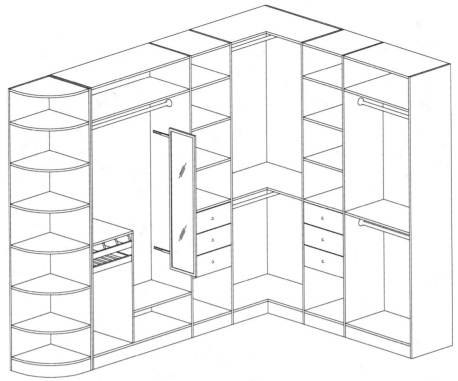

图 17-12　板式衣柜结构图

（2）柜体（主要是通过三合一偏心件、木榫进行连接的）安装步骤

① 先将预埋胶粒用胶锤轻敲入侧板的预埋孔内，胶粒要与板件的表面平齐，不能凸出板件表面，如果胶粒凸出板件表面，会导致板件与板件结合时不严密，影响整个柜体的牢固。

② 将三合一连接杆用电钻或螺丝刀拧入侧板预埋胶粒孔孔内，连接杆要与板件表面成 90°，连接杆与侧板胶粒连接要拧到位，如果不到位，板件与板件连接时导致偏心件与连接杆锁不紧，产生柜体松动，影响柜体的强度。一般情况下连结杆露出板件的长度为 27 ～ 28mm（图 17-13）。

③ 脚线与底板连接，将脚线的连接杆孔插入底板的连接杆，依次将脚线的偏心件孔装入偏心件，偏心件偏心"△"对准连接杆孔，用螺丝刀逆时针旋转偏心件 180°锁紧偏心件。

④ 将定位木榫插入顶板、底板、固定层板木榫孔孔内，定位木榫露出板件截面的尺寸 8 ～ 10mm 为宜，不允许超过 10mm，木榫露出过长容易使板件板面起泡和损坏板件板面。

⑤ 将顶板、底板、固定层板分别与侧板连接，并用偏心件锁紧，偏心件的安装方法：将偏心件依次装入顶板、底板、固定层板偏心件孔内，偏心件的偏心"△"要对准连接杆的孔位，然后将顶板、底板、固定层板的一端插入侧板上的连接杆，将偏心件用螺丝刀逆时针方向旋转 180°锁紧（图 17-14）。

⑥ 将各部位锁紧后，检查槽位、检查背板两面有无刮花，将好的一面向正视面，然后插入背板（图 17-15）。

⑦ 连接另一块侧板，按照上述方法将顶板、底板、固定层板依次连接，将偏心件用螺丝刀逆时针方向旋转 180°锁紧偏心件。

⑧ 当第一个单元柜完成后，装入活动层板与两侧板进行连接，活动层板托的安装方法：按照图纸要求，将活动层板托的金属托臂用层板托的专用自攻螺纹与侧板的引孔进行连接，金属托臂与侧板连接

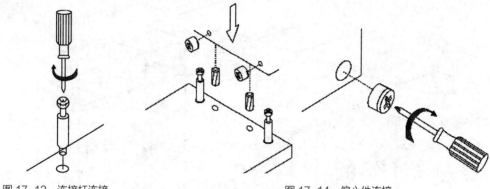

图 17-13　连接杆连接

图 17-14　偏心件连接

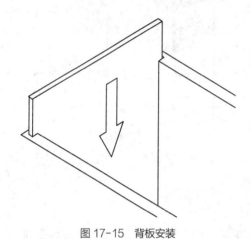

图 17-15　背板安装

不宜过紧，手稍加用力能拨动为宜，金属托臂依次安装完成后，然后将层板托的预埋件用胶锤轻轻敲入活动层板的预埋孔孔内，注意预埋件的缺口要与活动层板的缺口相对应，缺口与缺口要保证在同一个平面上，同时预埋件要平齐板面，不允许有露出板件表面的现象，以上工作完成后，左手将层板提起右手将层板托住对准两侧板的金属托臂放下，然后用手将层板平衡敲入层板托臂，并用预埋件上的偏心螺纹，逆时针方向旋转180°锁紧。当有中侧板时按照上述步骤依次连接，并锁紧各连接件（图 17-16）。

⑨ 宽度大于600mm柜子必须用背板扣将背板与侧板进行连接，当第一个单元柜柜体完成后进行背板扣的连接，背板扣的装入及连接方法：将背板扣带勾的一端装入背板上的背扣引孔内，将背板扣的另一端压至侧板平齐，用手枪钻或螺丝刀将背板扣和侧板用自攻螺纹连接，自攻螺纹要平行垂直拧入，背板扣和侧板连接要锁紧（图 17-17）。

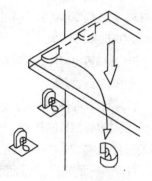

图 17-16　侧板连接

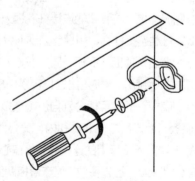

图 17-17　侧板与背板连接

⑩ 根据图纸设计要求按顺序装入柜体各种功能件（如格子架、裤架、拉板、抽屉、领带架、挂衣杆等）。特别注意：柜体所有的三合一偏心件都必须锁紧，背板入槽要到位，防止柜体松动，以避免衣柜整体倾斜。所有单元柜安装时，均照上述方法依次进行组装。

（3）顶柜的安装

主体柜组装完成后，然后进行顶柜的组装（安装方法同主体柜），顶柜需独立组装，安装完成后再放到主体柜上，调整好主体柜和顶柜的对角线与垂直度，然后用过山丝进行主体柜与顶柜的连接。

说明：如果顶柜柜体有平开门时，将拉手及门铰装入门板上，再将门板装入顶柜柜体，门与门之间的间隙应保持在 2mm，正面门板要保持平整。

① 拉手的安装：将拉手的专用螺杆从门板背面拉手孔插入门板正面，露出螺杆，然后将拉手螺孔对准门板正面露出的螺杆，用螺丝刀将拉手通过螺杆与门板锁紧。

② 门铰的安装：将门板的反面朝上，平放在垫有地毯的地板上，将门铰嵌入门板的门铰预埋孔内，用手电钻或螺丝刀依次将门铰用自攻螺纹锁在门板上，以上工作完成后，将装好门铰的门板依顺序装入柜体。

（4）转角柜柜体安装（图 17-18）

① 先将预埋胶粒用胶锤分别轻敲入侧板、顶板、底板的胶粒预埋孔内，预埋胶粒要平齐板件板面，如有高出板件板面的预埋胶粒，要用刨刀修平，一般情况下预埋胶粒凹进板件板面 0.5mm 为宜。然后将三合一件连接杆拧入侧板、顶板、底板及支撑板胶粒孔内，木榫插入顶板、底板、层板木榫孔孔内。

② 脚线与底板连接时，按照图纸找好相应的脚线，将脚线的连接杆孔插入底板的连接杆，依次将脚线上的偏心件孔装入偏心件，用螺丝刀逆时针方向旋转 180° 锁紧偏心件。

③ 连接两支撑板，将装有连接杆的支撑板连接杆插入另一块支撑板的连接杆孔内，偏心件依次装入偏心件孔孔内，偏心"Δ"对准连接杆孔，用螺丝刀将偏心件逆时针旋转 180° 锁紧偏心件。

④ 将侧板与顶板、层板、底板通过偏心件进行连接。

⑤ 将背板插入侧板和顶、底板槽中，连接支撑板与顶、底、层板锁紧。

⑥ 将另一块背板插入顶、底板与支撑槽中。

⑦ 连接另一块侧板，并与顶、底、层板通过偏心件锁紧。

⑧ 按照配置要求，装入功能件、挂衣杆。

（5）圆弧柜柜体的安装（图 17-19）

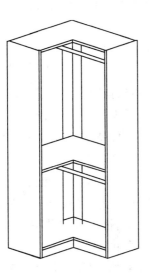

图 17-18　转角柜柜体安装

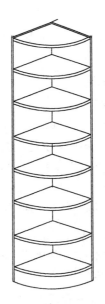

图 1/-19　圆弧柜柜体安装

① 将预埋胶粒用胶锤轻敲入侧板和背板胶粒预埋孔内，预埋胶粒要平齐板件板面，如有高出板面的现象要用刨刀修平，通常情况凹进板面 0.5mm 为宜；

② 将三合一偏心件的连接杆用手枪钻或螺丝刀拧入背板、侧板的预埋胶粒孔孔内，木榫插入顶板、底板、固定层板木榫孔内；

③ 将顶板、底板、固定层板分别与背板连接，顶板、底板、固定层板依次装入偏心轮，偏心轮的偏心"Δ"要对准连接杆孔，然后用螺丝刀将偏心件逆时针方向旋转 180° 与连接杆锁紧；

④ 按照上述方法连接侧板，并与顶板、底板、固定层板、背板通过三合一偏心件锁紧；

⑤ 柜体完成后，将活层板通过层板扣装入柜体，层板托要装到位并锁紧。

（6）主体柜中独立抽屉柜的安装（图 17-20，图 17-21）

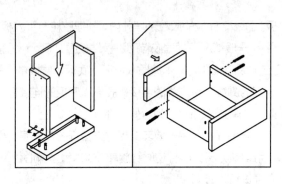

图 17-20　抽屉安装

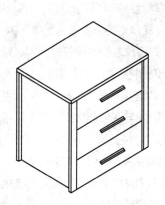

图 17-21　抽屉柜的安装

① 先将预埋胶粒用胶锤轻敲入独立柜的面板和装饰板的胶粒预埋孔内，预埋胶粒要平齐板面，不允许高出板面，凹进板面 0.5mm 为宜。

② 将三合一连接杆用手枪钻或螺丝刀拧入面板和装饰板的预埋胶粒孔内，连接杆要与板件的板面成 90°，连接杆与面板和装饰的胶粒要连接到位，若连接不到位，会导致偏心件与连接杆锁不紧，会使柜体松动，降低柜体强度，一般情况下连接杆露出板面的长度 27～28mm 为宜。

③ 装饰板与侧板连接时，将定位木榫插入侧板木榫孔孔内，木榫插入要到位，木榫露出板件截面 8～10mm 为宜。

④ 按照图纸将装饰板连接杆插入侧板连接杆孔内，再将偏心件嵌入侧板偏心件孔内，用螺丝刀逆时针旋转 180° 锁紧偏心件。

⑤ 将带有装饰板的侧板与面板连接，面板的面朝下放在垫有地毯或地毯类垫子的地板上，将侧板的连接杆孔对准面板上的连接杆轻轻按下，将偏心件的偏心"Δ"对准连接杆，逆时针旋转 180° 锁紧偏心件。

⑥ 以上独立抽屉柜柜体完成后，进行抽屉安装：将预埋胶粒轻敲入抽屉面板背面的预埋胶粒孔内，预埋胶粒要平齐抽屉板面，然后用手枪钻或螺丝刀将连接杆拧入抽屉面板的预埋胶粒孔内，连接杆要与抽屉面板表面成 90°，连接杆露出板件尺寸为 18mm，再将抽屉侧板的连接杆孔插入抽屉面的连接杆，依次完成抽屉侧板连接，偏心件的偏心"Δ"对准连接杆装入抽屉侧板的偏心件孔内，逆时针旋转 180° 锁紧偏心件。连接完成后，检查槽位，装入抽屉底板与抽屉面板和侧板槽中，用 ¢4×30mm 的自攻螺纹连接抽屉尾板，尾板的表面要平齐抽屉侧板截面及抽屉侧板的上面。

⑦ 路轨的安装（以海蒂诗隐藏式为例）：海蒂诗路轨由两部分组成，即路轨和接码，安装时要弄清部件的名称、用途再进行安装。根据图纸标注的抽屉面的高度，在侧板上，由下而上划线定位路轨位置，

两侧板路轨位置确定后，用手枪钻在侧板的定位线上按照路轨上系列孔，在侧板上打自攻螺纹引孔。以上工作完成后，分别把路轨安装在两侧板上（用 φ4×16mm 自攻螺纹固定），然后将抽屉路轨接码安装在抽屉合下部，紧贴底板与抽屉面连接，接码连接完成后，将两侧板路轨拉出把抽屉放在两侧路轨上，路轨尾部勾紧抽屉尾部 φ6 孔，轻放下推进柜体，再拉出柜体检查接码是否与路轨连接，如未连接要调整至路轨和接码连接上。

⑧ 以上工作完成后，按照斗面上的拉手通孔用拉手专用螺钉锁紧拉手。

（7）主体柜中吊式抽屉柜的安装（图 17-22）

① 将预埋胶粒用胶锤轻敲入面板和侧板的胶粒预埋孔内，预埋胶粒要平齐板面不能高出板面，以凹进板面 0.5mm 为宜。

② 将三合一的连接杆用手枪钻或螺丝刀拧入面板和侧板的预埋胶粒孔内，连接杆要与板件板面成90°，连接杆与面板、侧板的预埋胶粒连接要到位，否则导致连接杆和偏心件锁不紧，使柜体松动，降低柜体强度。连接杆露出板面的长度为 27～28mm。

③ 底板与侧板连接时，将定位木榫插入底板木榫孔内，木榫插入要到位，木榫露出底板截面的长度为 8～10mm；将两侧板上的连接杆插入底板上连接孔内，偏心件的偏心"Δ"对准连接杆孔，在底板上装入偏心件，逆时针旋转 180° 将底板与侧板锁紧。

④ 面板的连接杆对准侧板上连接杆孔，将面板轻轻按下，并锁紧偏心件。

⑤ 吊式抽屉柜安装完成后，按照图纸将吊柜装入主体柜，用 φ6×30mm 的平头螺钉对准两侧板的预埋胶粒，将吊式抽屉柜锁在两侧板上。

（8）主体柜中推柜的安装（图 17-23）

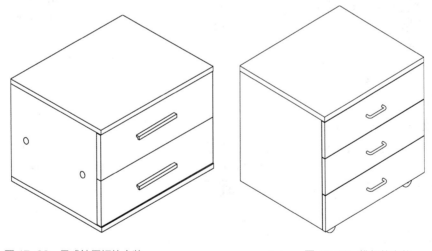

图 17-22　吊式抽屉柜的安装　　　　　　图 17-23　推柜的安装

① 根据图纸将预埋胶粒对准埋胶粒孔，用胶锤轻敲入面板、侧板的预埋胶粒孔内，预埋胶粒要平齐板件的板面，不能凸出板面，按照工艺要求凹进板面 0.5mm 为宜。

② 将三合一连接杆用手枪钻或螺丝刀拧入侧板和面板的胶粒预埋孔内，连接杆要与板件板面成90°，连接杆与侧板、面板的预埋胶粒连接要到位，否则导致偏心件与连接杆锁不紧，使柜体松动，降低柜体强度。连接杆露出板件板面的长度为 7～28mm。

③ 将定位木榫插入底板木榫孔内，木榫要垂直插入到位，木榫露出底板的长度 8～10mm，将两

侧板的连接杆插入底板的连接杆孔内，偏心件的偏心口对准连接杆孔，在底板上装入偏心件，逆时针旋转偏心件 180° 将底板与侧板锁紧。

④ 检查槽位，以板件后面为基准，槽长为 15mm，槽宽为 6mm，槽深为 6mm，侧板与顶板、底板无错槽，然后装入背板。

⑤ 将面板连接杆对准侧板的连接杆孔，将面板轻轻按下，再将偏心件的偏心"Δ"对准连接杆孔，把偏心件装入面板逆时针旋转 180° 锁紧。

⑥ 按图纸要求装上脚轮，脚轮的安装尺寸为两边距中心 60mm，每个脚轮用四粒自攻螺纹锁紧（ϕ4×16mm）。

■ **成果展示**

① 床头柜装配完成后，效果如图 17-24 所示。

② 板式衣柜装配完成后，效果如图 17-25 所示。

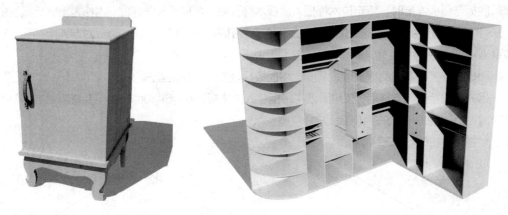

图 17-24　床头柜装配效果　　　　　图 17-25　板式衣柜装配效果

■ **总结评价**

板式柜类家具装配是家具生产中非常重要的环节，在装配过程中要注意以下事项：

① 钉拧各种固定零件必须牢固无松动，必须涂胶；

② 榫结合处应严密、牢固无松动、无断榫，结合处胶水应涂在榫孔壁上且涂布均匀；

③ 所有涂胶处不许污染涂布面，多余胶水需擦净；

④ 装配好的零件不得弄脏，不允许存在任何碰伤、划伤、敲印等缺陷；

⑤ 活动部件的装配必须灵活；

⑥ 木螺钉结合应确保强度，螺钉不得将板面顶凸出来；

⑦ 抽屉、门、侧板的装配应遵循对称原则，木纹山形纹方向朝上，树瘤切片应配套对称；

⑧ 装配木螺钉不得将部件螺裂，无头钉不得斜露出部件；

⑨ 装配铰链之木螺钉不得歪斜，不得突在铰链面外；

⑩ 抽屉滑轨应进出自如、松紧适宜，抽屉拉出应居正中不偏斜；

⑪ 抽屉箱榫装配要密实，内侧无缝隙，底板牢固不窜动，侧板与底板结合无松动且垂直。

■ 拓展提高

板式柜类家具产品品质检验标准：

① 组框后高低不平不大于 0.3mm。

② 嵌装式抽屉要求缝隙不大于 1.5mm（实木抽面除外）；盖装式抽屉背面与框架平面的间隙不大于 1.5mm。

③ 抽屉的下垂度不大于 20mm，摆动度不大于 1.5mm。

④ 隔板要水平，公差允许 1.5mm，且要固定而不摇摆，嵌入螺母不能突在平面外面。

⑤ 面板框架邻边垂直度：当对角线长度小于 1m 时偏差不大于 2mm，对角线长度大于 1m 时偏差不大于 3mm。

⑥ 门与门、门与框架相邻表面间的距离偏差不大于 2mm，抽屉与门相邻表面间的距离偏差不大于 1mm。

⑦ 装配严密，零件表面结合处缝隙应小于 0.2mm。

■ 巩固训练

根据图 17-26 所示电视柜结构图和分解图，分析其结构特点，选择合理连接方式，编制装配工艺。

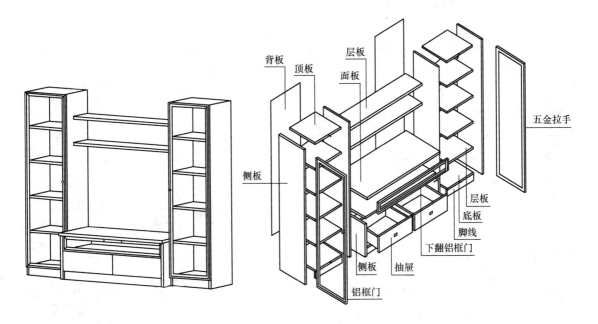

图 17-26 电视柜结构图和分解图

木制品生产综合训练案例

 案例一：实木椅的加工制作

一、训练目的

本案例为综合训练项目，主要训练框架结构木制品的设计、识图、绘图、零件加工、装配等方面，是知识与能力的综合运用。

椅子零件的材料和尺寸见表1。

表1　零件表

序号	名称	材料	件数	净料尺寸			件数	毛料尺寸			m³
				长度 （mm）	宽度 （mm）	厚度 （mm）		长度 （mm）	宽度 （mm）	厚度 （mm）	
1	后椅腿	松木	2	820	125/30	28	1	850	180	35	0.15
2	前椅腿	松木	2	450	58	28	2	480	64	35	0.06
3	带燕尾棱边的板条	松木	2	365	58	23	2	400	64	28	0.05
4	椅子板条	松木	2	400	32	40	2	430	38	35	0.03
5	横靠板	松木	2	440	80	22	2	480	86	24	0.08
6	坐板	松木	1	424	480	20	6	480	86	24	0.25
7	后框边	松木	1	444	61	20	1	480	67	24	0.03
8	前框边	松木	1	444	58	20	1	480	64	24	0.03
9	上侧框边	松木	2	510	58	20	2	540	64	24	0.07
10	滑行板	松木	2	510	58	20	2	540	64	24	0.07
11	连接拉档	松木	1	500	58	20	1	540	64	24	0.04
12	加强板条	松木	2	424	20	20	1	480	64	24	0.03
13	带槽压块	松木	2	80	40	14	1	200	46	18	0.01
14	φ10×50 网纹圆榫	山毛榉	12								
15	φ8×50 网纹圆榫	山毛榉	8								
16	4.5×25DIN96 半圆木螺钉		2								

二、安全要求

遵守安全规程，特别是加工小件或加工斜面零件时要固定夹紧。

三、设计图样

椅子的设计图样见图1～图3。

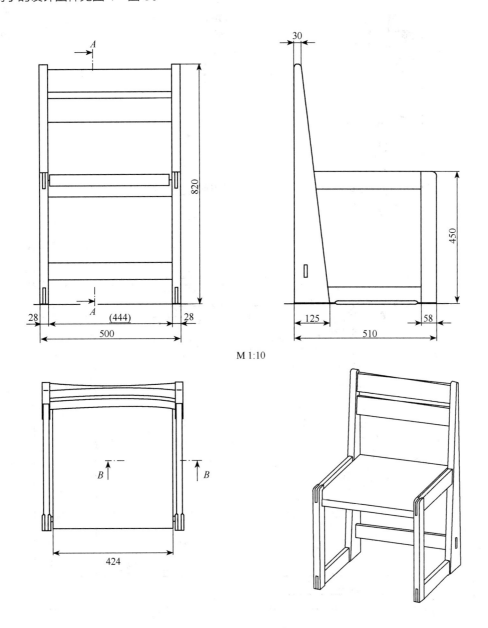

M 1:10

图1 椅子的设计图（单位：mm）

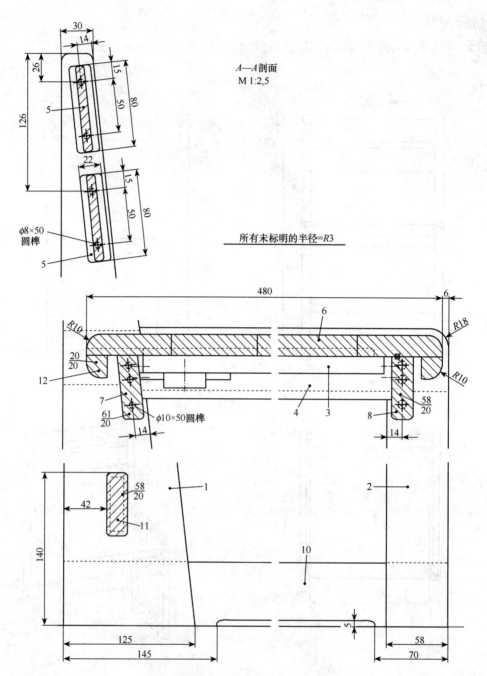

$A—A$ 剖面
M 1:2,5

所有未标明的半径=$R3$

图2 椅子 A-A 剖视图（单位：mm）

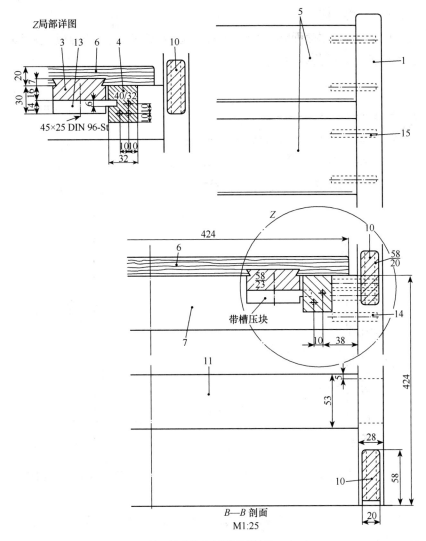

图3 椅子接合处局部详图（单位，mm）

四、工作过程及要求

1. 选料

材料的树种为松木，为减少边角料，后椅腿是一块木料刨削后纵剖制成的（图4）。

2. 木材横截、纵剖和刨削

用来胶合坐板的木板要刨削掉约2mm的厚度。在胶合后再刨削至净料尺寸。

3. 木材作标记

4. 坐板平面胶合

5. 靠背和坐板架划线

椅子支架由靠背和坐板架组成。靠背由横靠板、后框边、后椅腿和连接拉档组成。座板架由前椅腿、前框边和侧框边组成。

两拉档是采用槽和榫与椅腿连接，在此情况下要注意后椅腿的斜边表面。

连接拉档利用贯通的榫与后椅腿连接（图5）。在后椅腿的平面上以榫和圆榫连接的接合件与带单面斜边的椅腿形成框架连接（图6）。

为了划线，前、后椅腿外边表面应平整地夹紧在一起，在此表面上给横靠板、侧框边和拉档宽度、前后框边切口宽度和连接榫孔划线（图7）。

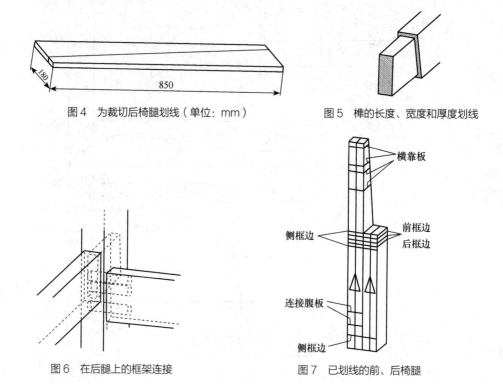

图4　为裁切后椅腿划线（单位：mm）　　　图5　榫的长度、宽度和厚度划线

图6　在后腿上的框架连接　　　图7　已划线的前、后椅腿

在拆开零件后，侧框边宽度转划到内边表面。横靠板圆榫的距离和前后框边均转划到椅腿内侧。拉档榫孔转划到后椅腿内外侧。

用调整为9mm和19mm的平行线规从有标记一侧开始，在椅腿内外边表面给开口厚度和榫孔宽度划线。

用调整为离内边14mm的平行线规在椅腿内表面给前后框边划线，画出圆榫的距离。在侧框边夹紧在一起后，给榫长度划线。后椅腿斜边按图画出。

6. 侧框边和椅腿开槽并去除加工余量和凿榫孔

7. 在后椅腿上钻横靠板圆榫孔

按图纸尺寸钻圆榫孔。

8. 边倒圆

椅腿和框边倒圆至3mm半径（图8）。

9. 滑行板底面切圆弧

10. 表面和倒圆处净光及零件胶合

侧框边和滑行板与椅腿胶合。

11. 椅子侧面件胶合

12. 前、后框边裁切和木材端边削平

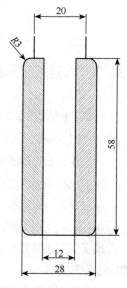

图8　前椅腿—框边横断面

（单位：mm）

13. 后框边上斜度划线和对接加工纵边的斜度

按 *A-A* 剖面图以 1∶1 的比例在一板上划线。利用平行线规在框边侧划出斜度，并用刨刀刨削（图 9）。

14. 框边圆榫孔划线和钻孔

用 3 个调整尺寸的平行线规从纵边表面开始给 3 个圆榫孔划线再钻孔。注意：在垂直的前框边和斜的框边，圆榫孔要平行于纵边表面（图 10）。

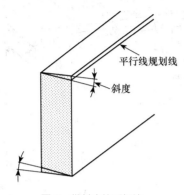

图 9　带斜度的后框边

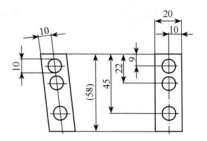

图 10　后、前框边已钻孔的木材端面边表面（单位：mm）

15. 在前和后框边上给坐板板条圆榫孔划线和钻孔

坐板板条圆榫孔从上边划线并钻孔。

16. 坐板板条裁切、铣槽和钻圆榫孔

为了用螺钉固定坐板，除圆榫孔处还有一装 4.5×25 半圆木螺钉的孔要钻削，和一后面的槽要铣削。

17. 靠背横板裁切、加工弧度和倒圆、钻圆榫孔

按图纸尺寸给靠背横板加工弧度和在纵边倒圆成 3mm 半径（图 11）。

18. 连接拉档切槽和去除加工余量

19. 胶合的椅子侧面零件钻孔和凿榫孔

在胶合的支架上钻已划线的圆榫孔和凿榫孔。

20. 椅子架胶合

在胶合前其余框边倒圆和净光。在将圆榫打入木材端面后椅架被胶合。

21. 制作带燕尾棱边的接合件

22. 坐板加工成净料尺寸和边部刨平

23. 坐板加装板条

在带燕尾棱边板条裁切后，坐板开燕尾槽。在后面可见的燕尾槽中胶合配合件，且坐板前、后边用板条加厚。

24. 坐板胶合和用螺钉固定

在坐板胶合到前框边前，边倒圆和所有平面净光。

为使实木坐板胶合到前框边上，在后面由槽压块形成一固定装置，槽压块插入槽中后用一半圆木螺钉固定在带燕尾棱边的板条上（图 12）。

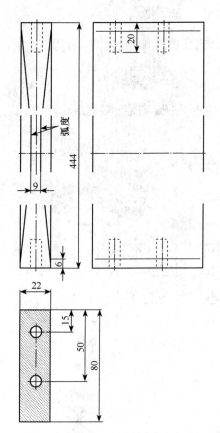

图 11　靠背横板弧度划线（单位：mm）

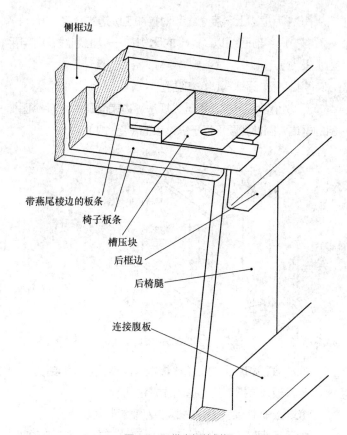

图 12　不带坐板的侧框

案例二：小壁柜的加工制作

一、训练目的

本案例为综合训练项目，主要训练板式结构木制品的设计、识图、绘图、零件加工、装配等方面，是知识与能力的综合运用。

二、案例说明

此案例采用的家具是一种人造板结构的小型悬挂柜，如图 13、图 14 所示。图可作为基本模型，根据需要可按比例放大或缩小，例如，可设想此种柜用作：前厅柜；急救柜；仪器柜。

新设计需考虑下列因素：

- 功能
- 用途
- 使用目的
- 操作方式
- 尺寸
- 宽度、高度、深度标准
- 所保存物品的尺寸
- 人体功效尺寸
- 结构
- 材料种类
- 家具结构类型
- 制造技术
- 制造费用
- 装配
- 配件
- 表面的性质

为了制作所提出的小壁柜，有作为样式填好的指导书表格和相关制造图，见表2~表6及图15~图20。

在进行工作前应注意表示细部选择的图页。

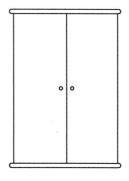

图 13　中密度纤维板结构并油漆

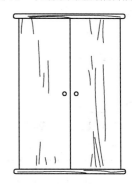

图 14　刨花板结构并贴面

表 2　任务书 1

与任务有关的指导书	对学员预定内容
学员姓名：	老师姓名：

任务名称：制作两门小壁柜

日期：	图号：	任务号：	工作单号：	工作单总计：

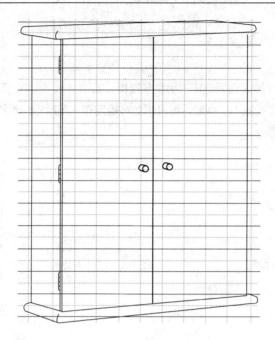

制作按	制作方式	表面处理	其他预定内容
□预先确定的图	□新制作	□原材质	□
□自己设计的图	□单件	□着色	□
□	□批量	□最终油漆	□
□	□	□有颜色的	□

有关制作的其他材料（基材、表面材料、涂料层等）

MDF 板，19 和 16mm；门具有磁性关闭装置；两嵌入底板支承在底板支架上

表 3　任务书 2

与任务有关的指导书		对学员的指导书	
姓名	任务号：A1	工作单号：2	工作单总计：5

通告的主导问题和主要提示

此构件 什么任务/功能？对其他确定功能或改变结构的建议

在家庭中存放小物品

缺少或必须再制作哪些资料？

☐结构图 ☐详图 ☐零件表 ☐五金件

☐样品 ☐裁板图 ☐板材分割 ☐

制订还缺少的资料，按着制订工作过程（表5）包括时间表计算等

为实施任务还缺少哪些知识技能？

MDF 板材加工用刀具的类型，在油漆 MDF 时应注意什么？

实施任务前还有哪些不明白处？

当没有要求的成型刀具供使用时，可怎样改变成型加工方式？

硬质纤维板可以代替胶合板用作背板吗？悬挂装置的类型如何？

实施工作前与老师商议你的信息缺口！

提示：

表4　零件表

与任务有关的指导书						对学员的指导书					
姓名：		任务号：A1				工作单号：2		工作单总计：5			

序号	名称	材料	数量	净料尺寸（mm）			原料（mm）	数量	毛料尺寸（mm）			备注
				长度	宽度	厚度			长度	宽度	厚度	
1	上罩、底坐	MDF	2	507	272	19						
2	左门	MDF	1	657	232	16						
3	右门	MDF	1	657	240	16						
4	右底板；左底板	MDF	2	660	235	16						
5	插入底板	MDF	2	435	225	16						
6	底板框架	胶合板	1	684	451	5						
7	板条	阔叶材	2	435	30	15		2	480	35	20	
	五金件											
	木制圆榫	山毛榉	12	DIN68150-A-630（ϕ6×30mm）								
	拉手		2	HEW155713B40.glW								
	铰链		6	DIN81 402-F40-MS-P								
	底板支架		8	Dyuki Qettucg 0131380.glW								
	磁碰		4	Hafele 246.01.312								
	刨花板螺钉		24	3×12								
	刨花板螺钉		24	3×25								

表5　工作过程计划表

与任务有关的指导书			对学员的指导书	
姓名：	任务号：A1		工作单号：2	工作单总计：5

工作过程计划

序号	工作步骤	时间标准 （实施前）	工具和设备	工作安全	提示 （实施前或后）	时间计算 （实施后）
1	订购材料/五金件	0.5h			与教师协商	
2	制作板材分割平面图	0.5h			在方格纸上	
3	板材锯切	0.5h	纵向锯切圆锯机	噪声防护器		
4	板条锯切	0.25h	纵向锯切圆锯机	采用推杆		
5	板条校正和刨削	0.25h	小刨床 或手提电动刨削机	拼接板条；推杆		
6	用圆榫接合	1.0h	ϕ6mm 钻头			
7	侧板加工折边	0.5h	预切折边铣刀	压紧装置	折边贯通	
8	底板和顶板折边	0.5h	预切折边铣刀	反弹保护装置	折边不贯通	
9	钻拉手孔	0.25h	ϕ6mm 钻头		钻孔划线	
10	钻磁碰孔	0.25h	相应直径钻头		钻孔划线	
11	底板和顶板成型加工	0.5h	10mm 成型半径铣刀	压紧装置	调试刀具	
12	插入底板成型加工	0.25h	8mm 成型半径铣刀	压紧装置	调试刀具	
13	门边成型加工	0.5h	3mm 成型半径铣刀	压紧装置	调试刀具	
14	门边加工折边	0.5h	预切折边铣刀	压紧装置	调试刀具	
15	钻 32mm 系列排孔	1.0h	排钻；ϕ5mm 钻头		必要时做模板	
16	边和成型加工部分研磨	1.0h	砂光机	排尘装置		
17	五金件安装	2.0h	手动工具		采用适当工具	
18	箱框胶合	1.0h	工作台夹紧装置			
19	固定背板	0.5h	螺钉		螺钉间离 100mm	
20	固定门	1.0h				
21	柜子表面涂底漆	2.5h	喷漆间	抽吸装置； 呼吸保护器	预先做基材处理	
22	柜子表面涂面漆	2.5h	喷漆间	抽吸装置； 呼吸保护器		

表6 自我检查评价表

与任务有关的指导书		对学员的指导书		
姓名:	任务号: A1	工作单号: 2		工作单总计: 5

自我检查评价表

评判标准 （每一标准满分 10 分）	要评价项☆	教师评价	自我评价
计划和工作过程	☆		
图完成情况			
指导书领会	☆		
尺寸准确度和图纸	☆		
接合体配合	☆		
零件可通用性	☆		
五金件的安装	☆		
表面处理	☆		
加工的整洁	☆		
加工时间	☆		
成形或造型			

评价完成的工作通过:

学员	符合专业的任务实施	在专业培训中稍有缺点	在专业培训中缺点严重
教师			
时间评估	h	%	时间相关的原因
预算时间			
制作时间			
差别（+/-）			

其他检查标准、错误原因、备注

日期:

检验:

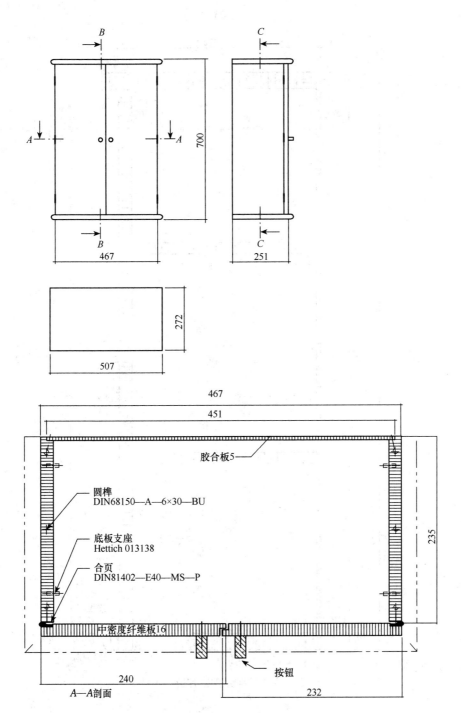

圆榫
DIN68150—A—6×30—BU

底板支座
Hettich 013138

合页
DIN81402—E40—MS—P

胶合板5

中密度纤维板16

按钮

A—A剖面

图 15　小壁框的剖视图 1（单位:mm）

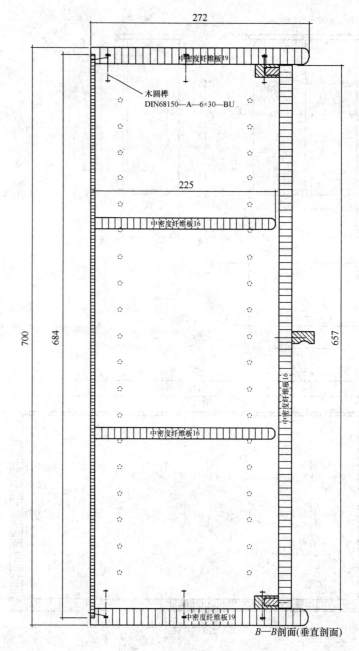

图 16　小壁框的剖视图 2（单位：mm）

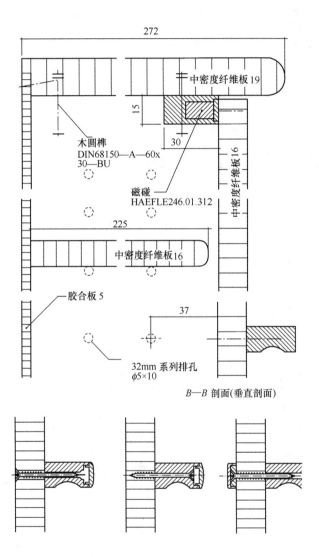

中密度纤维板 19

15

30

木圆榫
DIN68150—A—60x
30—BU

272

中密度纤维板 16

磁碰
HAEFLE246.01.312

225

中密度纤维板 16

胶合板 5

37

32mm 系列排孔
φ5×10

B—B 剖面(垂直剖面)

图 17 B—B 剖面及拉手固定的可能性（单位：mm）

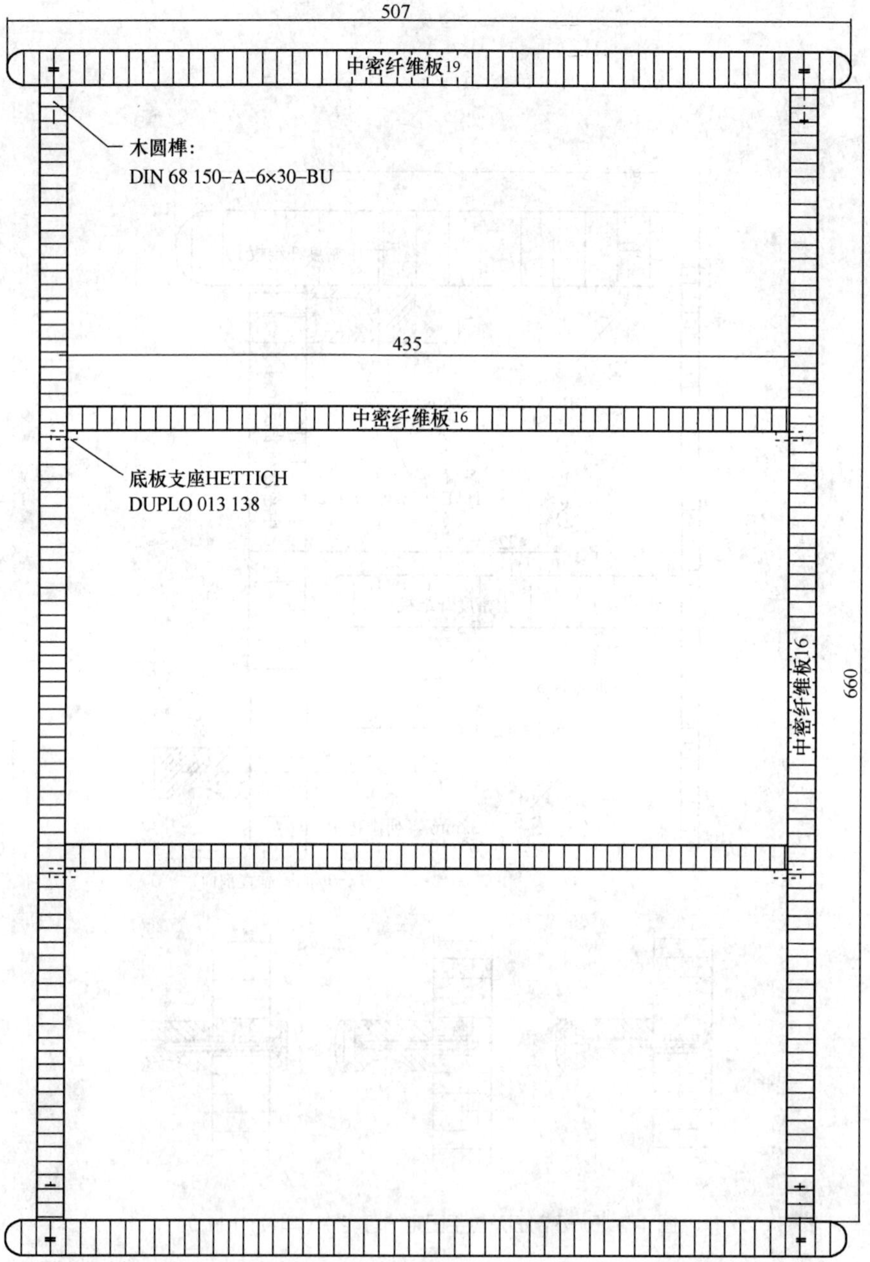

507

中密纤维板19

木圆榫:
DIN 68 150–A–6×30–BU

435

中密纤维板16

底板支座HETTICH
DUPLO 013 138

中密纤维板16

660

图18 *C—C*剖面（前剖面）图（单位：mm）

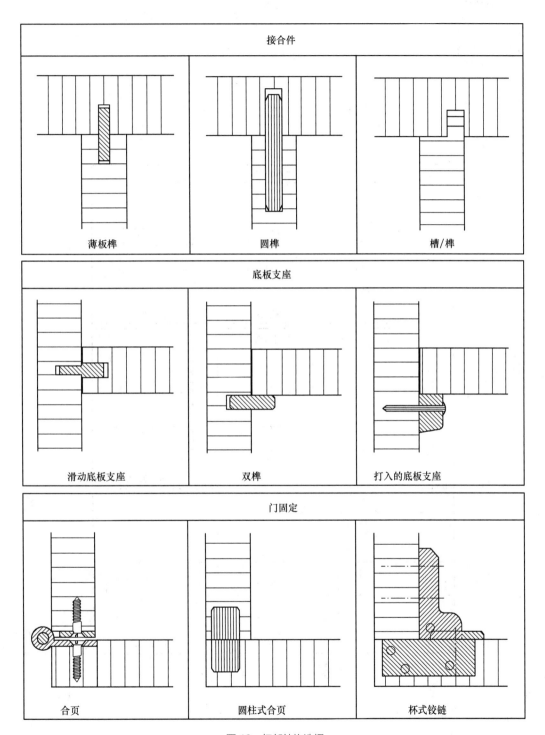

图 19　细部结构选择

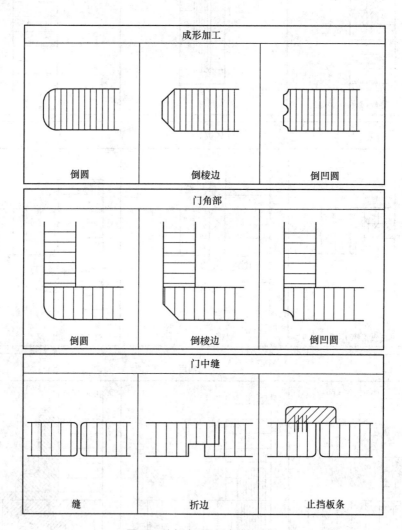

图 20　边部成形及门中缝的选择

参 考 文 献

[1] 多曼·P，亨舍尔·J，哈内·K，等. 家具制造[M]. 鲍含伦，译. 哈尔滨：黑龙江人民出版社，2003.

[2] 顾百炼. 木材加工工艺学. 北京：中国林业出版社，2003.

[3] 江功南. 家具生产制造技术[M]. 北京：中国轻工业出版社，2009.

[4] 林梦兰. 木材工业使用大全·木制品卷[M]. 北京：中国林业出版社，2003.

[5] 刘晓红，江功南. 板式家具制造技术及应用[M]. 北京：高等教育出版社，2010.

[6] 刘忠传. 木制品生产工艺学[M]. 北京：中国林业出版社，1993.

[7] 马掌法. 家具设计与生产工艺[M]. 北京：水利电力出版社，2008.

[8] 邳春生，武永亮. 木制品技术参数. 木制品产品设计[M]. 北京：化学工业出版社，2006.

[9] 邳春生. 木质门设计·制造·安装技术问答[M]. 北京：化学工业出版社，2011.

[10] 谭健民，张亚池. 家具制造实用手册. 工艺技术[M]. 北京：人民邮电出版社，2006.

[11] 王逢瑚. 现代家具设计与制造[M]. 哈尔滨：黑龙江科学技术出版社，1994.

[12] 王明刚. 实木家具制造技术及应用[M]. 北京：高等教育出版社，2009.

[13] 吴悦琦. 木材工业实用大全·家具卷[M]. 北京：中国林业出版社，1998.

[14] 吴智慧. 木家具制造工艺学[M]. 2版. 北京：中国林业出版社，2011.

[15] 向仕龙. 木材加工与应用技术进展[M]. 北京：科学出版社，2010.

[16] 曾东东. 家具设计与制造[M]. 北京：高等教育出版社，2010.

[17] 张晓明. 木制品生产技术[M]. 北京：中国林业出版社，2006.

[18] 张仲凤，张继娟. 家具结构设计[M]. 北京：机械工业出版社，2012.